本书受到北京印刷学院优势建设专业项目资助

微电网 电能控制技术

马添翼 著

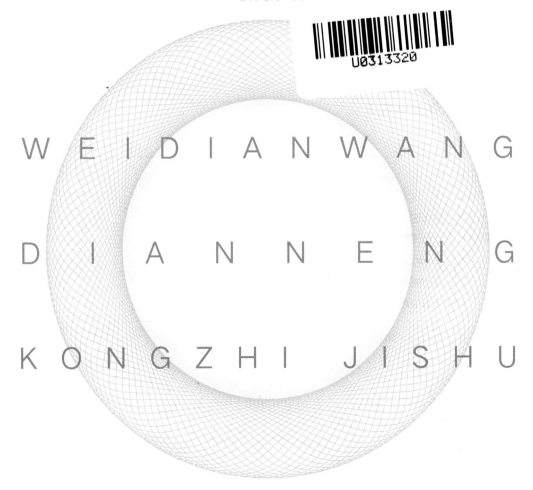

WEIDIANWANG

DIANNENG

KONGZHI JISHU

文化发展出版社

Cultural Development Press

图书在版编目（CIP）数据

微电网电能控制技术 ／ 马添翼著. — 北京 ：文化发展出版社，2021.6

ISBN 978-7-5142-3436-7

Ⅰ．①微… Ⅱ．①马… Ⅲ．①电能－控制 Ⅳ.①TM92

中国版本图书馆CIP数据核字(2021)第078866号

微电网电能控制技术

马添翼 著

责任编辑：李　毅

执行编辑：杨　琪　　　　责任校对：岳智勇

责任印制：邓辉明　　　　责任设计：侯　铮

出版发行：文化发展出版社（北京市翠微路 2 号 邮编：100036）

网　　址：www.wenhuafazhan.com

经　　销：各地新华书店

印　　刷：北京捷迅佳彩印刷有限公司

开　　本：787mm×1092mm　1/16

字　　数：246千字

印　　张：17.25

版　　次：2021年10月第1版

印　　次：2021年10月第1次印刷

定　　价：65.00元

ＩＳＢＮ：978-7-5142-3436-7

◆ 如发现任何质量问题请与我社发行部联系。发行部电话：010-88275710

前言

PREFACE

在能源枯竭问题日益凸显的时代背景下，采用清洁能源发电已经成为未来电网的重要发展方向，而光伏、风能等清洁能源具有较强的能量波动特性，降低了可再生能源的电网接入性能。为有效降低波动性对可再生能源电网运行性能的影响，同时提高电网末端分布式电源的渗透率，微电网逐渐成为未来电网的重要构成环节之一。因此，系统地研究微电网的建模与控制方法已成为近年来电力技术关注的热点。

作为一种新型的供电网络形式，微电网系统将电网末端的电源与负荷融合并入同一个系统，共同作为一个可控单元，实现了电网末端电能的灵活控制，有效地优化了电网系统的运行特性。作为一个可控的整体而言，微电网系统具有多种灵活的运行模式，既可以与大电网联网运行，也可以脱离电网孤岛运行，有效地提升了电力系统的用电可靠性。而对于微电网系统内的负荷而言，微电网系统可提供电和热两种不同形式的能量，且可实现能量的定制，满足了用户的多样化需求。微电网作为一个灵活可控的电能可定制单元具有多种技术优势，有效地解决了配电系统的管理与调度技术问题，实现了对大电网的有力支撑，有效提高了用户的功能可靠性，改善了用户的电能质量。而这些优势的实现，都依赖于微电网高性能控制技术的实现和应用。

本书重点关注微电网应用中广泛关注的几种关键技术，对其进行理论分析与探讨，共包含 5 章内容。

第 1 章以分布式发电系统的快速发展为切入点，介绍了微电网技术的产生背景与发展现状，总结了微电网系统的主要分类形式与控制方式，同时探讨了影响微电网技术发展的关键研究方向。

第2章以微电网的电能变换基础单元（微电网变流器）为切入点，介绍了常用微电网变流器的控制原理、构成方式与实现方法。以保障微电网变流器的功率稳定性为前提，建立了微电网变流器的电路模型，分析了线路阻抗对微电网变流器输出功率特性造成的影响，给出了一种提高微电网变流器功率解耦控制的策略，并给出了关键参数选取的计算方法，最后分析了该控制对微电网变流器输出电压和稳定性产生的影响。

第3章以微电网的运行性能提升为切入点，建立了微电网变流器的并网性能模型，分析了影响微电网变流器并网运行性能的关键参数。同时，探讨了孤岛模式下微电网变流器的负荷分担问题，重点讨论了孤岛模式下由线路阻抗引起的负荷分担不合理问题，给出了解决该问题的方法，并给出了关键参数的设计原则。

第4章以微电网系统的电能质量改善为切入点，分析了微电网中谐波的产生机理，并建立了微电网系统的谐波分布计算模型，基于该模型对微电网系统的谐波分布特性进行了计算。为进一步改善微电网系统的电能质量，提出了一种低次谐波的有效监测方法，并介绍了如何基于微电网变流器实现系统谐波电压与谐波电流的有效抑制。

第5章以微电网系统的稳定性提升为切入点，以特定微电网系统结构为例，对微电网系统的静态与暂态稳定性分析方法进行了讨论。在静态稳定分析部分，采用小信号建模方式构建了微电网系统的静态稳定性分析模型，讨论了静态稳定性的计算流程，并通过计算得到了影响微电网系统暂态稳定性的关键参数。通过仿真建模方式，构建了微电网系统的暂态稳定性分析模型，基于仿真计算求取了影响微电网系统暂态稳定性的关键参数。

本书集成了作者于北京印刷学院在微电网领域多年的研究成果，并参考、引用了国内外众多微电网专家、学者的部分观点，可作为从事分布式发电和微电网研究与工程技术人员的参考书。

由于作者水平有限，书中难免有疏漏之处，请广大读者批评指正，多多提出宝贵的意见。

作者

2021 年 6 月

目录
CONTENTS

第 3 章　微电网变流器的性能分析与改善

第1章 绪论

1.1 可再生能源的发展现状

能源是社会和经济发展的重要物质基础，自工业革命以来，世界能源消费量剧增，煤炭、石油等化石燃料消耗迅速[1]。20世纪70年代起，全球性的石油短缺危机爆发，日益紧缺的能源形势促使化石燃料价格迅猛增长，其中，煤炭年均价格在2007～2011年较1997～2001年上涨了141%，天然气价格上涨了95%，而石油价格则上涨了220%[2]，化石燃料价格的飞涨使得能源问题获得了前所未有的关注和重视。化石能源的大量消耗，不仅导致了能源危机，也对环境造成了不良影响，化石能源消耗带来的诸多生态环境问题日益显现，其中以温室气体排放导致的日益严峻的全球气候变化最具有代表性。为了有效保障人类社会的可持续发展，联合国大会先后颁布了《联合国气候变化框架公约》《京都议定书》等条例，这促使全球范围内对可再生能源有效利用的关注。

可再生能源包括水能、生物质能、风能、太阳能、地热能和海洋能等，这些可再生能源的资源潜力大、环境污染低、可永续利用，是有利于人与自然和谐发展的重要能源。为有效促进可再生能源的利用，许多国家提出了明确的发展目标，制定了支持可再生能源发展的法规和政策，使可再生能源技术水平不断提高，产业规模逐渐扩大。图1-1为英国石油公司（BP Amoco）绘制的1990～2030年世

界一次能源使用比重变化趋势。由该图可知，在这段时间内，可再生能源已逐步
发展成为增长速度最快的一次能源。

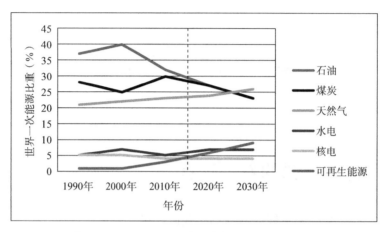

图 1-1　1990 ～ 2030 年世界一次能源使用比重

（注：虚线右侧为预测数据，虚线左侧为实际数据）

1.1.1　水能

水能是指水体的动能、势能和压力能等能量资源。广义的水能资源包括河流
水能、潮汐水能、波浪能、海浪能等能量资源；而狭义的水能资源则指河流的水
能资源。据博思数据发布的《2016 ～ 2022 年中国水电行业市场趋势预测及行
业前景调研分析报告》：世界河流水能资源理论蕴藏量为 40 万亿 kW（1kW=10³
瓦），技术可开发水能资源为 14.37 万亿 kW，约为理论蕴藏量的 35.6%，其中亚
洲所占比例最大。2003 年的全国水力资源调查结果显示，我国水能资源的理论
蕴藏量为 6.78 万亿 kW，可开发装机容量为 3.78 万亿 kW，分别占世界水能资源
的 15% 与 17%，均居世界第一位。

水能具有以下优点：

①发电成本低，积累多，投资回收快，大中型水电站一般 3 ～ 5 年可回收投
资成本；

②发电能源无污染，是一种清洁能源；

③水电站除能够发电外，兼具防洪灌溉、养殖、航运、美化环境等综合经济效益；

④水电投资成本与火电投资成本相当，施工工期短；

⑤水电站操作、管理人员成本远低于火电站；

⑥运营成本低，但效率高；

⑦可按需供电。

尽管水能优点显著，但也具有一些缺点：

①对生态具有一定的破坏作用，大坝以下水流侵蚀加剧，河流的变化及对动植物的影响等；

②需筑坝移民，基础建设投资大，搬迁任务较重；

③在降水季节变化较大的地区，少于季节发电量甚至停发电；

④下游肥沃的冲击土减少。

目前，水力发电是最成熟的可再生能源发电技术，在世界各地得到了广泛应用。到 2018 年年底，全世界水电总装机容量约为 2190 万 kW。经济发达国家的水能资源已基本开发完毕，水电建设主要集中在发展中国家。

1.1.2　生物质能

生物质是指通过光合作用形成的各种有机体，包括所有的动植物和微生物。而生物质能是指太阳能以化学能形式储存在生物质中的能量形式，即以生物质为载体的能量。它直接或间接来源于绿色植物的光合作用，可转化为常规的固态、液态和气态燃料，取之不尽、用之不竭，既是可再生能源，也是唯一一种可再生的碳源。依据来源的不同，可以将适合于能源利用的生物质能分为林业资源、农业资源、生活污水和工业有机废水、城市固体废物和畜禽分辨五大类。

生物质能具有以下优点：

①生物质能属于可再生能源，通过植物的光合作用可再生，可保证能源的永续利用；

②生物质的硫含量、氮含量低，燃烧过程中生成的 SO_x、NO_x 较少，可有效减轻温室效应；

③生物质能分布广泛，适用于缺乏煤炭的地区；

④生物质能是世界第四大能源，仅次于煤炭、石油和天然气，随着农林业的发展，特别是炭薪林的推广，生物质资源将越来越多；

⑤生物质能源可以以沼气、压缩成型固体燃料、汽化生产燃气、汽化发电、生产燃料酒精、热裂解生产生物柴油等形式存在，应用在国民经济的各个领域。

生物质能也具有一些缺点：

①生物质能具有分散性，适合于小规模分散利用；

②植物的光合作用技能将少量的太阳能转化为有机物，能量密度低；

③根据现有的技术和相关支持政策，生物质能的规模利用和高效利用难以实现，因此经济效益较差。

现代生物质能的发展方向是高效清洁利用，将生物质转换为优质能源，包括电力、燃气、液体燃料和固体成型燃料等。生物质发电包括农林生物质发电、垃圾发电和沼气发电等。到 2018 年年底，全世界生物质发电总装机容量约为 10896 万 kW，主要集中在北欧和美国；生物燃料乙醇主要产地集中在巴西、美国；生物柴油产地主要集中在德国。沼气已是成熟的生物质能利用技术，在欧洲、中国和印度等地已建设了大量沼气工程和分散的户用沼气池。

1.1.3 风能

风能是地球表面大量空气流动产生的动能，由于地面各处受太阳辐照后气温变化的不同，以及空气中水蒸气含量的不同，而引起各地气压差异，在水平方向，高压空气向低压地区流动，即形成风。风能资源取决于风能密度和可利用风能年累计小时数。

地球上的风能资源十分丰富，统计资料显示，每年来自外层空间的辐射能

为 1.5×10^{18} kW·h（1kW·h = 10^3 瓦 × 1 小时），其中 2.5% 的能量被大气吸收，即 3.8×10^{16} kW·h 的能量被大气吸走，产生约 4.3×10^{12} kW·h 的风能。风能资源受地形的影响较大，世界风能资源多集中在沿海和开阔大陆的收缩地带，如美国的加利福尼亚州沿岸和北欧国家。我国风能资源丰富，最新的风能资源普查统计结果显示，中国陆上离地 10 米高度的风能资源总储量约 43.5 亿 kW，居世界第一。其中，技术可开发量为 2.5 亿 kW，技术可开发面积约 20 万平方米，此外，还有潜在技术科开发量约 7900 万 kW。

风能具有以下优点：

①风能为清洁能源，无污染，绿色环保；

②风能利用设施日趋进步，大量生产成本降低，在适当地点，风力发电成本已低于其他类型发电成本；

③风能设施多为非立体化设施，可保护陆地和生态；

④风能为可再生能源，可满足未来的长远能源需求。

风能具有以下缺点：

①风能具有间歇性和波动性，无法储存（除非有蓄电池等储能装置）；

②一般比较好的风力发电站多建设在偏远地区，远离负荷中心区域；

③风力发电需要大量土地来兴建风力发电厂；

④风力发电机工作时会产生噪声污染。

风电包括离网运行的小型风力发电机组和大型并网风力发电机组，技术已基本成熟。近年来，并网风电机组的单机容量不断增大，截至 2018 年年底，全球风电发电电量已达到 600GW 以上，单机容量 4000kW 的风电机组已投入运行，风电场建设已从陆地向海上发展。随着风电的技术进步和应用规模的扩大，风电成本持续下降，经济性已十分接近常规能源。

1.1.4 太阳能

太阳能是太阳内部连续不断进行核聚变反应所产生的能量。广义上，太阳能是地球上许多能量的来源，如风能、化学能、水的势能等。太阳能是一种清洁能源，其开发和利用几乎不产生任何污染，加之其存储量的无限性，是人类理想的替代能源。

地球上太阳能资源的分布与各地的纬度、海拔、地理状况和气候条件均相关，资源丰度一般以全年辐射量和全年日照总时数表示。就全球而言，美国西南部、非洲、澳大利亚、中国西藏、中东等地区的全年总辐射量或日照总时数最大，为世界上太阳能最丰富的地区。我国属太阳能资源较为丰富的地区，太阳能年总辐射量为 $930 \sim 2330kW \cdot h/(m^2 \cdot a)$。

太阳能利用包括太阳能光伏发电、太阳能热发电，以及太阳能热水器和太阳房等热利用方式。光伏发电最初作为独立的分散电源使用，近年来并网光伏发电的发展速度加快，市场容量已超过独立使用的分散光伏电源。截至 2018 年年底，全世界光伏电池产量为 205 万 kW，累计已安装了 600 万 kW。太阳能热发电已经历了较长时间的试验运行，基本上可达到商业运行要求。

1.1.5　地热能

地热能是从地壳抽取的天然热能，能量来自地球内部的熔岩，并以热力形式存在。运用地热能最简单和最合乎成本效益的方法，就是直接取用这些热源，并抽取能量。地热能集中分布在构造板块边缘一带，该区域也是火山和地震的多发区。如果热量提取的速度不超过补充的速度，那么地热便是可再生的。

地热能在世界上很多地区的应用相当广泛。据估计，每年从地球内部传到地面的热能相当于 $100PW \cdot h$（$1PW \cdot h=10^{15}$ 瓦 ×1 小时）。据 2010 年世界地热大会统计，全世界共有 78 个国家正在开发利用地热技术，27 个国家利用地热发电，总装机容量为 10715MW（$1MW=10^6$ 瓦），年发电量为 67246GW·h（$1GW \cdot h=10^9$ 瓦 ×1 小时），平均利用系数为 72%。目前，世界上最大的地热电站是美国的盖瑟尔斯地热电站。我国的地热资源也很丰富，但开发利用程度很低，主要分布在云南、西藏、河北等地区。

地热发电是地热利用的最主要方式，按照载热体类型、温度、压力和其他特

性的不同,可把地热发电的方式划分为蒸汽型地热发电和热水型地热发电两大类。地热能具有以下优点:

①地热能分布广泛,蕴藏量十分丰富;

②单位成本比开探花式燃料或核能低;

③建造地热时间周期短,且建造难度较低。

其缺点如下:

①地热能分布较为分散,利用难度大、效率较低;

②利用地热能流出的热水含有很高的矿物质;

③地热能利用过程中会产生有毒气体,对空气造成污染。

1.1.6 海洋能

海洋能是指依附在海水中的可再生能源。海洋通过各种物理过程接收、储存和散发能量,这些能量以潮汐、波浪、温度差、盐度梯度、海流等形式存在于海洋之中。地球表面积约为 $5.1 \times 10^8 km^2$,其中陆地表面积约为 $1.49 \times 10^8 km^2$,占 29%;海洋面积占 71%。海洋不仅为人类提供航运、水源和丰富的矿藏,还蕴藏着巨大的能量,它将太阳能及其派生的风能等以热能、机械能等形式储存在海水里,不像陆地和空中那样容易散失。海洋能具有以下优点:

①海洋能在海洋总水体中的蕴藏量巨大;

②海洋能来源于太阳辐射能与天体间的万有引力,具有可再生性;

③海洋能类型较多,其中温度差能、盐度差能和海流能较为稳定,潮汐能与潮流能不稳定但变化有规律可循,开发规模大小均可;

④海洋能属于清洁能源,其本身对环境污染影响很小。

其缺点如下:

①海洋能单位体积、单位面积、单位长度所拥有的能量较小;

②海洋能中波浪能既不稳定又无规律,开发利用难度较大;

③获取能量的最佳手段尚无共识,大型项目可能会破坏自然水流、潮汐和生

态系统。

　　为了促进可再生能源发展，许多国家制定了相应的发展战略和规划，明确了可再生能源发展目标 [3]。1997 年，欧盟提出可再生能源在一次能源消费中的比例将从 1996 年的 6% 提高到 2010 年的 12%，可再生能源发电量占总发电量的比例将从 1997 年的 14% 提高到 2010 年的 22%。2007 年年初，欧盟又提出了新的发展目标，要求到 2020 年，可再生能源消费占到全部能源消费的 20%，可再生能源发电量占到全部发电量的 30%[4]。美国、日本、澳大利亚、印度、巴西等国也制定了明确的可再生能源发展目标，引导可再生能源的发展。许多国家制定了支持可再生能源发展的法规和政策，以保障可再生能源的快速发展 [5]。德国、丹麦、法国、西班牙等国采取优惠的固定电价收购可再生能源发电量，英国、澳大利亚、日本等国实行可再生能源强制性市场配额政策，美国、巴西、印度等国对可再生能源实行投资补贴和税收优惠等政策。除了在政策上提供支持，一些国家还为可再生能源发展提供了强有力的资金支持，对技术研发、项目建设、产品销售和最终用户提供补贴。美国 2005 年的能源法令明确规定了支持可再生能源技术研发及其产业化发展的年度财政预算资金。德国对用户安装太阳能热水器提供 40% 的补贴。许多国家还采取了产品补贴和用户补助方式扩大可再生能源市场，引导社会资金投向可再生能源，有力地推动了可再生能源的规模化发展。我国为保障再生能源的快速发展，于 2005 年颁布了《中华人民共和国可再生能源法》，并出台了《中国能源中长期（2030、2050 年）发展战略研究》《可再生能源发展基金征收使用管理暂行办法》《可再生能源发展"十二五"规划》等一系列政策指导性文件。同时，科技部专门资助了应用于分布式发电供能系统的一系列"973"计划项目，为我国在可再生能源领域的基础性研究工作提供了较好的支持 [6-8]。

1.2　分布式发电技术

　　伴随着可再生能源需求量的增加，与其相匹配的电网接入技术也成为近年来的研究热点。与其他技术相比，分布式发电技术具有投资小、供电可靠及发电方式灵活的特性，这使其成为目前为止开发和利用可再生能源的最理想方式。同时，分布式发电方式具有为传统电网提供有力补充和有效支撑等优点，也促使其成为未来电网的重要发展趋势之一。

关于分布式发电，目前尚无完全统一的定义，一般定义分布式发电（Distributed Generation，DG）是指以满足用户特定需求为前提，接在用户侧附近的小型发电系统。许多文献中还会使用分布式电源（Distributed Resource，DR）的术语，其多指代分布式发电与储能装置（Energy Storage，ES）的联合系统[9-12]。分布式发电与分布式电源系统规模一般在 30MW（1MW=10^6 瓦）以下，所采用的一次能源包含天然气（煤气层、沼气等）、太阳能、生物质能、氢能、风能、小水电等可再生能源；而其采用的储能装置类型主要为蓄电池、超级电容及飞轮储能等。在实际应用中，为了提高能源的利用效率、降低成本，分布式发电系统往往采用冷、热、电联供（Combined Cooling、Heat and Power，CCHP）的方式。

1.2.1 分布式发电的特点

分布式发电多直接接入配电系统（380V 或 10kV 配电系统，一般低于 66kV 电压等级）并网运行，但也有直接向负荷供电而不与电力系统相连，形成独立供电系统（Stand-alone System），或孤岛运行方式（Islanding Operation Mode）。采用并网方式运行，一般不需要储能系统，但采取独立（无电网孤岛）运行方式时，为保持小型供电系统的频率和电压稳定，储能系统往往是必不可少的。目前，在许多应用场景中，分布式发电的概念常常与可再生能源发电和热电联产的概念发生混淆。有些大型的风力发电和太阳能发电（光伏或光热发电）直接接入输电电压等级的电网，多称为可再生能源发电，而不称为分布式发电；有些大型热电联产机组，无论其为燃煤或燃气机组，由于直接接入高压电网，服从电网统一调度，因此它们属于集中式发电，而不属于分布式发电。

目前，世界供电系统是以大机组、大电网、高电压为主要特征的集中式供电系统，而分布式发电由于靠近用户，为建设更加灵活和高效的供电系统提供了可能，也可有效提高供电的可靠性和电力质量，改善传统供电的诸多弊端。因此，发展分布式发电具有较高的经济性、环保性和节能效益。

1.2.2　分布式发电的经济性与环保效益

许多分布式电源发电后的余热可以制热、制冷等方式实现能源阶梯利用，进而有效提高了能源利用效率（可达 60% ～ 90%）。此外，由于分布式发电的装置容量一般较小，其一次性投资的成本费用较低、建设周期短，因此，分布式发电具有投资风险小、投资回报率高的经济优势。分布式发电可靠近用户侧安装，实现就近供电、供热，有效降低传输线路建设成本，同时可以降低网损（包括输电和配电网的网损，以及热网的损耗），提高系统经济效益。

分布式发电的一次能源多采用天然气、氢能、太阳能、风能等可再生能源，可减少有害物（NO_x、SO_x、CO_2 等）的排放总量，减轻环保压力。大量的就近供电减少了大容量、远距离、高电压输电线的建设，也减少了高压输电线的线路走廊和相应的征地面积，减少了对线路下树木的砍伐。

近年来，由于分布式电源具有以上所述的诸多优势，电网中增加了大量的分布式发电系统，但由于分布式电源多位于电力系统的末端负荷附近，导致传统电网中潮流的流动方向发生了变化，进而影响了传统发电系统的运行特性，主要表现在以下几个方面：

①对电网稳态运行特性产生影响。传统电网的电源为发电机，其在稳态分析时多等效为无限大容量电源。当分布式发电接入电网后，系统的电源由发电机和分布式电源共同组成，与发电机相比，分布式电源容量有限，使得系统中的电源等效为无限大电源与多个有限容量电源的并联，为系统的稳态分析增加了难度。分布式电源的一次能源多为可再生能源，而可再生能源的输出功率存

在随机特点，且各分布式电源出力曲线存在差异，将导致电网潮流的变化方向具有不确定性 [13,14]。由于分布式电源多采用电力电子装置接入电网，而电力电子装置的惯性小、过载能力差和响应速度快的特点也会对电网运行稳定性产生影响 [13-15]。

②对继电保护控制产生影响。配电网接入分布式电源后，其拓扑改变为电源与用户互联的网络结构，该拓扑中的潮流方向不定 [16]，而传统电网的继电保护装置的设计基于单一辐射状网络拓扑，该拓扑中的潮流为电源至负荷的单一方向。分布式电源的接入将改变传统电网短路电流的大小和方向，而这种改变会导致基于传统电网设计的保护装置错误动作。因此，必须通过采取新的继电保护装置或保护措施（如电抗器限流 [17]）和协调各继电保护装置的行为 [18]，来实现分布式电源接入系统后继电保护控制系统的整定 [19]。

③对电网规划设计产生影响。在对分布式电源接入的电网进行规划时，既要考虑电网的承载能力，需保证总并网容量不超限；又要考虑分布式电源的应用环境不同，且各电源的输出特性曲线不一致；约束条件的增加，使得电网规划中各电源的协调规划难度也随之增加 [20,21]。由于分布式电源的接入，使得电网潮流方向发生了变化，进而改变了系统的网损计算结果，导致其不再单一由负载影响，也由分布式电源接入特性影响 [22]。由于分布式电源的一次能源和拓扑结构具有多样性，使得其输出特性存在差异，随着接入电网的分布式电源比例的增加，电网设计规划的难度也将随之上升。

④对电能质量产生影响。分布式能源的一次能源中的重要组成部分是可再生能源，而输出功率随机波动和不确定则是可再生能源的功率特性之一，该特性将可能导致主动配电网系统的电压出现波动和闪变现象 [23]。分布式电源多采用电力电子装置接入主动配电网，电力电子装置多工作在较高的开关频率下，其应用将不可避免地将电压、电流谐波引入主动配电网，谐波幅值和次数与电力电子装置的控制方式和工作模式密切相关 [24-26]。

1.3 改善分布式发电性能的控制方法

分布式能源大量接入电网后，给电网的接纳、调度能力以及电网的电压控制、供电可靠性、电能质量、继电保护等带来了与以往不同影响和挑战。为有效提升分布式能源的应用，许多新的组网方法和控制技术应运而生。其中，最为广泛接受的新型组网方式分别为主动配电网控制技术与微电网控制技术。

1.3.1 主动配电网控制技术

为了实现分布式电源有效接入电网，国际大电网会议（International Council on Large Electric System，CIGRE）成立了 C6.11 工作组，其目的是研究主动配电网的开发和运行，从 2006 年 8 月开始工作。C6.11 工作组开展工作之初，对于主动配电网并没有清晰的概念，于是向 14 个国家的 27 位代表发放了调查表，通过分析反馈的数据，对主动配电网的定义达成了如下共识 [27]：

①主动配电网是具有一个系统来控制的，由分布式能源（定义为发电机）、负储能装置组成的联合体；

②配电系统操作者有可能通过灵活的网络拓扑来管理潮流；

③在适当的监管环境和并网协议下，分布式能源在一定程度上承担支持系统的责任。

国内外的许多文献都对主动配电网进行了不同的定义，虽然这些定义的说法各不相同，但总结可见，主动配电网的概念可以用灵活、智能、集成和协调这样几个词来描述。所谓灵活，是指主动配电网可利用分布在配电网各处的可控源，比只能依靠增加配电容量来满足负载需求的传统配电网更加灵活。智能，是指以相对廉价的控制、信息和通信的投资取代对配电网容量的投资。集成，则是将分布式能源接入主动配电网进行了统一管理。而协调，则是要从更高的网络管理层面去协调每个独立的可控源，以达到利益的最大化 [28]。

主动配电网的结构可以用图 1-2 来说明 [29]。

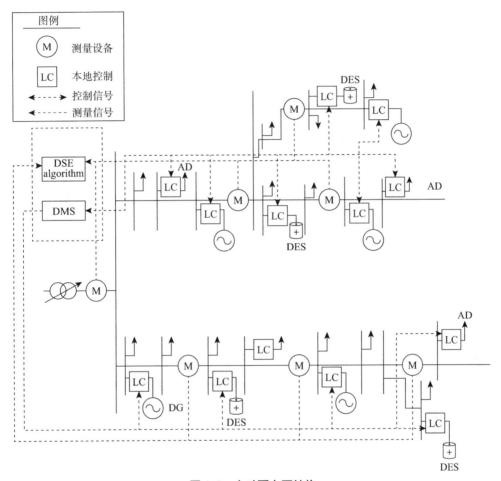

图 1-2 主动配电网结构

图 1-2 中，DG 为分布式电源，DES 为分布式储能，LC 为本地控制器，M 为检测装置，AD 为主动需求负载，DSE 为配电状态估测，DMS 为配电管理系统。

由图 1-2 可见，主动配电网主要由分布式电源、储能装置、负载和状态估测、管理系统等部分组成，并通过变电站和上一级电网连接。

基于主动配电网的定义和结构，归纳出主动配电网区别于传统配电网的特点如下：

①主动配电网可接入分布式电源；

②主动配电网可运行在并网和孤岛两种模式下；

③当电网发生故障时，分布式电源可对电网起到支撑作用；

④主动配电网具有数据采集和通信功能；

⑤当电网发生故障时，主动配电网可以对网络进行再构造。

1.3.2　微电网控制技术

为最大限度地整合分布式能源优势，同时削弱分布式发电并网带来的诸多不利影响，美国可靠性技术解决方案协会（the Consortium for Electric Reliability Technology Solutions，CERTS）于 2002 年提出了微电网概念 [30]。微电网将多种分布式能源及负荷纳入同一网络，既可以作为一个可控单元并网运行，也可以脱离电网独立运行。微电网通过将大量分布式能源并电网问题拆分为一个可控小型电网内的问题 [31]，达到了降低分布式发电不利影响的目的。目前的研究表明，将分布式能源通过微电网形式并入电网，不但可提高分布式电源的利用率，而且可有效保障重要负荷的供电可靠性 [32]。微电网在分布式能源高效应用以及智能控制方面表现出了极大的潜能和优势，促使其成为许多发达国家发展电力行业、解决能源问题的重要战略之一。目前，美国、欧盟及日本等国家均已展开了对微电网的研究，并根据自身能源结构及电力系统现状提出了各具特色的发展目标及规划。

美国将发展微电网作为构建智能电网的重要组成部分，在 2006 年的美国微电网会议上，美国能源部对其今后的微电网发展计划进行了详细讨论，从美国电网现代化的角度来看，提高重要负荷供电可靠性、满足用户定制电能需求、降低成本、实现智能化将成为美国微电网发展的重点 [33,34]。目前，CERTS 提出的微电网初步理论及研究成果已在美国电力公司 Walnut 微电网测试基地得到了成功验证 [35,36]。由美国北部电力系统承接的 Mad River 微电网是美国第一个微电网示范性工程，微电网的建模仿真方法、保护控制策略以及经济效益在此工程中得到了验证，该工程也使美国的微电网管理条例和法规得到了完善[37]。2003 年 4 月，美国能源部制定了"Grid 2030——电力的下一个 100 年的国家设想"发展战略，描绘了美国未来的电网蓝图，该战略可认为是采用微电网形式整合和利用分布式发电系统的阶段性计划，对今后微电网的发展规划进行了详细阐述[38]。

欧盟的微电网发展以提高分布式发电接入量为前提，其最终目标是将当前电网转换成电力用户与运营者互动的服务网，实现欧洲输配电系统效率、安全性及可靠性的提高[39]。1998 ～ 2002 年欧盟实施了第 5 框架计划，奠定了发展互动电网第一代构成元件及新结构的基础[21]。2005 年，"智能电网（Smart Grids）欧洲技术论坛"正式成立，提出了智能电网（Smart Grids）概念[40]。目前，欧盟主要资助和推进"Microgrids"和"More Microgrids"2 个微电网项目，已初步形成了微电网的运行、控制、保护、安全以及通信等基本理论，希腊、德国、西班牙、意大利、荷兰、丹麦等国家分别建立了不同规模的微电网实验室，其中，德国太阳能研究所建成的微电网实验室规模最大，容量达到 200kVA[37]。

日本在微电网发展方向上主要关注可再生能源的接入问题，由于日本风力资源并不丰富，所以其研究侧重于大量光伏发电接入电网后如何确保电网系统稳定运行，同时实现智能电网的构建[41,42]。目前，日本已分别在爱知县、八户市和京都市等地建立了智能微电网展示工程。其中，爱知县于 2005 年建成了世博会微电网展示项目，主要研究目标为建立多种分布式能源的区域供电系统，避免分布式发电对大电网产生不良影响；八户市的微电网展示项目则主要关注孤岛运行测试，并对微电网上层调度管理展开研究；京都市的微电网展示项目重点关注建立在通信基础上的能源管理；仙台市的微电网项目通过上层调度管理，实现了不同等级供电质量改善和无功补偿，意在发展含有动态电压调节装置的新型配电网络[37]。

我国在微电网研究方面也给予了大量的支持，近几年，在"863"和"973"等国家重大发展计划中都分别针对微电网研究进行了立项[43]，并建设成了一系列的示范项目。其中，由浙江省电力试验研究院设计的浙江东福山岛风光柴储海水淡化综合系统总装机容量为300kW，并装设有蓄电池组进行调节，采用了交直流微电网结构，以最大化利用可再生能源、降低柴油发电量为控制目标[44]。2012年5月，国家"863"项目南麂岛微电网示范项目动工，项目总投资1.5亿元人民币，预期在温州市平阳县南麂岛内建设风能、太阳能、海洋能、柴油发电和蓄电池储能相结合的风光柴储分布式发电综合系统，该项目的最终目标是解决电力供应不足、实现生态环境保护[45]。吐鲁番新能源示范区项目是由龙源电力建设的全国首个微电网示范工程项目，该项目屋顶光伏电站装机容量为13.4MW，项目建成后，光伏等新能源发电量将占到微电网区域内用电量的30%以上，可满足7000多户、2万多名居民的用电需求[46]。南方电网于2012年起对海南三沙永兴岛微电网进行规划，并将在永兴岛建成以配电站为网络枢纽点的10千伏单环网主干输电网络，该项目的最终目标是实现微电网供电与供能可持续发展、促进能源资源综合利用、保障三沙用电[47]。

关于微电网的定义，目前国际上并没有形成统一的认识，各研究机构根据自己的理解给出了不同的定义。

CERTS定义微电网为："微电网是由负荷和微源（微电网供电电源的简称）构成、能提供电能和热能的独立系统；微源主要通过电力电子接口实现灵活供电；微电网满足内部用户对供电安全性和可靠性的要求，对于大电网表现为一个可控单元。"[48]欧盟将微电网定义为"一个利用一次能源、使用微型电源、配置有储能装置、能实现冷热电联供、采用电力电子装置接入配电网络的可控系统"[49]。日本没有明确给出微电网定义，但在CERTS的微电网定义基础上进行了扩展，把以传统电源实现供电的独立电力系统也归入微电网研究范围内，此外，还提出了灵活可靠和智能能量供给系统（Flexible Reliability and Intelligent Energy Delivery System，FRIEDS），其主要思想是在配电网中加入一些灵活交流输电系统（Flexible AC Transmission System，FACTS）装置，利用FACTS控制器快速、灵活的控制特性，实现配电网能源结构的优化，满足用户的多种电能用量需求[33]。

　　尽管各研究机构并未就微电网的定义达成共识，但现有的研究普遍认为：微电网是一个包含分布式电源、储能装置、负荷、监控及保护装置的小型发配电系统，是一个能够实现自我控制、保护和管理的自治系统，既可以并网运行，也可以孤立运行。从微观看，微电网可以看作小型的电力系统，它具备完整的发输配电功能，可以实现局部功率平衡与能量优化，它与带负荷的分布式发电系统的本质区别在于同时具有并网和独立运行能力。从宏观看，微电网又可以认为是配电网中的一个"虚拟"的电源或负荷。

　　微电网具有如下特点：

　　①微电网是分布式能源接入电网的有效途径。分布式能源具有能量波动和不确定的特点，如果直接接入电网，将会给电网带来稳定性和电能质量方面的问题。微电网将分布式能源、储能装置及负荷整合为一个小型发电系统，降低了分布式电源接入电网带来的不利影响，提高了分布式电源的供电可靠性。

　　②微电网的运行方式更加灵活。微电网不仅可以并网运行，也可以在上级电网出现故障时脱离电网孤岛运行，当上级电网恢复正常供电后，微电网可通过调节重新并入电网运行，这种运行方式使微电网能向用户提供更可靠的电能，保障敏感负荷的不间断供电。

　　③微电网运行控制具有更高的挑战性。与传统的电网相比，微电网内的能源更加多样化，除风能、太阳能、生物质能等可再生能源外，还包括储能发电、柴油机发电、燃料电池发电、小型水力发电等。微电网内能源的种类繁多，工作特性也各不相同，且一些能源具有输出能量随机波动的特点，因此，微电网发电控制具有更大的难度。

　　有学者认为，"微电网本质上就是一个主动配电网，因为它在配电网电压等级上组合了分布式发电系统和各种负载"。虽然两者在概念上有着较大程度的重叠，但通过近年来众多学者的研究可了解到，两者的关注点并不相同。微电网更多关注其作为独立单元的运行和管理；而主动配电网则更关注整个配电网层面的运行和管理。因此，按照分层控制的思想，微电网的控制属于较底层的就地控制或区域控制，主动配电网的控制则是更高层的全局控制。所以，可认为微电网是主动配电网中的独立单元，也是主动配电网的重要组成部分。

1.4 微电网的分类与控制

从系统角度来看，微电网是电力电子装置与控制装置构成的小型发电系统。与传统系统相比，微电网系统具有更高的响应性能。而从用户的角度出发，微电网是个性化定制系统，可实现降低电能损耗、节约成本、提高电压稳定性等个性化定制条件。为更好地满足系统与用户的需求，微电网的多样化结构与控制方式不断涌现，并得到了广泛的应用。

1.4.1 微电网的分类

根据微电网的电能交互方式，可将其划分为并网型微电网和独立型微电网两类。其中，并网型微电网既可以与外部电网并网运行，也可以离网独立运行；而独立型微电网不与外部电网连接，自主维持网内电能平衡。在实际应用中，微电网又可根据其内部结构形式分为交流微电网、直流微电网及交直流混合微电网三种。

(1) 交流微电网

交流微电网的分布式电源、储能装置及负荷均通过电力电子装置连接至交流母线。通过对公共连接点（Point of Common Coupling, PCC）处开关的控制，可实现微电网并网运行与孤岛模式的转换。目前被广泛采用的微电网相关的基本理论框架，大多是基于交流公共母线的微电网结构建立的。在交流公共母线微电网中，分布式电源、储能单元以及分布式负载共同汇集公共母线，而多个分布式负载则可等效为唯一的公共负载。由于构建该类微电网无须对传统电网进行大范围改造，且能够快速实现与传统电网发电设备及负载的有效对接，所以它成为当前微电网最主要的应用形式。典型的交流微电网结构如图 1-3 所示。

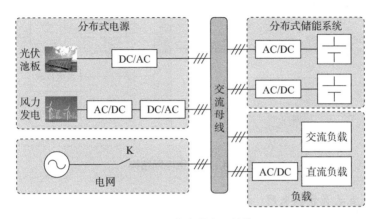

图 1-3　交流微电网结构

（2）直流微电网

典型的直流微电网通过直流母线将分布式电源、储能装置及负荷联系在一起，并且通过电力电子装置实现直流网络与外部交流电网的能量交互。由于光伏池板、燃料电池等可再生能源的输出形式均采用直流，且存在 LED 照明灯、电动汽车、抵押电子设备等需要直流供电的负荷，使得采用 DC/DC（直流 / 直流）变换器实现直流可再生能源与负载的直接连接构成直流微电网的拓扑形式具备更大的优势。在这种直流微电网拓扑结构中，由于采用了 DC/DC（直流 / 直流）变换器，有效降低了采用 DC/AC（直流 / 交流）和 AC/DC（交流 / 直流）变换器传输电能带来的损耗，提高了系统的供电效率 [50-53]。图 1-4 为公共母线型直流微电网的典型结构图。与交流微电网相比，直流微电网由于各分布式电源与直流母线之间仅存在一线电压变换装置，降低了系统建设成本；不同电压等级的交流、直流负荷的能量调整可同时实现，有效降低了控制的难度；同时，由于直流系统中不存在无功与谐波问题，因此，可有效实现系统损耗的降低及电能质量的改善。

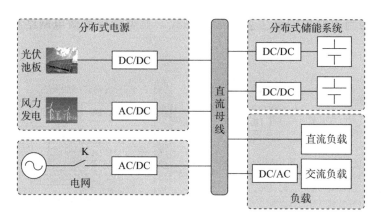

图 1-4 直流微电网结构

（3）交直流混合微电网

由于目前所采用的交流微电网与直流微电网拓扑结构大多仅含有一条公共母线，一旦系统任意节点发生故障，系统内所有节点的稳定性都会被影响。因此，为有效提高大规模和大容量微电网系统的稳定性，交直流混合微电网的概念被提出，并在近年来得到了越来越多的关注[54-56]。典型的交直流混合微电网结构如图1-5 所示，该系统中既含有交流母线又含有直流母线，既可以直接向交流负荷供电又可以直接向直流负荷供电。但是，从整体结构上看，仍可看作交流微电网，而直流微电网可看作一个通过单独电源接入交流母线中压配电支线微电网。交直流混合微电网采用 AC/DC（交流 / 直流）变换器实现交流与直流母线的连接，各个节点采用线路阻抗或电力电子变换器连接，因此分布式负载大多无法等效为唯一的公共负载。交直流混合型微电网主要包含交流母线微电网部分、直流母线微电网部分以及两者间的互联变换器部分。在交流、直流母线微电网可独立运行的前提下，交直流混合型微电网的主要研究重点多集中于互联变换器间的协调控制。

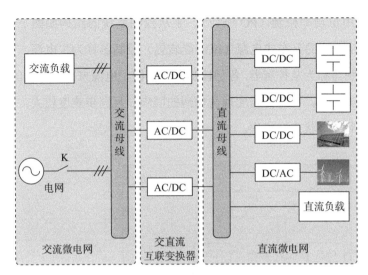

图 1-5 交直流混合微电网结构

1.4.2 微电网系统的控制

微电网的控制方式对其内部电能特性具有重要影响,根据微电网的控制方式,可将其划分为主从控制、对等控制及分层控制三种类型。其中,最早被提出和应用的是主从控制方法,但由于该控制方法存在对特定分布式电源依赖性强、抗干扰能力差等缺点,所以最终没有获得广泛的推广。为更好地改善微电网对分布式电源的接纳性,并有效地改善微电网的电能均衡控制,对等控制的方式被提出,但由于该类方法忽略了大时间尺度上对功率与频率的控制,所以微电网系统的大时间尺度控制中容易出现漏洞。为更好地提升微电网系统的稳定性,分层控制方式被广泛采用,该方式在原有对等控制基础上增设更长时间尺度的上层调控,通过分层方式实现微电网的稳定性与经济性改善。

（1）主从控制系统

主从控制系统中的一个分布式电源（或者储能装置）采取定电压和定频率控制（V/f）,用于向微电网中的其他分布式电源提供电压和频率参考,而其他分布式电源可采用恒功率控制（PQ 控制）。主从控制系统的结构如图 1-6 所示，系统中采用 V/f 控制的分布式电源（或储能装置）控制器称为主电源，而其他分布式电源的控制器称为从控制器，各从控制器将根据主电源来决定自己的运行方式。由于在并网工况下，主电源需实现与电网的同步，且同步难度较大，因此，该类系统多在孤岛运行状态下工作。

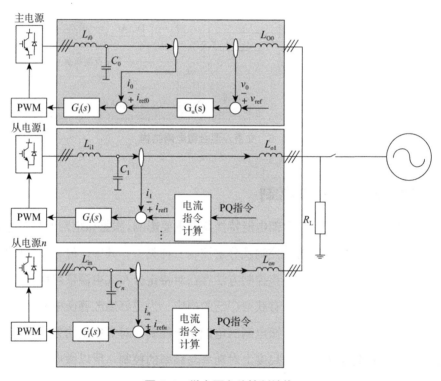

图 1-6　微电网主从控制结构

根据现有的研究可知，主电源可大致分为三类：①基于电力电子装置与电网接口的储能装置；②基于旋转发电设备与电网接口的微型燃气轮机；③储能装置及微型燃气轮机共同构成的复合式主电源。储能装置作为主电源，系统具有控制灵活、响应速度快、惯性小等优势，但由于储能装置的能量存储值有限，所以在负荷较重或较轻的工况下，无法实现长期放电或充电运行，因此，采用该类装置作为主电源的微电网无法长期运行在孤岛状态下。而采用微型燃气轮机作为主电源时，系统的惯性大、稳定性高，更容易实现长时间稳定运行，但响应速度降低将导致系统在模式切换过程或大负荷波动的工况时电能质量出现降低。当系统采用复合式主电源时，既可保障系统的电能质量，又可实现微电网的长期孤岛运行。

由主从控制的结构图可见，在主从控制方法中，其他从电源的电压和频率支撑均取自主电源，因此，该类系统存在对主电源依赖性较强的弱点，虽然从电源也可在主电源故障后替代其功能，但该系统仍然存在可靠性差的缺点。由于主从控制方法具有控制简单、易实现的优点，所以该技术在微电网应用初期获得了较多关注，但由于该方法在进行并网、孤岛两种运行模式切换时，主电源的模式转换过程不易实现，因此该控制方法更适用于孤岛运行系统。

(2) 对等控制系统

所谓对等控制，即系统中所有的分布式电源采用同一种控制方式(下垂控制)，其结构如图 1-7 所示。采用这种控制方法时，系统中各微电网变流器可根据本地信息实现电压和频率的自主调节。该方法可在系统现有控制和保护策略不变的前提下，随时将分布式电源接入微电网，实现"即插即用"[69-71]。由于采用该控制方法的系统中，只存在一种工作模式，因此，更易于实现微电网的无缝切换和非计划孤岛。

由于对等控制中省去了通信设备，且各分布式电源可"即插即用"，因此，该类控制结构具有成本低、扩展方便、容易实现负荷功率自主分配等优点。但该类控制结构没有考虑系统遭受严重扰动时频率和电压的恢复问题，因此，其存在电压、频率质量无法保障的缺点，由于对等控制的稳定性、鲁棒性等关键问题还需进行深入研究，所以其目前的应用范围有限。

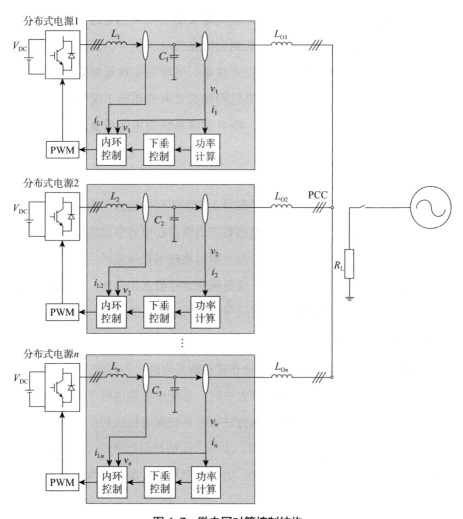

图1-7 微电网对等控制结构

（3）分层控制系统

为更好地实现微电网内分布式电源与不同类型负荷以及微电网变换器的协调稳定控制，分层控制策略被提出并获得了广泛的应用。分层控制系统由中央控制器和底层控制器构成，其中，中央控制器负责响应上层调度指令以及协调管理底层分布式源与负荷，中央控制器通过低速通信完成分布式电源与负荷的管理，实

现微电网的安全稳定运行与效益最大化。底层控制也称为变换器控制，重点关注
如何调整变换器功率开关来实现各个变换器的电压、电流以及功率输入输出。在
分层控制系统中，通常采用低速通信实现底层与上层间的控制，由于采用了低速
通信，因此，即便通信出现短时错误，系统也可维持正常运行。而在系统中增加
中央控制器，为多个微电网的并行控制提供了可能。目前被广泛采用的分层控制
结构如图 1-8 所示。

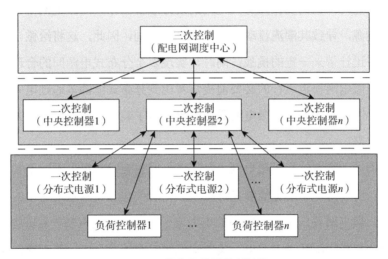

图 1-8 微电网分层控制结构

分层控制系统主要可划分为三个控制层，一次控制单元主要由分布式电源及
负荷控制器构成，这些单元多基于本地信息实现控制，并能够根据本地负荷的需
求实现短时期的功率平衡协调控制。在一次控制层中，为实现能源利用效率的最
大化，通常将可再生能源如光伏发电、风力发电设置为功率控制方式，采用最大
功率跟踪（Maximum Power Point Tracking，MPPT）算法实现功率的最大化输出；
而对于具有稳定功率输出的分布式电源，如储能装置、微型燃气轮机和柴油机等
则设置为电压、频率控制方式，重点关注系统的频率及电压支撑，并根据负荷需
求实现功率补偿调整。在该系统中，二次控制单元通常被设置为中央控制器，其
控制目标主要集中在如何补偿由一次控制导致的电压和频率偏差方面。系统的三

次控制单元通常为配电网调度和电力市场调度中心，重点关注微电网的潮流控制以及资源合理调度，以实现微电网经济运行的最大优化。

1.5 微电网关键技术

微电网作为一个具有多种运行状态的自治系统，既需要能够维持脱离大电网独立运行的能力，也需要保障与大电网的友好联合工作。而微电网中包含了大量的分布式能源，导致其潮流流动方向与大电网不同，因此，这将给微电网的规划设计与经济运行带来一定的挑战；同时，实现多个分布式电源间的合理调控与联合运行也是微电网稳定运行的必要前提。考虑到分布式能源多通过电力电子装置接入电网，因此，如何实现微电网系统中电力电子装置的有效控制成为微电网发展的必要前提。

当电力电子装置应用于微电网中时，微电网也会对其提出不同于其他应用领域的要求。而电力电子装置能够良好接入微电网并与之相容是最基本的要求；在能力方面，微电网要求分布式能源的电力电子装置输出的有功／无功功率可控，同时要求分布式能源通过电力电子装置实现对电网频率、电压的支撑；在质量方面，微电网要求接入分布式电源的电力电子装置稳定性、谐波、电磁干扰等均符合要求；在系统调控方面，微电网要分布式电源的电力电子装置作为执行机构运行，其应该具有可靠、稳定、快速、友好的特性。

为保障微电网实现可靠高效的运行，国内外的许多研究机构都针对不同的关注点展开了相关研究，本部分对目前受到广泛关注的研究方向进行了归纳和总结。

1.5.1 微电网的规划设计与经济运行

微电网的规划设计主要涉及系统网络结构的优化设计以及分布式单元的配置，根据微电网系统应用区域的负荷和可利用能源情况，综合考虑设备的运行与相应特性、初期投资与维护费用、能源利用效率、环境友好程度及系统控制策略等因素，通过优化计算确定微电网的网络结构和分布式发电单元的配置信息，实现整个微电网系统的可靠性、安全性、经济性和环境友好性等多目标优化[58,59]。分布式发电单元的配置不同于常规的发电单元，在微电网系统规划设计中，单元配置的优化策略对于实现整个系统效益最大化非常重要。例如，在风能密集的地区，可以选择风力发电为主要资源，其他资源为辅；而在太阳能密集的地区，则可选择太阳能发电为主，其他资源为辅。

有别于常规的电网规划，微电网的规划设计问题与其运行优化策略具有高度的耦合性，规划师必须充分考虑运行优化策略的影响，应基于系统的全寿命周期运行特性即费用对微电网进行综合设计与规划。

微电网的优化运行通过能量管理系统在各种运行信息的基础上实现，目的是根据分布式电源的出力预测、微电网内负荷需求、电力市场信息等数据，按照不同的优化运行目标和约束条件做出决策，实时制订微电网运行调度计划，通过对分布式电源、储能设备和可控负荷的灵活调度来实现系统的运行优化。

微电网的经济性使得其对用户更具有吸引力，通过对微电网能量优化管理，实现绿色能源的高效利用，同时实现个性化电能的安全、可靠、优质供应，最终达到微电网全局运营的经济性，根据系统实时运行情况对微电网负荷在各个分布式电源间实现动态的优化分配。

1.5.2 微电网的运行控制

运行控制是微电网稳定运行的关键，微电网中的各个能量单元多采用变流器实现与配电网的能量交换，其控制技术也是微电网运行控制的基础。作为微电网的核心技术之一，微电网变流器的性能表现直接影响系统的运行和性能。

微电网变流器的分类方法有许多，其中，基于变流器直流侧滤波器件的不同，可分为采用大容量电容滤波的电压源型变流器（Vlotage Source Converter，VSC）和采用大电感滤波的电流源型变流器（Current Source Converter，CSC）两种形式[32, 33]。实际应用中，由于在等同功率下，VSC 具有体积小、重量轻、结构简单、功率密度高等优点，所以其在微电网中获得了更加广泛的应用 [34]。基于功率等级、电压等级、工作效率、消除共模电流等不同需求，VSC 的主电路拓扑具有两电平、二极管中性点钳位三电平、T 形三电平等不同形式 [35]。基于控制算法和控制目标的不同，VSC 又可分为对输出电流进行控制的电流控制模式 VSC（Current Control Mode VSC，CCM-VSC）和对输出电压进行控制的电压控制模式 VSC（Voltage Control Mode VSC，VCM-VSC）两大类 [36]。

微电网变流器多连接光伏电池、风力发电机、储能系统和电网或负载的交流系统，而该类变流器最常使用的是两电平 CCM-VSC 控制，该类控制方法可通过控制其并网侧的交流电压实现并网功率的控制，通过调整输出电流来实现不同的并网特性。同时，为实现变流器并网性能的精确和高效，输出电压的脉宽调制（Pulse Width Modulation，PWM）方式的选择也是需要讨论的问题。目前在两电平 CCM-VSC 中最常用的 PWM 调制方式可分为正弦脉宽调制 PWM（Sine-wave Pulse Width Modulation，SPWM）和空间矢量调制 PWM（Space Vector Pulse Width Modulation，SVPWM）两种 [33]。为减小 CCM-VSC 输出电压的电压上升速率（dv/dt）和谐波，并有效减小开关损耗及电磁干扰，三电平拓扑结构的 CCM-VSC 被提出，并受到广泛的关注 [37-39]。在围绕三电平拓扑结构 CCM-VSC 展开研究的文献中，针对如何实现 SPWM 和 SVPWM 调制方式的研究占有相当比例，其主要关注点为如何通过不同的调制方式降低 CCM-VSC 的输出谐波和开关损耗 [40]；另有部分研究围绕如何将分布式能源和三电平拓扑结构更良好地结合，以提高发电效率，提高分布式电源的并网功率等级，该类控制主要应用于小功率的光伏发电系统 [41]。

在某些应用环境下，如只存在储能、光伏电池这类直流电源通过变流器向交流负载独立供电时，VSC 工作在离网运行模式下，此时多采用 VCM-VSC，而 VCM-VSC 的控制目标为输出电压，通过对输出交流电压的调整，实现在不同负载条件下系统的供电和电压稳定 [51]。

1.5.3　微电网的分布式电源控制

分布式电源作为微电网的最重要组成部分，其控制性能直接影响微电网的运行特性。目前，微电网最常接入的分布式发电系统主要包含光伏发电、风力发电和储能发电三种，许多文献也分别针对这三种分布式发电的控制技术展开了研究，并取得了一定的研究成果 [60-62]。

在光伏发电方面，一些文献根据是否并网、功率变换级数等对其进行了分类。其中，根据是否与电网连接可将其分为独立型光伏发电系统和光伏并网发电系统两种 [63]；按照所产生的电能是否反送到电力系统可将其分为有逆流型、无逆流型、切换型、混合用系统及地域型系统 [64]；按照并网功率变换技术可分为单级和双级两种；而按照是否具有电气隔离可分为隔离和非隔离两种 [65]。光伏电池的输出特性随环境温度、辐射强度的改变而改变，但对于特定的光照和温度，光伏电池存在一个最大功率点，因此，为保证光伏发电系统的最大转换效率，MPPT 技术受到了广泛的关注。

MPPT 算法主要包括恒定电压法、扰动观测法、电导增量法、基于梯度变步长的电导增量法、滞环比较法、电压增量寻优法、电流增量寻优法和模糊控制法，目前最为常用的 MPPT 算法为恒定电压法、扰动观测法和点到增量法三种 [66-68]。除 MPPT 控制外，孤岛问题是光伏发电系统运行过程中急需解决的一个重要问题，当"孤岛状态"出现时，将会给光伏发电系统的安全稳定运行带来影响 [69-71]。因此，许多文献对如何实现光伏系统的"孤岛状态"检测展开了研究。目前的孤岛检测方法根据检测位置可分为电网侧检测和分布式电源侧检测两种，其中前者需基于通信线路进行测量，因此应用范围受到限制。在分布式电源检测方法中，又可细化为被动孤岛检测和主动孤岛检测两类。其中，被动检测主要是通过检测孤岛前后功率不匹配所引起的系统电压幅值、频率、相位和谐波等参数的变化来实现孤岛检测，其实现方式包括过 / 欠电压（OUV）检测方法、高 / 低频率（OUF）检测方法、相位突变检测方法等；主动检测法的思想则是在光伏电源的控制信号中加入很小的电压、频率或相位扰动信号，之后通过检测光伏电源的输出来判断"孤岛状态"的出现，该类检测方法的实现方式则包含功率扰动法、主动频率偏移法、电压变化检测法和阻抗变化检测法[72-74]。

在风力发电方面，其分类方式具有多样化特点，其中，根据容量可分为小型、中型和大型风电机组三种，分别是指额定功率在 10kW 以下、10 ～ 100kW 和 100kW 以上的机型，目前应用最广泛的主流机型为 MW 级风电机组。根据不同的控制特性和拓扑结构，MW 级风电机组又可进行不同分类[75]。其中，根据风轮桨叶和功率调节的方式分为失速型和变桨距型两种；根据传动机构不同可分为直驱型和齿轮箱升速型两种；根据风轮转速可分为恒速型和变速型两种。实际应用中，不同类型的风力发电系统各有其应用特点和适用场合，近年来，变桨距变速型风机逐渐占据了市场主导地位[76-78]。对于风力发电机而言，其吸收功率与风速、叶片转速和叶片直径直接相关，在风速一定的条件下，其吸收功率特性也存在一个最大功率点，因此，如何控制风力发电机组，使其输出最大功率的 MPPT 技术受到了较多的关注。目前，风力发电系统中最为常用的 MPPT 方法主要包含叶尖速比控制、转速反馈控制、爬山搜索法控制及模糊和神经网络控制四种[80]。电压跌落是电网运行过程中不可避免的故障之一，在该故障条件下，风力发电系统不仅会因产生故障电压和电流出现脱网现象，且会从电网中吸收大量无功功率，影响系统电压恢复，降低了电网的运行稳定性[81]。因此，保障风电机组在电压跌落过程中稳定运行的低电压穿越（LVRT）技术近年来成为研究的热点，在现有 LVRT 技术的关注点中，主要包括电压跌落过程中的风力发电机组电磁暂态的分析、风力发电机组有功功率动态快速恢复、风力发电机组快速动态无功支撑几个方向，其实现方式包含硬件改造和软件算法改进两个方面[75]。对接入电网的风力发电系统而言，电网电压不平衡也是其在稳态运行时所面临的问题，电网电压不平衡不仅会降低风力发电机组的运行可靠性，使电能质量恶化，严重时会导致风力发电机组脱网。所以，在电网电压不平衡条件下的风力发电机组分析及控制方法也受到了较多的关注[82,83]。

在储能发电方面，根据能量储存方式主要分为物理储能、电化学储能、电磁储能和相变储能四大类型。在这四类储能方式中，物理储能的主要应用形式包含抽水蓄能、压缩空气储能和飞轮储能三种；电化学储能主要应用形式包括铅酸、镍氢、镍镉、锂离子、钠硫和液硫等电池储能；电磁储能主要应用形式包括超导、超级电容和高能密度电容储能几种；而相变储能主要应用形式包括冰蓄冷储能等。储能电源的种类繁多、性能特点各异，因此，许多文献分别针对不同种类储能系统在结构设计、提高系统效率及降低系统成本等方向展开了研究[84-86]。此外，为有效实现需求侧管理、消除电网峰谷差、平滑负荷等目标，与之相关的储能系统控制策略也受到了相当程度的关注。

1.5.4 微电网的孤岛运行技术

微电网具有并网和孤岛两种运行模式，其中，孤岛运行模式下系统的控制更加具有难度和挑战性，这是由于孤岛运行模式下，分布式电源为微电网内部负荷提供频率和电压支撑，由于分布式电源的容量、惯性及过载能力都远小于传统电网的发电机，所以孤岛模式下微电网的控制及运行存在一些特定问题。为保障孤岛模式下微电网能够高效可靠地运行，国内外的许多学者都针对该方向展开了研究。

首先，由于大部分主动配电网中包含多台分布式电源，各电源等效特性各不相同，因此，采用何种控制方法保障多台分布式电源在孤岛模式下实现电压和功率支撑，成为必须解决的问题。目前，孤岛模式下微电网系统中应用最广泛的控制方法主要包括主从控制、对等控制和分层控制三种[87]。（1）当孤岛模式下的微电网系统采用主从控制时，系统的频率和电压的支持由内部分布式电源提供，该分布式电源多采用恒压恒频控制（V/f 控制），称为主电源，而其他分布式电源称为从电源，从电源多采用恒功率控制（PQ 控制）来实现孤岛模式下的功率支撑[88-91]。（2）当孤岛模式下的微电网采用对等控制时，系统中的分布式电源多采用下垂控制方式来共同实现电压和频率的支撑；对于对等控制系统而言，采用下垂控制方式可在不改变系统原有控制和保护策略情况下实现"即插即用"，保障分布式电源的快速接入[92-94]。（3）当孤岛模式下的微电网系统采用分层控制时，系统中需增加一个中央控制器，该控制器一方面负责响应上层调度指令，另一方面负责统一协调管理底层分布式电源与负荷，通过低速通信完成分布式电源与负荷的管理，而系统的电压和频率支撑方式由中央控制器来决定[95-97]。

在三种控制方法中，主从控制方法存在对主电源依赖性较强的弱点，而对等控制方法存在没有考虑系统遭受严重扰动后系统频率和电压恢复的问题，所以分层控制成为目前最受关注的主动配电网孤岛运行控制形式。

孤岛运行模式下，微电网的频率及电压由主动配电网变流器来支撑，而实现支撑的分布式电源多采用下垂控制，该控制通过模拟发电机一次控制外特性，进而完成频率和电压的自主调整[98]。微电网位于低压配电侧，配电网线路阻抗的电阻特性更加明显，此时，如果仍采用原有的有功—频率（P-F）、无功—电压（Q-V）下垂控制方法会导致功率控制上的不完全解耦，从而降低主动配电网变流器动态性能和稳定性[99-102]。为实现微电网变流器的功率解耦控制，一些文献采用硬件滤波电路改造来完成解耦，但该方法增加了硬件投资，因此，采用软件控制策略实现解耦控制的方法获得了更多的应用。目前，可实现主动配电网变流器功率解耦控制的方法主要分为虚拟功率下垂控制方法，有功—电压、无功—频率（P-V、Q-f）下垂控制方法，虚拟频率下垂控制方法及虚拟阻抗控制方法[100-105]。其中，虚拟频率下垂控制方法因无法覆盖实际下垂特性的频率和电压运行范围，使得微电网变流器运行区域缩小；而 P-V、Q-f 下垂控制方法因无法实现旋转电机与微电网变流器的并联，导致其应用范围受限；虚拟功率下垂控制方法由于无法实现功率本质解耦而存在应用瓶颈；因此，目前使用最为广泛的微电网变流器功率解耦控制方法为虚拟阻抗控制方法。

在孤岛运行的微电网系统中，某些突发性故障可能会导致系统出现失电现象，为提高负荷的供电可靠性，黑启动功能成为主动配电网系统不可或缺的一项功能。所谓黑启动，是指主动配电网系统因故障失电后，在不依赖其他外电网情况下，系统内部能通过自启动的一系列控制自主恢复供电[106,107]。微电网的黑启动控制方案可分为向上恢复（并行恢复）和向下恢复（串行恢复）两种[108]，其中前者最大的优点是可以为系统内负荷提供更为快速的电力恢复；后者的控制系统则更为简单，且更容易实现。

1.5.5　微电网的稳定性分析

稳定性分析是保障电力系统稳定运行的基础，其重要性显而易见。所谓电力系统稳定性，是指电力系统在某一稳定运行状态下受到干扰后，经过一定时间后能否回到原运行状态或者过渡到一个新的稳定运行状态的能力[109]。电力系统稳定性最常见的分类方式是按照干扰大小进行分类，即小干扰稳定性（静态稳定性）和大干扰稳定性（暂态稳定性）两种。其中，小干扰具体是指正常的负荷波动、线路微小变化、调速器工作点变化等；而大干扰则对应大功率负荷的突变、切除或投入较大容量的发电机及电力系统短路故障等。主动配电网作为一种新型的电网结构，其内部包含多种与传统电力系统不同的电源形式，因此，需要进行建模和稳定性分析。

根据 IEEE Std1547.4-2011 内容可知，目前微电网系统的稳定性也由静态稳定性和暂态稳定性两部分组成[110]。许多文献分别针对这两种稳定性分析展开了研究，其中，针对静态稳定性部分，多围绕主动配电网的小信号稳定性建模及分析展开，其研究对象多为孤岛运行模式下的主动配电网系统，由于传统电网的小信号稳定性分析均基于发电机进行建模，而微电网的分布式电源则多通过电力电子装置与电网接口，与传统的发电机装置相比，电力电子装置的惯性非常小，因此，在对微电网进行小信号稳定性分析时需重新建立模型[111-117]。在暂态稳定性分析方面，其研究对象多为电网发生故障后，由并网模式切换至孤岛模式的微电网系统，主要围绕电动机负荷及故障状态下主动配电网的响应特性进行讨论，也有部分围绕微电网的故障临界切除时间展开研究。

1.5.6 微电网的电能质量

传统电网中的电能质量研究范围非常广泛，包括频率偏差、电压偏差、电压波动与闪变、三相不平衡、瞬时或暂态过电压、波形畸变（谐波）、电压暂降、中断、暂升，以及供电连续性等。而对于主动配电网来说，其电能质量的内容也包含这些方向，但由于其内部的电源类型与传统电网存在区别，所以电能质量研究内容中一些问题成为更突出的关注点。

分布式电源接入微电网后，潮流不再是单一方向流动，一些线路可能会出现"逆向潮流"，此时，逆向潮流将会导致分布式电源接入点电压抬升，进而导致节点电压超越运行上限 [118]，影响分布式电源的正常工作，因此，许多文献都针对分布式电源接入后微电网的电压特性进行了研究，并提出了限制节点电压抬升的措施和方法 [119,120]。采用可再生能源实现发电的分布式电源，其发电功率具有波动和随机变化的特点，且变化规律不定，而功率的波动将会对配电网的潮流特性产生影响，进而影响配电网的电压特性，因此，一些文献针对分布式电源功率波动条件下微电网电压特性的变化情况进行了研究。分布式电源多采用电力电子装置与电网接口，而电力电子装置具有非线性特性且工作在较高开关频率，导致其输出电压、电流存在不同频率的谐波，谐波的存在将导致主动配电网电能质量的降低，而当微电网中存在多个采用电力电子装置接口的分布式电源时，各电力电子装置的各次谐波特性将会由于相互的影响而发生改变，进而对主动配电网系统的电能质量产生影响 [121-124]。在实际应用中，分布式电源的电力电子装置多采用 PWM 调制技术，PWM 调制方法将产生谐波电压和谐波电流，对主动配电网电能质量造成影响。同时，随着电力电子装置功率等级的升高，其所采用的开关频率将随之降低，而由 PWM 调制所引起的高次谐波污染也逐渐增加。

为治理高次谐波污染，分布式电源的电力电子装置多采用合理选择网侧滤波器拓扑、设计滤波元件参数等方式，对注入电网的各阶高次谐波进行限制，而 LCL 滤波器则成为首选，但其构成一个 3 阶谐振电路 [125-127]。当多台电力电子装置并联运行时，多个 LCL 电路并联则构成了更高阶的谐振电路，如果不在并联系统中增加适当的阻尼控制，LCL 滤波电路将可能产生谐振现象，导致微电网系统电能质量和运行稳定性降低 [128-130]。

1.5.7 微电网的故障检测与接入标准

分布式电源引入微电网后，使得微电网系统的保护与常规配电网存在较大差异，采用电力电子装置接口接入电网的分布式电源，仅能提供 1.5 ～ 2 倍额定电流大小的故障电流，故障特性与传统的旋转电机式电源差异较大。主要可表现为：①常规的配电网保护策略主要针对单向潮流进行设计，而在微电网系统中，潮流一般是双向流动的，因此需要开发新的保护原理；②对于内部电力电子设备较多的微电网而言，存在并网运行与孤岛运行时短路电流值差异较大的问题，常规过流保护在某种运行方式下可能会出现灵敏度不足的情况，一套设定值无法满足多种运行模式的需求；③不同微电网的系统结构以及分布式电源数量区别较大，故障特性存在较大的差异，保护策略需要考虑各种运行情况；④微电网与配电网相连接的公共点保护要求能够准确识别电网的各种故障类别及故障区域，并迅速作出反应。因此，需要研发适用于微电网运行的故障检测与保护控制系统。

微电网的规划、设计、建设和运行管理涉及多个行业与部门。为保障微电网接入配电网的性能和质量，迫切需要在国家层面上统一标准，对微电网接入配电网的系统调试和验收进行规范、标准的编写和发布、实施，在提高微电网安全运行水平、充分发挥分布式电源能效、构建更加清洁高效的供配电网络等方面发挥重要作用。

2003 年，IEEE 发布《分布式能源并网标准》（IEEE 1574），该标准规定了 10MVA（MVA=10^6 伏安）以下分布式电源互联的基本要求，涉及所有有关分布式电源互联的主要问题，但也存在一些没有覆盖到的范围。例如，①未规定并网分布式电源最大接入容量限制；②未涉及配电网规划、设计和运营；③未考虑负荷在分布式电源和电网间自动切换策略等。为补充 IEEE 1574 的缺陷，2005 年至 2008 年，IEEE 先后制定了 IEEE 1574.1：《分布式电源与电力系统互联适应性测试程序》、IEEE 1574.2：《分布式电源与电力系统互联应用导则》、IEEE 1574.3：《分布式电源与电力系统互联的监测、信息交换和控制导则》、IEEE 1574.4：《分布式孤岛电力系统的设计、操作和集成导则》。

目前，中国也在开展微电网相关标准的制定工作，部分技术标准已经进入报批阶段，主要涉及微电网规划设计、运行控制、调试试验及入网检测等方面。

参考文献：

[1] 何建坤. 中国能源革命与低碳发展的战略选择[J]. 武汉大学学报(哲学社会科学版)，2015，68(1)：5-12.

[2] BP公司. BP2030世界能源展望[EB/OL]. http：//www. bp. com/liveassets/bp_internet/china/bpchina_chinese/STAGING/local_assets/downloads_pdfs/b/BP_2012_2030_energy_outlook_booklet_cn. pdf.

[3] Cottrill J E J. Economic assessment of the renewable energy sources[J]. IEE Proceedings A Physical Science，Measurement and Instrumentation，Management and Education，Reviews，1980，127(5)：279.

[4] 高虎，黄禾，王卫，等. 欧盟可再生能源发展形势和2020年发展战略目标分析[J]. 可再生能源，2011，29(4)：1-3.

[5] 科技日报国际部. 2014年世界科技发展回顾[N]. 科技日报，2015-01-05.

[6] 汪岗，王琦，刘小勇. 中国可再生能源发展现状分析[J]. 北方环境，2011，23(5)：9.

[7] 中华人民共和国国家发展和改革委员会. 可再生能源中长期发展规划[M]. 2007.

[8] 王成山，李鹏. 分布式发电、微电网与智能配电网的发展与挑战[J]. 电力系统自动化，2010，34(2)：10-14，23.

[9] 李蓓，李兴源. 分布式发电及其对配电网的影响[J]. 国际电力，2005，9(3)：45-49.

[10] 王成山，王守相. 分布式发电供能系统若干问题研究[J]. 电力系统自动化，2008，32(20)：1-4，31.

[11] 刘杨华，吴政球，涂有庆，等. 分布式发电及其并网技术综述[J]. 电网技术，2008，32(15)：71-76.

[12] 余昆，曹一家，倪以信，等. 分布式发电技术及其并网运行研究综述[J]. 河海大学学报(自然科学版)，2009，37(6)：741-748.

[13] Naka S，Genji T，Fukuyama Y. Practical Equipment Models for Fast Distribution Power Flow Considering Interconnection of Distributed Generators：Power Engineering Society Summer Meeting，2001，Vancouver，BC，2001[C]. 2001_x000a_2001. 1007-1012.

[14] 陈海焱，陈金富，段献忠. 含分布式电源的配电网潮流计算[J]. 电力系统自动化，2006，30(1)：35-40.

[15] 崔金兰，刘天琪. 分布式发电技术及其并网问题研究综述[J]. 现代电力，2007，24(3)：53-57.

[16] 梁有伟，胡志坚，陈允平. 分布式发电及其在电力系统中的应用研究综述[J]. 电网技术，2003，27(12)：71-75，88.

[17] 王希舟，陈鑫，罗龙，等. 分布式发电与配电网保护协调性研究[J]. 继电器，2006，34(3)：15-19.

[18] Girgis A，Brahma S. Effect of Distributed Generation on Protective Device Coordination in Distribution System：Power Engineering，2001. LESCOPE '01. 2001 Large Engineering Systems Conference on，Halifax，NS，2001[C]. 2001_x000a_2001. 115-119.

[19] 周耀烈，李仁飞，苏永智. 分布式发电机组并网10kV开关站的保护新逻辑[J]. 高电压技术，2006，32(6)：105-107.

[20] 王超，何阳，夏翔，等. 分布式电源准入容量对电力系统的影响分析[J]. 华东电力，2006，34(4)：1-4.

[21] Kim T E，Kim J E. A Method for Determining the Introduction Limit of Distributed Generation System in Distribution System：Power Engineering Society Summer Meeting，2001，Vancouver，BC，2001[C]. 2001_x000a_2001. 456-461.

[22] Costa P M，Matos M A. Loss allocation in distribution networks with embedded generation[J]. Power Systems，IEEE Transactions on，2004，19(1)：384-389.

[23] 吴汕，梅天华，龚建荣，等. 分布式发电引起的电压波动和闪变[J]. 能源工程，2006(4)：54-58.

[24] 罗安伍，黄瑞先. 分布式发电并网不利影响及解决方案[J]. 上海电气技术，2011，04(1)：17-20.

[25] 罗安伍，黄瑞先. 分布式发电并网不利影响及接口谐波污染解决方案[J]. 广西电业，2011(3)：84-85，88.

[26] 江南，龚建荣，甘德强. 考虑谐波影响的分布式电源准入功率计算[J]. 电力系统自动化，2007，31(3)：19-23.

[27] D'adamo C，Abbey C，Jupy S，et al. Development and Operation of Active Distribution Networks：Result of CIGRE C6. 11 Working Group. CIGRE'2011. Frankfurt：Paper 0311.

[28] 尤毅，刘东，于文鹏，等. 主动配电网技术及其进展[J]. 电力系统自动化，2012，36(18)：10-16.

[29] Celli G，Pilo F，Pisano G，et al. Operation of Active Distribution Network with Distribution Energy Storage：2ndIEEE ENERGYCON Conference & Exhibition，2012. Future Energy Grids and Systen Symp：557-562.

[30] 王成山，李鹏. 分布式发电、微电网与智能配电网的发展与挑战[J]. 电力系统自动化，2010，34(1)：10-14，23.

[31] 裴玮，李澍森，李惠宇，等. 微电网运行控制的关键技术及其测试平台 [J]. 电力系统自动化，2010，34(1)：94-98，111.

[32] 黄俊，王兆安. 电力电子变流技术[M]. 北京：机械工业出版社，1997.

[33] 刘志刚. 电力电子学 [M]. 北京：北京交通大学出版社，2004.

[34] 张兴，张崇巍. PWM整流器及其控制[M]. 北京：机械工业出版社，2012.

[35] 杨龙飞. 基于T形三电平技术的储能变流器研究[D]. 北京：北京交通大学，2013.

[36] 马添翼，金新民，黄杏，等. 含多变流器的微电网建模与稳定性分析[J]. 电力系统自动化，2013，37(6)：12-17.

[37] Nabae Artal. A New Neutral-point-clamped PWM Inverter [J]. IEEE Transactions on Industry Application，1981，17(5)：518-522.

[38] 吴学智，谢路耀，尹靖元，等. 一种可实现两组串联光伏池板独立MPPT控制的

三电平并网逆变器[J]. 电工技术学报，2013，28(11)：202-208.

[39] 陶生娃，杨超. 二极管箝位式多电平逆变器PWM技术丛书[J]. 电力电子技术，2001，39(5)：7-9.

[40] Sommer. R，Merens A，Brunotte C. Medium Voltage Drive System with NPC Three-level Inverter Using IGBTs[J]. The Institution of Electric Engineers，2000，25(2)：31-35.

[41] 孙龙林. 单相非隔离光伏并网逆变器的研究[D]. 合肥：合肥工业大学，2009.

[42] 杨向真. 微电网逆变器及其协调控制策略研究[D]. 合肥：合肥工业大学，2011.

[43] 罗安伍，黄瑞先. 分布式发电并网不利影响及接口谐波污染解决方案[J]. 广西电业，2011(3)：84-85，88.

[44] 侯健敏，周德群. 分布式能源研究综述[J]. 沈阳工程学院学报（自然科学版），2008，4(4)：289-293.

[45] 崔金兰，刘天琪. 分布式发电技术及其并网问题研究综述[J]. 现代电力，2007，24(3)：53-57.

[46] 杨贵恒，强生泽，张颖超，等. 太阳能光伏系统及其应用[M]. 北京：化学工业出版社，2011.

[47] 吕芳，江燕兴，刘莉敏，等. 太阳能发电[M]. 北京：化学工业出版社，2009.

[48] 朱晓亮. 基于电网电压定向三相并网逆变器的研究[D]. 南京：南京航空航天大学，2010.

[49] 陈科，范兴明，黎钰强，等. 关于光伏阵列的MPPT算法综述[J]. 桂林电子科技大学学报，2011，31(5)：387-388.

[50] 王毅，于明，李永刚. 基于改进微分进化算法的风电直流微电网能量管理[J]. 电网技术，2015，39(9)：2392-2397.

[51] 王毅，于明，李永刚. 基于模型预测控制方法的风电直流微电网集散控制[J]. 电工技术学报，2016，31(21)：57-66.

[52] Planas E，Andreu J，Gárate J I，et al. AC and DC technology in microgrids：A review[J]. Renewable and Sustainable Energy Reviews，2015，43：726-749.

[53] Vu T V，Perkins D，Diaz F，et al. Robust adaptive droop control for DC microgrids[J]. Electric Power Systems Research，2017，146：95-106.

[54] Farhadi M, Mohammed O A. A New Protection Scheme for Multi-Bus DC Power Systems Using an Event Classification Approach[J]. IEEE Transactions on Industry Applications, 2016, 52(4): 2834-2842.

[55] Hamzeh M, Karimi H, Mokhtari H. Harmonic and Negative-Sequence Current Control in an Islanded Multi-Bus MV Microgrid[J]. IEEE Transactions on Smart Grid, 2014, 5(1): 167-176.

[56] Hamzeh M, Mokhtari H, Karimi H. A decentralized self-adjusting control strategy for reactive power management in an islanded multi-bus MV microgrid[J]. 2013, 36(1): 18-25.

[57] Hamzeh M, Karimi H, Mokhtari H. A New Control Strategy for a Multi-Bus MV Microgrid Under Unbalanced Conditions[J]. IEEE Transactions on Power Systems, 2012, 27(4): 2225-2232.

[58] 丁明, 张颖媛, 茆美琴. 微电网研究中的关键技术[J]. 电网技术, 2009, 33 (11): 6-11.

[59] 刘文, 杨慧霞, 祝斌. 微电网关键技术研究综述[J]. 电力系统保护与控制, 2012, 40 (14): 152-155.

[60] 罗安伍, 黄瑞先. 分布式发电并网不利影响及接口谐波污染解决方案[J]. 广西电业, 2011(3): 84-85, 88.

[61] 侯健敏, 周德群. 分布式能源研究综述[J]. 沈阳工程学院学报（自然科学版）, 2008, 4(4): 289-293.

[62] 崔金兰, 刘天琪. 分布式发电技术及其并网问题研究综述[J]. 现代电力, 2007, 24(3): 53-57.

[63] 杨贵恒, 强生泽, 张颖超, 等. 太阳能光伏系统及其应用[M]. 北京: 化学工业出版社, 2011.

[64] 吕芳, 江燕兴, 刘莉敏, 等. 太阳能发电[M]. 北京: 化学工业出版社, 2009.

[65] 朱晓亮. 基于电网电压定向三相并网逆变器的研究[D]. 南京: 南京航空航天大学, 2010.

[66] 陈科, 范兴明, 黎钰强, 等. 关于光伏阵列的MPPT算法综述[J]. 桂林电子科技大学学报, 2011, 31(5): 387-388.

[67] 耿书悦. 分布式MPPT技术研究[D]. 北京：北京交通大学，2012.

[68] Patel H，Agarwal V. Maximum Power Point Tracking Scheme for PV System Operating under Partially Shaded Condition[J]. IEEE Transactions on Industry Electronics，2008，55(4)：1689-1698.

[69] 杨海柱. 小功率光伏并网发电系统最大功率跟踪及鼓捣问题的研究[D]. 北京：北京交通大学，2005.

[70] IEEE Std. 929-2000，IEEE Recommended Practice for Utility Interface of Photovpltaic(PV) System[S].

[71] 蒋冀，段善旭，陈仲伟. 三相并网/独立双模式逆变器控制策略研究[J]. 电工技术学报，2012，27(2)：52-58.

[72] 刘观起，游晓科. 改进的正反馈主动频移鼓捣检测方法的仿真分析[J]. 电网与清洁能源，2011，27(11)：41-45.

[73] 梁建钢，金新民，吴学智，等. 基于非特征谐波正反馈的微电网变流器鼓捣检测方法[J]. 电力系统自动化，2014，10(38)：24-29.

[74] 马静，米超，王增平. 基于谐波畸变率正反馈的孤岛检测新方法[J]. 电力系统自动化，2012，1(36)：47-50.

[75] 张禄. 双馈异步风力发电系统穿越电网故障运行研究[D]. 北京：北京交通大学，2012.

[76] 程启明，程尹曼，王映斐，等. 风力发电系统的发展综述[J]. 自动化仪表，2012，1(1)：1-8.

[77] Li H，Chen Z. Overview of Different Wind Generator Systems and Their Comparisons [J]. Renewable Power Generation，IET，2008，2(2)：123-138.

[78] 陈瑶. 直驱型风力发电系统全功率并网变流技术的研究[D]. 北京：北京交通大学，2008.

[79] 唐芬. 直驱型永磁风力发电系统全功率并网技术研究[D]. 北京：北京交通大学，2012.

[80] 赵新. 电励磁直驱型风力发电机并网控制技术研究[D]. 北京：北京交通大学，2013.

[81] 王胜楠. 基于转子变流器控制的双馈风力发电低电压穿越技术研究[D]. 北京：

北京交通大学，2014.

[82] 邓雅. 不平衡电网电压下双馈风力发电系统变流器控制策略研究[D]. 北京：北京交通大学，2011.

[83] 中华人民共和国国家质量监督检验检疫总局. GBT 19963—2011 风电场接入电力系统技术规定[S].

[84] 张文亮，丘明，来小康. 储能技术在电力系统中的应用[J]. 电网技术，2008，32(7)：1-8.

[85] 丁明，张颖媛，辰美琴，等. 包含钠硫电池储能的微电网系统经济运行优化[J]. 中国电机工程学报，2011，31(4)：7-14.

[86] 程时杰，李刚，孙海顺. 储能技术在电气工程领域中的应用与展望[J]. 电网与清洁能源，2009，25(2)：1-8.

[87] 杨向真. 微电网逆变器及其协调控制策略研究[D]. 合肥：合肥工业大学，2011.

[88] Holtz J, Werner K H. Multi-inverter UPS System with Redundant Load Sharing Control[J]. IEEE Transactions on Industrial Electronics, 1990, 37(6)：506-513.

[89] Van der Broeck H, Boeke U. A Simple Method for Parallel Operation of Inverters：Telecommunications Energy Conference, 1998. INTELEC. Twentieth International, San Francisco, CA, 1998[C]. 1998_x000a_1998. 143-150.

[90] Bialasiewicz J T. Renewable Energy Systems With Photovoltaic Power Generators：Operation and Modeling[J]. IEEE Transactions on Industrial Electronics, 2008, 55(7)：2752-2758.

[91] Rocabert J, Luna A, Blaabjerg F, et al. Control of Power Converters in AC Microgrids[J]. IEEE Transactions on Power Electronics, 2012, 27(11)：4734-4749.

[92] Driesen J, Visscher K. Virtual synchronous generators：Power and Energy Society General Meeting - Conversion and Delivery of Electrical Energy in the 21st Century, 2008 IEEE, Pittsburgh, PA, 2008[C]. 2008_x000a_20-24 July 2008. 1-3.

[93] Guerrero J M, Vasquez J C, Matas J, et al. Control Strategy for Flexible Microgrid Based on Parallel Line-Interactive UPS Systems[J]. IEEE Transactions on Industrial

Electronics, 2009, 56(3): 726-736.

[94] Van T V, Visscher K, Diaz J, et al. Virtual Synchronous Generator: An Element of Future Grids: Innovative Smart Grid Technologies Conference Europe (ISGT Europe), 2010 IEEE PES, Gothenburg, 2010[C]. 2010_x000a_11-13 Oct. 2010. 1-7.

[95] Josep M G, Vasquez J C, Savaghebi M, et al. Hierarchical Control of Power Plants with Microgrid Operation: IECON 2010 - 36th Annual Conference on IEEE Industrial Electronics Society, Glendale, AZ, 2010[C]. 2010_x000a_7-10 Nov. 2010. 3006-3011.

[96] Chun-Xia D, Bin L. Multi-Agent Based Hierarchical Hybrid Control for Smart Microgrid[J]. IEEE Transactions on Smart Grid, 2013, 4(2): 771-778.

[97] Wandhare R G, Thale S, Agarwal V. Reconfigurable Hierarchical Control of a Microgrid Developed with PV, Wind, Micro-hydro, Fuel cell and Ultra-capacitor: Applied Power Electronics Conference and Exposition (APEC), 2013 Twenty-Eighth Annual IEEE, Long Beach, CA, 2013[C]. 2013_x000a_17-21 March 2013. 2799-2806.

[98] Guerrero J M, Garcia De Vicuna L, Matas J, et al. Output Impedance Design of Parallel-Connected UPS Inverters With Wireless Load-Sharing Control[J]. IEEE Transactions on Industrial Electronics, 2005, 52(4): 1126-1135.

[99] 程军照, 李澍森, 吴在军, 等. 微电网下垂控制中虚拟电抗的功率解耦机理分析[J]. 电力系统自动化, 2012(07): 27-32.

[100] 周贤正, 荣飞, 吕志鹏, 等. 低压微电网采用坐标旋转的虚拟功率V/f下垂控制策略[J]. 电力系统自动化, 2012(02): 47-51.

[101] Guerrero J M, Berbel N, Matas J, et al. Decentralized Control for Parallel Operation of Distributed Generation Inverters Using Resistive Output Impedance: Power Electronics and Applications, 2005 European Conference on, Dresden, 2005[C]. 2005_x000a_0-0 0. 10.

[102] Vasquez J C, Guerrero J M, Luna A, et al. Adaptive Droop Control Applied to Voltage-Source Inverters Operating in Grid-Connected and Islanded Modes[J]. IEEE

Transactions on Industrial Electronics，2009，56（10）：4088-4096.

[103] Yan L，Yan L. Decoupled Power Control for an Inverter Based Low Voltage Microgrid in Autonomous Operation：Power Electronics and Motion Control Conference，2009. IPEMC '09. IEEE 6th International，Wuhan，2009[C]. 2009_x000a_17-20 May 2009. 2490-2496.

[104] Yan L，Yun W L. Virtual Frequency-voltage Frame Control of Inverter Based Low Voltage Microgrid：Electrical Power & Energy Conference（EPEC），2009 IEEE，Montreal，QC，2009[C]. 2009_x000a_22-23 Oct. 2009. 1-6.

[105] Jinwei H，Yun W L. Analysis，Design，and Implementation of Virtual Impedance for Power Electronics Interfaced Distributed Generation[J]. IEEE Transactions on Industry Applications，2011，47（6）：2525-2538.

[106] 黄杏，金新民. 微电网离网黑启动优化控制方案[J]. 电工技术学报，2013，28（4）：182-190.

[107] 蔡述涛，张尧，荆晓霞. 地方电网黑启动方案的定制[J]. 电力系统自动化，2005，（12）73-36.

[108] 周云海，闵勇. 恢复控制中的系统重构优化算法研究[J]. 中国电机工程学报，2003，23（4）：67-70.

[109] Kundur P. Power System Stability and Control[M]. McGraw-Hill Inc.，1994.

[110] IEEE Guide for Design，Operation，and Integration of Distributed ResourceIsland Systems with Electric Power Systems[J]. IEEE Std 1547. 4-2011，2011：1-54.

[111] Iyer S V，Belur M N，Chandorkar M C. A Generalized Computational Method to Determine Stability of a Multi-inverter Microgrid[J]. IEEE Transactions on Power Electronics，2010，25（9）：2420-2432.

[112] 苏玲. 微电网控制及小信号稳定性分析与能量管理策略[D]. 北京：华北电力大学（北京），2011.

[113] Coelho E A A，Cortizo P C，Garcia P F D. Small-signal Stability for Parallel-connected Inverters in Stand-alone AC Supply Systems[J]. IEEE Transactions on Industry Applications，2002，38（2）：533-542.

[114] 张建华，苏玲，刘若溪，等. 逆变型分布式电源微电网并网小信号稳定性分析

[J]. 电力系统自动化，2011，35(6)：76-80，102.

[115] Barklund E，Pogaku N，Prodanovic M，et al. Energy Management in Autonomous Microgrid Using Stability-Constrained Droop Control of Inverters[J]. Power Electronics，IEEE Transactions on，2008，23(5)：2346-2352.

[116] 张建华，苏玲，刘若溪，等. 逆变型分布式电源微电网小信号稳定性动态建模分析[J]. 电力系统自动化，2010，34(22)：97-102.

[117] Guerrero J M，Matas J，Luis G D V，et al. Decentralized Control for Parallel Operation of Distributed Generation Inverters Using Resistive Output Impedance[J]. IEEE Transactions on Industrial Electronics，2007，54(2)：994-1004.

[118] Farid Katiraei，Chad Abbey，Richard Bahry. Analysis of Voltage Regulation Problem for a 25-kV Distribution Network with Distributed Generation，Power Engineering Society General Meeting，2006. IEEE[C]. 2006_x000a_2006. 115-119.

[119] Haiyan Chen，Jinfu Chen，Dongyuan Shi，et al. Power Flow Study and Voltage Stability Analysis for Distribution Systems with Distributed Generation. Power Engineering Society General Meeting，2006. IEEE. [C]. 2006_x000a_2006. 125-131.

[120] M. H. J. Bollen，A. Sannino. Voltage Control With Inverter-Based Distributed Generation[J]. IEEE Transaction on Power Delivery，2005，20(1)：97-102.

[121] K. K. Shyu，M. Yang，Y. M. Chen，and Y. F. Lin，"Model referenceadaptive control design for a shunt active-power-filter systems，" IEEE Transactions on Industrial Electronics，2008，55(1)：97-106.

[122] B. Singh，V. Verma，and J. Solanki，"Neural network-based selective compensation of current quality problems in distribution system，" IEEE Transactions on Industrial Electronics，2007，54(1)：53-60.

[123] J. D. Barros and J. F. Silva，"Optimal predictive control of three-phase NPC multilevel converter for power quality applications，" IEEE Transactions on Industrial Electronics，2008，55(1)：3670-3681.

[124] S. Zeliang，G. Yuhua，and L. Jisan，"Steady-state and dynamic study ofactive power filter with efficient FPGA-based control algorithm，" IEEE Transactions on

Industrial Electronics, 2008, 55(4): 1527–1536.

[125] Wiseman J C, Bin W. Active Damping Control of a High-power PWM Current-source Rectifier for Line-current THD Reduction[J]. IEEE Transactions on Industrial Electronics, 2005, 52(3): 758–764.

[126] Bierhoff M H, Fuchs F W. Active Damping for Three-Phase PWM Rectifiers With High-Order Line-Side Filters[J]. IEEE Transactions on Industrial Electronics, 2009, 56(2): 371–379.

[127] Jinwei H, Yun W L, Bosnjak D, et al. Investigation and Active Damping of Multiple Resonances in a Parallel-Inverter-Based Microgrid[J]. IEEE Transactions on Power Electronics, 2013, 28(1): 234–246.

[128] Corradini L, Mattavelli P, Corradin M, et al. Analysis of Parallel Operation of Uninterruptible Power Supplies Loaded Through Long Wiring Cables[J]. IEEE Transactions on Power Electronics, 2010, 25(4): 1046–1054.

[129] Liserre M, Teodorescu R, Blaabjerg F. Stability of Photovoltaic and Wind Turbine Grid-connected Inverters for a Large Set of Grid Impedance Values[J]. IEEE Transactions on Power Electronics, 2006, 21(1): 263–272.

[130] Fei L, Yan Z, Shanxu D, et al. Parameter Design of a Two-Current-Loop Controller Used in a Grid-Connected Inverter System With LCL Filter[J]. IEEE Transactions on Industrial Electronics, 2009, 56(11): 4483–4491.

第2章 微电网变流器控制

作为微电网构成的必要部分，微电网变流器承担着整个系统电能控制与协调的功能，其重要性不言而喻。在微电网系统中，根据控制功能的不同，可将微电网变流器划分为不同的类型，最常用的分类是通过控制目标来进行的。其中，以控制输出功率为目标的微电网变流器最常用的控制方法为恒功率控制（PQ 控制）方式，而以输出电压、频率为控制目标的微电网变流器最常用的控制方法为下垂控制方式。在这两种控制方法中，PQ 控制重点围绕如何追踪系统的输出电压，获得给定的有功功率与无功功率；而下垂控制方式承担了微电网系统的电压、频率的支撑，通过下垂控制特性实现有功功率与无功功率的有效分配[1-3]。

本章将围绕微电网系统中变流器的控制分类、控制方法进行展开，重点介绍微电网变流器的 PQ 控制与下垂控制的基本原理和实现方法。同时，将围绕下垂控制特性与系统线路阻抗关系进行讨论，并围绕如何基于虚拟阻抗控制提高微电网变流器下垂控制方法的性能展开研究。

2.1 微电网变流器控制分类

尽管直流微电网以及交直流混合微电网存在控制及应用等多方面优势，但由于交流微电网能够快速实现与原有用电负荷及发电装置的结合，因此，交流微电网仍是目前应用最为广泛的微电网拓扑结构。而对于交流微电网而言，无论是并网运行模式还是孤岛运行模式，都需要通过对分布式电源进行有效的控制，以维持微电网内供电电压与频率的稳定。尤其是在孤岛运行模式下，由于微电网失去了主电网提供的电压和频率参考，此时对于分布式电源的控制将更加复杂。交流微电网中的分布式电源的控制重点可划分为功率控制和电压、频率控制两类，其中，前者主要通过跟踪电网的频率与电压实现功率输出指令的跟踪；而后者则关注如何实现频率与电压的有效生成，并维持微电网中的功率平衡。

2.1.1　功率控制型微电网变流器

微电网中采用功率控制的变流器重点关注如何实现功率指令的跟踪，此类变流器多采用 PQ 控制方法。该类变流器的内部控制主要包含功率计算、电流控制、电压控制三部分。其中，功率计算部分根据功率指令计算输出电流控制指令参数，而电流控制部分则通过闭环控制实现电流指令的跟踪，电压控制部分则生成变流器最终输出电压指令。采用 PQ 控制方式的控制原理如图 2-1 所示。

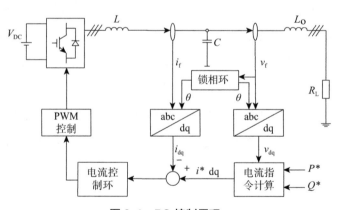

图 2-1　PQ 控制原理

PQ 控制型变流器的核心控制目标是实现功率指令跟踪，因此，这种变流器控制方法无法生成独立电压，在孤岛模式下，仅采用 PQ 控制型变流器无法保障微电网的稳定运行。在实际应用中，该类变流器对应的一次能源多具有波动特性，在构成微电网时，大多采用具有独立的频率、电压生成能力的变流器共同构成微电网，以保障微电网的稳定运行。

2.1.2 频率、电压控制型微电网变流器

由于微电网在孤岛运行模式下无法跟踪主电网的电压和频率，因此，若需要保障微电网在孤岛模式下稳定运行，必须使微电网中配置具有电压和频率支撑能力的微电网变流器。在应用中，此类变流器控制又可分为恒定电压频率控制（V/f控制）、下垂控制以及虚拟同步电机控制三种。

所谓V/f控制是将变流器控制为一个电压幅值和频率固定的电压源，通过调整电压源的给定指令，调整变流器的电压输出特性。由于变流器被控制成为一个电压源，因此，在接入不同负荷时，变流器的输出功率随负荷改变。实际应用中，由于V/f控制与传统的不间断供电电源（Uninterruptible Power Supply, UPS）工作模式相近，因此，该类变流器大多只应用于微电网的孤岛模式。而当多个采用V/f控制的变流器并联运行时，由于其等效输出阻抗值较小，故变流器输出电压的微小差异也会导致较大的环流产生，因此，如何精确实现多个变流器的输出同步，以避免环流产生，是采用V/f控制变流器并联运行的一大难点。典型的V/f控制原理如图2-2所示。在实际应用中，PQ控制型变流器与V/f控制型变流器大多联合构成孤岛微电网。正常运行条件下，PQ控制型变流器可为负荷提供电能，而V/f控制型变流器则可以为微电网提供电压及频率支撑。由于V/f控制型变流器等效为一个电压源，其输出的频率和电压都应该为扰动较小的稳定值，因此其一次能源多采用储能装置或燃料电池等出力较稳定的能源。

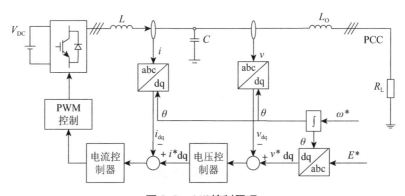

图 2-2 V/f 控制原理

　　尽管采用 V/f 控制的变流器能够实现微电网孤岛模式下的稳定运行，但该方法仍存在无法实现多个变流器并联同步的问题。为有效改善微电网中多台电压、频率型变流器的快速并联，下垂控制的方法被提出，该方法将变流器的外特性设置为与传统电网发电机外特性一致，通过模拟传统电网的发电机并联实现多台电压、频率型变流器的快速并联。该类控制根据下垂特性曲线计算变流器在任意输出功率前提下的输出电压与频率取值，并通过不同的内环控制实现输出电压、电流的性能设计。下垂控制变流器根据内环实现方式的不同可分为单环、双环和三环三种，这三种控制方法的原理如图 2-3 所示。

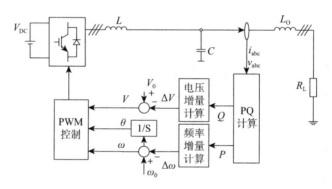

（a）单环下垂控制方法

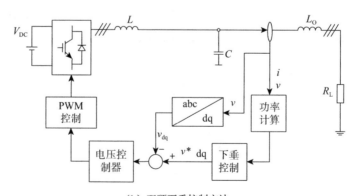

（b）双环下垂控制方法

图 2-3　下垂控制原理

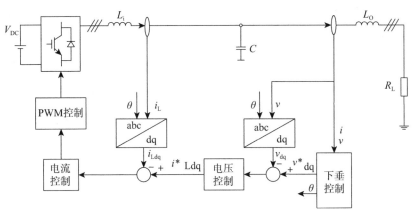

（c）三环下垂控制方法

图 2-3　下垂控制原理（续）

　　在三种控制方法中，单闭环控制仅根据下垂特性对输出电压、电流指令计算后即产生输出电压指令，该方法简单易实现，但由于变流器的惯性较小，系统中出现扰动后将会对变流器输出性能造成较大影响；双闭环控制的方法在单闭环控制的基础上增加了电压控制，其性能与单闭环相比具有较显著的提升，但对输出电流的特性仍无法进行控制，且对电流的扰动较为敏感；三闭环控制在双闭环控制的基础上增加了电流闭环，可有效地实现对输出电压、电流特性的控制，抗干扰能力最强，但由于其控制环节较多，将增加控制器设计的难度。

　　尽管下垂控制方式有效地实现了发电机外特性的模拟，解决了多个微电网变流器并联的问题，但该类控制仍表现为电力电子设备的响应特性，相比于传统发电机来说，该类设备响应速度更快，惯性更小。这将导致该类微电网变流器构成的微电网在孤岛运行模式下抗干扰能力下降，为了有效改善微电网系统的稳定性，虚拟同步电机控制方法被提出，其控制结构如图 2-4 所示。该方法采用控制算法模拟同步发电机的调速器和同步器工作特性，来实现微电网变流器频率和电压的自主调节[4]。

　　虚拟同步发电机控制原理由功率计算、频率控制器、电压控制器、同步发

机算法模块四部分组成（如图 2-4 所示），其中功率计算用于实现微电网变流器
输出功率的计算，频率控制根据微电网变流器有功输出功率实现同步发电机的一
次调频特性模拟，电压控制根据微电网变流器无功输出功率实现同步发电机的一
次调压控制特性模拟，而虚拟同步发电机算法部分则实现同步发电机转子运动方
程的模拟。采用虚拟同步发电机控制方法的微电网变流器，不仅实现了同步发电
机静态特性的模拟，而且实现了同步发电机转子惯性的模拟，可有效提高微电网
系统的频率稳定性[81]。

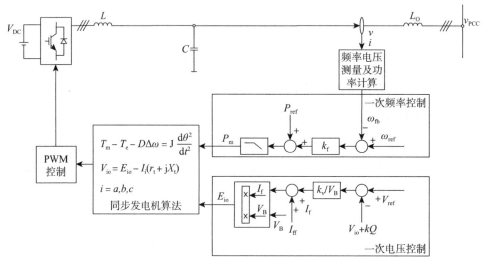

图 2-4　虚拟同步发电机控制原理

2.2　微电网变流器的 PQ 控制策略

以功率控制多目标的微电网变流器多等效为电流源，通过跟踪微电网系统的
电压，调整输出电流，获得给定功率。实际应用中，多采用 PQ 控制方式来实现
对功率的控制。PQ 控制变流器多采用如图 2-5 所示的三相电压型变流器的拓扑
结构。其中，e_i（i=a，b，c）为微电网侧相电压，u_i 为变流器输出相电压，i_i 为

微电网相电流，U_{dc} 为直流侧电压，i_{dc} 为直流侧电流，一次能源电路可等效为一个受控电流源 i_L，图中电流均以整流方向为正，n 点为微电网的中点，o 点为直流侧中点，e_i、u_i 均为相对电源中点电压；L 为滤波电感，R 是滤波电感等效电阻；C 为中间支撑电容；$Q_1 \sim Q_6$ 为变流器的电力电子器件。

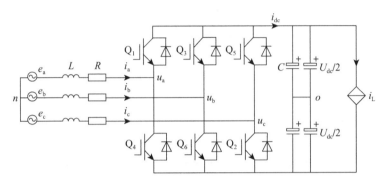

图 2-5　三相电压型 PWM 整流器基本电路

2.2.1　PQ 控制的基本工作原理

设 $Q_1 \sim Q_6$ 为理想开关，变量 s_i（i=a，b，c）表示 i 相桥臂的开关状态，s_i=1 代表拓扑中 i 相桥臂上管导通，s_i=-1 代表 i 相桥臂下管导通，则可以得到该变流器拓扑结构在三相静止坐标系下的动态方程：

$$\begin{cases} L\dfrac{\mathrm{d}i_a}{\mathrm{d}t} = e_a - Ri_a - u_a \\[2mm] L\dfrac{\mathrm{d}i_b}{\mathrm{d}t} = e_b - Ri_b - u_b \\[2mm] L\dfrac{\mathrm{d}i_c}{\mathrm{d}t} = e_c - Ri_c - u_c \\[2mm] C\dfrac{\mathrm{d}U_{dc}}{\mathrm{d}t} = i_{dc} - i_L \end{cases} \tag{2.1}$$

其中，$u_i=u_{io}+u_{on}$（i=a，b，c）。利用二值开关函数 s_i，可将 u_i 及 i_{dc} 展开如下：

$$\begin{cases} u_{\mathrm{a}} = \dfrac{1}{2}U_{\mathrm{dc}}s_{\mathrm{a}} - \dfrac{1}{6}U_{\mathrm{dc}}\sum_{k=\mathrm{a,b,c}}s_k = U_{\mathrm{dc}}s_{\mathrm{a}}' \\[2mm] u_{\mathrm{b}} = \dfrac{1}{2}U_{\mathrm{dc}}s_{\mathrm{b}} - \dfrac{1}{6}U_{\mathrm{dc}}\sum_{k=\mathrm{a,b,c}}s_k = U_{\mathrm{dc}}s_{\mathrm{b}}' \\[2mm] u_{\mathrm{c}} = \dfrac{1}{2}U_{\mathrm{dc}}s_{\mathrm{c}} - \dfrac{1}{6}U_{\mathrm{dc}}\sum_{k=\mathrm{a,b,c}}s_k = U_{\mathrm{dc}}s_{\mathrm{c}}' \\[2mm] i_{\mathrm{dc}} = \dfrac{s_{\mathrm{a}}+1}{2}i_{\mathrm{a}} + \dfrac{s_{\mathrm{b}}+1}{2}i_{\mathrm{b}} + \dfrac{s_{\mathrm{c}}+1}{2}i_{\mathrm{c}} \\[2mm] \quad = \dfrac{s_{\mathrm{a}}i_{\mathrm{a}} + s_{\mathrm{b}}i_{\mathrm{b}} + s_{\mathrm{c}}i_{\mathrm{c}}}{2} + \dfrac{i_{\mathrm{a}}+i_{\mathrm{b}}+i_{\mathrm{c}}}{2} = \dfrac{s_{\mathrm{a}}i_{\mathrm{a}} + s_{\mathrm{b}}i_{\mathrm{b}} + s_{\mathrm{c}}i_{\mathrm{c}}}{2} \end{cases} \tag{2.2}$$

式中 s_i, Σs_x 和 s_x' 的关系如表 2-1 所示。

表 2-1　各开关函数对应关系表

开关函数 \ 开关组合	s_{a}	s_{b}	s_{c}	Σs_x	s_{a}'	s_{b}'	s_{c}'
I	−1	−1	−1	−3	0	0	0
II	1	−1	−1	−1	2/3	−1/3	−1/3
III	1	1	−1	1	1/3	1/3	−2/3
IV	−1	1	−1	−1	−1/3	2/3	−1/3
V	−1	1	1	1	−2/3	1/3	1/3
VI	−1	−1	1	−1	−1/3	−1/3	2/3
VII	1	−1	1	1	1/3	−2/3	1/3
VIII	1	1	1	3	0	0	0

将式 (2.2) 代入式 (2.1)，可得 PQ 控制变流器三相静止坐标系下的数学模型如下所示：

$$\begin{cases} L\dfrac{\mathrm{d}i_{\mathrm{a}}}{\mathrm{d}t} = e_{\mathrm{a}} - Ri_{\mathrm{a}} - \dfrac{1}{2}U_{\mathrm{dc}}\left(s_{\mathrm{a}} - \dfrac{1}{3}\sum_{k=\mathrm{a,b,c}}s_k\right) \\[2mm] L\dfrac{\mathrm{d}i_{\mathrm{b}}}{\mathrm{d}t} = e_{\mathrm{b}} - Ri_{\mathrm{b}} - \dfrac{1}{2}U_{\mathrm{dc}}\left(s_{\mathrm{b}} - \dfrac{1}{3}\sum_{k=\mathrm{a,b,c}}s_k\right) \\[2mm] L\dfrac{\mathrm{d}i_{\mathrm{c}}}{\mathrm{d}t} = e_{\mathrm{c}} - Ri_{\mathrm{c}} - \dfrac{1}{2}U_{\mathrm{dc}}\left(s_{\mathrm{c}} - \dfrac{1}{3}\sum_{k=\mathrm{a,b,c}}s_k\right) \\[2mm] C\dfrac{\mathrm{d}U_{\mathrm{dc}}}{\mathrm{d}t} = \dfrac{s_{\mathrm{a}}i_{\mathrm{a}} + s_{\mathrm{b}}i_{\mathrm{b}} + s_{\mathrm{c}}i_{\mathrm{c}}}{2} - i_{\mathrm{L}} \end{cases} \tag{2.3}$$

在 PQ 控制的变流器应用时，其所有控制性能实现的基础直流电压维持为恒定值，进而可根据功率指令输出不同的有功与无功功率。当变流器输出不同的有功、无功功率时，其对应的功率因数也不相同。根据输出功率因数的变化，可得到四种典型的工作模式，分别为单位功率因数整流、单位功率因数逆变、纯容特性运行以及纯感特性运行。设 E 代表变流器输出相电压的对应相量，I 代表变流器输出相电流的对应相量，可得到上述四种工作模式对应的波形关系和相量关系图，如图 2-6 所示。

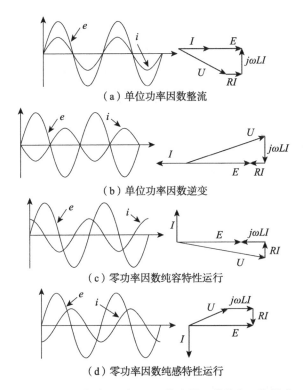

（a）单位功率因数整流

（b）单位功率因数逆变

（c）零功率因数纯容特性运行

（d）零功率因数纯感特性运行

图 2-6　三相电压型 PWM 整流器四种基本工作模式

由于 PQ 控制变流器最终的输出电压可控，因此，通过调整 PQ 控制变流器的输出电压，改变微电网电压相量与变流器输出电压相量的夹角，可实现以上四种工作模式。但在 PQ 型变流器的实际应用中，大多工作在单位功率因数逆变状态，无功给定值为零。在微电网的调度需求前提下，输出无功功率值可调整，以完成对微电网的无功功率补偿。

2.2.2　PQ 控制的实现

根据以上分析可知，PQ 控制型变流器是通过控制输出电压的相量，来达到输出功率的调整。目前实现 PQ 型变流器最常使用的是基于坐标变换理论的双闭环控制策略，而根据坐标定向方法的不同，又可划分为基于微电网电压定向的控制策略和基于虚拟磁链定向的控制策略两类。其中，基于微电网电压定向的控制策略采用电压检测或电压估算的方法获取电网电压，而功率指令的跟踪内环控制则采用电压外环、电流内环的双闭环结构，最终通过电压调制策略获得变流器电力电子器件控制信号。由于变流器与驱动电机系统的逆变器在拓扑结构上存在相似性，因此，可将微电网电压看作电机定子感应电势，将滤波电感及其等效电阻看作电机定子电感和定子电阻，所以，可将变流器等效为一台虚拟电机。通过估算定子磁链，就可以利用它取代网压，进而实现进一步控制。实际应用中，基于电压定向的控制策略应用更为广泛。

电压定向控制一般采用电压外环、电流内环结构，电流方向以网压空间矢量的方向为基准。在静止坐标系下设计电流内环，如滞环电流控制等，易于实现，理论上也可以获得快速动态响应和较高的控制精度，但实际应用时往往受到开关频率、器件应力等因素的限制，网侧滤波器设计也相对困难。在同步旋转坐标系下设计电流内环，各交流分量均转换为直流量，便于闭环调节器的设计，同时可以很方便地与正弦脉宽调制（SPWM）或空间矢量脉宽调制（SVPWM）接口，利于网侧滤波参数的设计，是目前应用最广泛的控制策略。

由于 PQ 控制变流器的输出电压、电流为三相对称交流量，而实际控制中对交流量直接进行控制难度较高，故在控制应用中，常使用坐标变换将三相坐标系变换为两相坐标系以便于控制。坐标变换的方式可分为等功率变换和等量变换两类，二者的核心变换思路具有一致性，区别仅在于前者为正交变换。而由于等量坐标变换更加简单易实现，因此更受到青睐。设三相交流变量对应的静止坐标系为 abc，变换后的两相静止坐标系为 α-β，而两相同步旋转坐标系为 d-q。则根据图 2-7 所示位置关系及等量变换原则，可得到各坐标系之间的变换关系如式（2.4）所示。

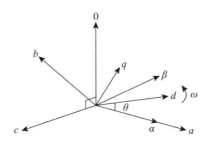

图 2-7　静止坐标系与旋转坐标系的关系

图中，abc 坐标轴相角差为 $120°$；α 轴超前 β 轴 $90°$；q 轴超前 d 轴 $90°$；0 轴与 α-β 平面及 d-q 平面均正交；$\theta=\tilde{\omega}t$，表示 a 轴和 d 轴之间的夹角。

$$\begin{cases} \begin{bmatrix} v_d & v_q & v_0 \end{bmatrix}^T = \boldsymbol{T}_2 \begin{bmatrix} v_\alpha & v_\beta & v_0 \end{bmatrix}^T = \boldsymbol{T}_2 \boldsymbol{T}_1 \begin{bmatrix} v_a & v_b & v_c \end{bmatrix}^T \\ \begin{bmatrix} v_a & v_b & v_c \end{bmatrix}^T = \boldsymbol{T}_1^{-1} \begin{bmatrix} v_\alpha & v_\beta & v_0 \end{bmatrix}^T = \boldsymbol{T}_1^{-1} \boldsymbol{T}_2^{-1} \begin{bmatrix} v_d & v_q & v_0 \end{bmatrix}^T \end{cases} \tag{2.4}$$

其中，矩阵 $\boldsymbol{T}_1$、$\boldsymbol{T}_2$、$\boldsymbol{T}_1^{-1}$、$\boldsymbol{T}_2^{-1}$ 表达式如下：

$$\begin{cases} \boldsymbol{T}_1 = \dfrac{2}{3} \begin{bmatrix} 1 & -1/2 & -1/2 \\ 0 & \sqrt{3}/2 & -\sqrt{3}/2 \\ 1/2 & 1/2 & 1/2 \end{bmatrix}, \quad \boldsymbol{T}_2 = \begin{bmatrix} \cos\theta & \sin\theta & 0 \\ -\sin\theta & \cos\theta & 0 \\ 0 & 0 & 1 \end{bmatrix} \\[6mm] \boldsymbol{T}_1^{-1} = \begin{bmatrix} 1 & 0 & 1 \\ -1/2 & \sqrt{3}/2 & 1 \\ -1/2 & -\sqrt{3}/2 & 1 \end{bmatrix}, \quad \boldsymbol{T}_2^{-1} = \begin{bmatrix} \cos\theta & -\sin\theta & 0 \\ \sin\theta & \cos\theta & 0 \\ 0 & 0 & 1 \end{bmatrix} \end{cases} \tag{2.5}$$

由于三相三线制的 PQ 控制变流器拓扑结构不存在零序通路，因此以上变换可简化如下：

$$\begin{cases} \begin{bmatrix} v_d & v_q \end{bmatrix}^T = \boldsymbol{T}_2 \begin{bmatrix} v_\alpha & v_\beta \end{bmatrix}^T = \boldsymbol{T}_2 \boldsymbol{T}_1 \begin{bmatrix} v_a & v_b \end{bmatrix}^T \\ \begin{bmatrix} v_a & v_b \end{bmatrix}^T = \boldsymbol{T}_1^{-1} \begin{bmatrix} v_\alpha & v_\beta \end{bmatrix}^T = \boldsymbol{T}_1^{-1} \boldsymbol{T}_2^{-1} \begin{bmatrix} v_d & v_q \end{bmatrix}^T \end{cases} \tag{2.6}$$

其中，矩阵 $\boldsymbol{T}_1$、$\boldsymbol{T}_2$、$\boldsymbol{T}_1^{-1}$、$\boldsymbol{T}_2^{-1}$ 简化如下：

$$\begin{cases} \boldsymbol{T}_1 = \begin{bmatrix} 1 & 0 \\ 1/\sqrt{3} & 2/\sqrt{3} \end{bmatrix}, & \boldsymbol{T}_2 = \begin{bmatrix} \cos\theta & \sin\theta \\ -\sin\theta & \cos\theta \end{bmatrix} \\ \boldsymbol{T}_1^{-1} = \begin{bmatrix} 1 & 0 \\ -1/2 & \sqrt{3}/2 \end{bmatrix}, & \boldsymbol{T}_2^{-1} = \begin{bmatrix} \cos\theta & -\sin\theta \\ \sin\theta & \cos\theta \end{bmatrix} \end{cases} \tag{2.7}$$

根据式 (2.6)，可将 PQ 控制变流器的数学模型转换到 α-β 坐标系，进而转换到 d-q 同步旋转坐标系，可得到 PQ 控制变流器在静止坐标系和同步旋转坐标系下的数学模型：

$$\begin{cases} L\dfrac{\mathrm{d}i_\alpha}{\mathrm{d}t} = e_\alpha - Ri_\alpha - s_\alpha U_{\mathrm{dc}} \\ L\dfrac{\mathrm{d}i_\beta}{\mathrm{d}t} = e_\beta - Ri_\beta - s_\beta U_{\mathrm{dc}} \\ C\dfrac{\mathrm{d}U_{\mathrm{dc}}}{\mathrm{d}t} = \dfrac{3}{2}(s_\alpha i_\alpha + s_\beta i_\beta) - i_{\mathrm{L}} \end{cases} \Rightarrow \begin{cases} L\dfrac{\mathrm{d}i_d}{\mathrm{d}t} = e_d - Ri_d + \omega Li_q - s_d U_{\mathrm{dc}} \\ L\dfrac{\mathrm{d}i_q}{\mathrm{d}t} = e_q - Ri_q - \omega Li_d - s_q U_{\mathrm{dc}} \\ C\dfrac{\mathrm{d}U_{\mathrm{dc}}}{\mathrm{d}t} = \dfrac{3}{2}(s_d i_d + s_q i_q) - i_{\mathrm{L}} \end{cases} \tag{2.8}$$

在三相电网对称条件下，三相电压电流在同步旋转坐标系下均转换为直流量。由上节的 PQ 控制变流器三相静止坐标系下模型，可计算出 PQ 控制变流器在同步旋转坐标系下的电流方程：

$$\begin{cases} L\dfrac{\mathrm{d}i_d}{\mathrm{d}t} = e_d - Ri_d + \omega Li_q - u_d \\ L\dfrac{\mathrm{d}i_q}{\mathrm{d}t} = e_q - Ri_q - \omega Li_d - u_q \end{cases} \tag{2.9}$$

在坐标变换过程中，使 d 轴方向与网压空间矢量 $\boldsymbol{E}$ 同向，可得到 $e_d=|\boldsymbol{E}|$，$e_q=0$。则 α-β 和 d-q 坐标系下的相量图如图 2-8 所示，稳态时，i_d、i_q 均为直流，则可以由式 (2.9) 得到稳态控制方程如下：

$$\begin{cases} u_d = e_d - Ri_d + \omega Li_q \\ u_q = -Ri_q - \omega Li_d \end{cases} \qquad (2.10)$$

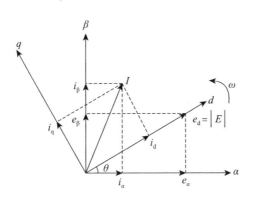

图 2-8 α-β 和 d-q 坐标系下网侧电压电流相量

根据式（2.9），可得到 PQ 控制变流器在电压定向前提下的控制框图，如图 2-9 所示。

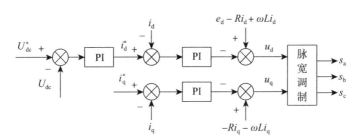

图 2-9 同步旋转坐标系下电压定向控制框

图中，e_d 即电网电压分量，该分量在控制中表现为前馈控制分量，可有效降低系统扰动；ωLi_d 和 ωLi_q 为解耦项，能够实现有功功率和无功功率的解耦控制。为保持直流侧电容电压恒定，将电压外环的输出设置为有功电流的指令；而无功电流指令由外部设定，通常将其设定为零。有功和无功电流经过电流内环反馈控制后，将闭环输出叠加到稳态控制方程中，即可获得 PQ 控制变流器的输出电压指令 u_d、u_q。在获得 PQ 控制的电压指令后，通过坐标变换与 SVPWM 控制，即可实现变流器输出电压的有效控制。

2.3　微电网变流器的下垂控制策略

2.3.1　下垂控制原理

目前，微电网中应用的下垂控制特性来源于传统电力系统中大型同步发电机的"P-f、Q-V"外特性，该特性主要应用于同步发电机原动机调速系统以及励磁系统中。基于该特性可实现大型同步发电机有功、无功功率自主调节。由于微电网具有并网和孤岛两种运行模式，在孤岛运行模式下，功率的自主分配与调节便显得异常重要。考虑到"P-f、Q-V"下垂控制特性具备多电源功率自主调节的特点，因此，微电网变流器主要通过对"P-f、Q-V"下垂控制的外特性进行模拟来实现系统孤岛运行模式下的功率自主调节。

由于微电网变流器不具备同步发电机的原动机调速系统与励磁系统，因此，微电网变流器主要基于电路以及控制来实现下垂特性的模拟。微电网变流器的主电路拓扑结构与 PQ 控制变流器具有较高一致性，仅在滤波电路方面存在差异，通常该类变流器采用 LCL 滤波形式。由 2.2 节分析结果可知，微电网内变流器在与微电网电压进行功率交换时，主要是通过调整输出电压来实现的，因此，可得到微电网变流器单相拓扑结构如图 2-10 所示。

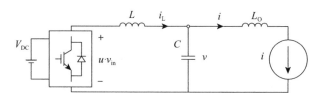

图 2-10　微电网变流器的拓扑结构

图中，L 代表任意相滤波电感、C 代表任意相滤波电容、L_O 代表任意相交流母线侧滤波电感、v 代表任意相输出电压、v_{in} 代表单相开环动态平均输出电压、i_L 代表任意相滤波电感电流、i 代表任意相输出电流、u 代表任意由开关状态决定的变量函数。在三相电压、电流对称前提下，三相电压在静止坐标系下的合成值为幅值恒定，并以电压角频率在空间旋转的矢量，而在同步旋转坐标系下，则可等效为幅值、角度均为恒定值的相量，因此，本节将采用旋转坐标系为基准，对微电网变流器输出功率进行计算与分析。

设微电网变流器内阻足够小，可将其忽略，而电网容量远大于微电网变流器容量，则根据同步旋转坐标变换，可获得微电网变流器接入电网的等效电路如图 2-11 所示。

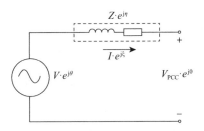

图 2-11   微电网变流器的等效电路

设电网电压相量为 $V_{PCC} \cdot e^{j0}$，电网接入点与下垂控制变流器之间的线路阻抗为 $Z \cdot e^{j\eta}$、微电网变流器的电压相量为 $V \cdot e^{j\theta}$、微电网变流器的电流相量为 $I \cdot e^{j\xi}$。根据图 2-11，可计算微电网变流器的电流相量如下：

$$I \cdot e^{j\xi} = \frac{V \cdot e^{j\theta} - V_{PCC} \cdot e^{j0}}{Z \cdot e^{j\eta}} \tag{2.11}$$

由式 (2.11) 及图 2-11 求得微电网变流器的视在功率如下：

$$
\begin{aligned}
S_{ds} = P_{ds} + jQ_{ds} &= V \cdot e^{j\theta}(I \cdot e^{j\xi})^* \\
&= \left[\frac{V^2}{Z}\cos\eta - \frac{VV_{PCC}}{Z}\cos(\theta+\eta) \right] + j\left[\frac{V^2}{Z}\sin\eta - \frac{VV_{PCC}}{Z}\sin(\theta+\eta) \right]
\end{aligned} \tag{2.12}
$$

式中，S_{ds} 代表微电网变流器的视在功率、P_{ds} 代表微电网变流器的有功功率、Q_{ds} 代表微电网变流器的无功功率。

在高压电网中，线路阻抗的等效电感值远大于电阻，即线路阻抗呈现感性特性（$\eta=90°$），此时，考虑到实际控制时微电网变流器的电压相量与电网电压相量夹角差值非常小[5]，因此，可近似得到微电网变流器的输出功率：

$$\begin{cases} P_{ds} = \dfrac{VV_{PCC}}{Z}\sin\theta \approx \dfrac{VV_{PCC}}{Z}\theta \\ Q_{ds} = \dfrac{V}{Z}(V - V_{PCC}\cos\theta) \approx \dfrac{V}{Z}(V - V_{PCC}) \end{cases} \tag{2.13}$$

设电网电压幅值稳定，不受微电网变流器功率变化影响。由式 (2.13) 可见，在微电网变流器的输出电压相量 V 幅值一定时，电压相量 V 与 V_{pcc} 的相角差是影响微电网变流器有功功率的核心参数，如采用 2.2 节中的电压定向方法，则可知该相角差即电压相量 V 的角度。考虑到电压相量 V 的相角和角频率间具有微分关系，且 V 的相角通常取值较小，因此可近似认为微电网变流器的功率受两个电压相量角频率差的影响；当微电网变流器的电压相量 V 相角为恒定值时，电压相量 V 与 V_{pcc} 的幅值差影响其输出无功功率。该功率变化特性与传统电网的发电机功率特性具有高度一致性，因此，可采用发电机的 P-f、Q-V 下垂控制方法来分别实现变流器的有功功率与无功功率控制，P-f、Q-V 下垂控制表示如下：

$$\begin{cases} \omega = \omega^{*} - k_{L\_p}P_{ds} \\ V = V^{*} - k_{L\_q}Q_{ds} \end{cases} \tag{2.14}$$

式 (2.14) 中，k_{L_p} 代表微电网变流器的频率下垂增益、k_{L_q} 代表微电网变流器的电压下垂增益、ω^{*} 代表微电网变流器的参考角频率、V^{*} 代表微电网变流器的参考电压、ω 代表微电网变流器的输出角频率、V 代表微电网变流器的输出电压，其他参数定义与式 (2.12) 一致。式 (2.14) 所对应的 P-f、Q-V 控制特性如图 2-12 所示。

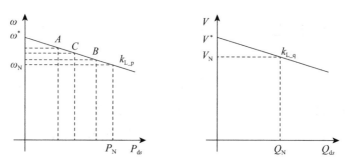

图 2-12　P-f 和 Q-V 控制特性

图 2-12 中，ω_N 代表微电网变流器的额定角频率、V_N 代表微电网变流器的额定电压、P_N 代表微电网变流器的额定有功功率、Q_N 代表微电网变流器的额定无功功率。由图 2-12 可分析微电网变流器的功率控制过程：初始时微电网变流器的有功功率与频率关系稳定运行在 A 点，当系统投入有功负荷时，微电网变流器的输出电流增大，输出有功功率也增加，设输出有功功率波动至 B 点。实际控制中，由于微电网变流器的响应速度很快，因此，可认定在功率调节暂态过程中，电网电压的角频率没有发生改变。由于微电网变流器的输出有功功率为正，因此可知微电网变流器的电压相量 V 相角超前于电网电压相量 V_{PCC}，由图 2-12 所示的 P-f 特性可见，当微电网变流器运行至 B 点时，其对应的输出角频率也将降低，而电网角频率不变，微电网变流器的电压相量 V 相角超前于电网电压相量 V_{PCC} 相角差 θ 将减小。由式 (2-13) 可见，此时下垂控制变流器的输出有功功率将减小，最后其输出有功功率、角频率关系将稳定至 P-f 曲线 C 点处，系统达到稳态。分析微电网变流器的电压控制，也会有类似的负反馈控制过程，此处不再赘述。

2.3.2 基于三环解耦的下垂控制实现

根据 2.3.1 节所述可知，在微电网变流器输出瞬时功率已知的前提下，可采用式 (2.14) 模拟下垂控制特性。实际应用中，多基于同步旋转坐标系对微电网变流器的输出功率进行计算，在采用等量坐标变换方式前提下 [6]，微电网变流器的功率计算可表示为：

$$\begin{cases} P = 1.5(v_d i_d + v_q i_q) \\ Q = 1.5(v_q i_d - v_d i_q) \end{cases} \tag{2.15}$$

式 (2.15) 中，v_d、v_q 分别代表微电网变流器输出电压在同步旋转坐标系 dq 轴的分量，i_d、i_q 分别代表电流输出电流在同步旋转坐标系 dq 轴的分量。基于瞬时功率计算值与式 (2-14)，可得到微电网变流器的下垂控制特性模拟方法如图 2-13 所示。

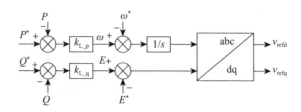

图 2-13　微电网变流器的下垂特性模拟框

　　图中，P 代表微电网变流器瞬时计算得到的有功功率、Q 代表微电网变流器瞬时计算得到的无功功率、P^* 代表微电网变流器的有功功率参考值、Q^* 代表微电网变流器的无功功率参考值、$1/s$ 代表积分控制环节、v_{refd} 代表同步旋转坐标系下微电网变流器的给定电压 d 轴参考指令、v_{refq} 代表同步旋转坐标系下微电网变流器的给定电压 q 轴参考指令。由图 2-13 可以得到同步旋转坐标系下的电压参考控制取值，而微电网变流器的参考电压得到后的内环控制又可分为单闭环、双闭环和三闭环三种。其中，单闭环控制方法简单易实现，但由于变流器的惯性较小，系统中出现扰动后将会对变流器输出性能造成较大影响；双闭环控制的方法在单闭环控制的基础上增加了电压控制，其性能优于单闭环控制，但对电流的扰动较为敏感；三闭环控制在双闭环控制的基础上增加了电流闭环，抗干扰能力最强，但控制器设计难度较大。在实际应用中，三闭环控制由于控制性能较高，受到更多的青睐。本书重点介绍三环控制的实现方法，三环控制方法包含功率控制环、电压解耦控制环以及电流解耦控制环三个部分。其中功率环主要用于实现瞬时输出功率以及下垂特性对应功率的计算；功率环计算得到的结果经过低通滤波器滤波后得到微电网变流器的有功、无功功率指令；电压解耦控制环根据系统的电路动态电压方程特性完成解耦，进而实现输出电压的精准控制；而电流解耦控制环则根据系统的动态电流方程完成解耦，进而实现输出电流的精准控制。在实际应用中，三环解耦的下垂控制系统结构如图 2-14 所示。

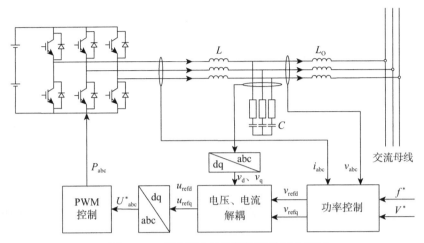

图 2-14 微电网变流器的下垂控制实现框

图中，v_d 代表同步旋转坐标系下输出电压 d 轴分量、v_q 代表同步旋转坐标系下输出电压 q 轴分量、f^* 代表微电网变流器的参考频率、V^* 代表微电网变流器的参考电压、v_{refd} 代表同步旋转坐标系下微电网变流器的给定电压 d 轴参考指令、v_{refq} 代表同步旋转坐标系下微电网变流器的给定电压 q 轴参考指令、v_{refd} 代表同步旋转坐标系下微电网变流器的输出电压 d 轴参考指令、v_{refq} 代表同步旋转坐标系下微电网变流器的输出电压 q 轴参考指令、v_{abc} 代表微电网变流器的三相电压测量值、i_{abc} 代表微电网变流器的三相电流测量值、u^*_{abc} 代表微电网变流器的三相电压指令、P_{abc} 代表微电网变流器的三相脉冲信号。

根据微电网变流器的主电路结构，取电感电流 i_L 和电容电压 U_c 为状态变量，对微电网变流器的输出端列写环路电压方程，可得到：

$$\begin{cases} L\dfrac{di_L}{dt} = u_L - u_C \\ i_O = i_L - C\dfrac{di_C}{dt} \end{cases} \tag{2.16}$$

采用本书 2.2 节所述的旋转坐标变换方法，将式（2.16）进行变换，可得到：

$$\begin{cases} L\dfrac{di_{\mathrm{Ld}}}{dt} - \omega L i_{\mathrm{Lq}} = u_{\mathrm{Ld}} - u_{\mathrm{Cd}} \\[2mm] L\dfrac{di_{\mathrm{Lq}}}{dt} + \omega L i_{\mathrm{Ld}} = u_{\mathrm{Lq}} - u_{\mathrm{Cq}} \end{cases} \tag{2.17}$$

$$\begin{cases} C\dfrac{du_{\mathrm{Cd}}}{dt} - \omega C u_{\mathrm{Cq}} = i_{\mathrm{Ld}} - i_{O\mathrm{d}} \\[2mm] C\dfrac{du_{\mathrm{Cq}}}{dt} + \omega C u_{\mathrm{Cd}} = i_{\mathrm{Lq}} - i_{O\mathrm{q}} \end{cases} \tag{2.18}$$

由以上两式可知 d、q 轴之间存在严重的耦合关系，为了使微电网变流器获得良好的稳态、动态性能，必须进行解耦处理，系统的解耦处理方法如图 2-15 所示。

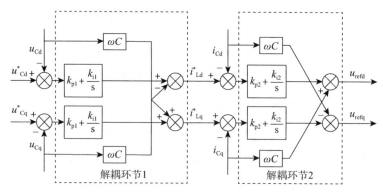

图 2-15 微电网变流器的解耦实现方法

基于图 2-15 实现解耦控制后，采用 2.2 节的坐标变换方式，即可实现参考电压的变换，在此基础上，依据 SVPWM 控制原则，可实现对微电网变流器输出电压的有效控制。

2.4 线路阻抗特性对微电网变流器功率控制的影响

微电网变流器的常用控制方法包含 PQ 控制与下垂控制两种，其中，前者控制等效为电流源，基于对微电网电压的跟踪实现输出电流的调整；而后者则通过对同步发电机的下垂外特性的模拟实现频率和电压的自主调控。

基于 2.2 节分析可知，当线路阻抗维持为电感特性的前提下，微电网变流器输出的有功功率与频率变化相关，而微电网变流器输出的无功功率与输出电压幅值变化相关，因此，可采用 P-f、Q-V 形式的下垂特性实现微电网变流器的功率控制。但实际应用中，不同类型的线路阻抗存在差异性，因此，会对微电网变流器的输出功率表达产生影响，进而影响微电网变流器的下垂特性表达方式，本节将讨论在不同线路阻抗条件下，微电网变流器的输出功率特征。

由于线路阻抗特性改变，但电路形式未发生变化，因此，分析过程沿用如图 2-11 所示等效电路，考虑线路阻抗为纯电阻特性时，即 $\eta=0°$，由于电压相量 V 与 V_{pcc} 的相角差值非常小，可得到微电网变流器的功率表示如下：

$$
\begin{cases}
P_{ds} = \dfrac{V}{Z}(V\cos\theta - V_{PCC}) \approx \dfrac{V}{Z}(V - V_{PCC}) \\[2mm]
Q_{ds} = -\dfrac{VV_{PCC}}{Z}\sin\theta \approx -\dfrac{V_{PCC}V}{Z}\theta
\end{cases}
\tag{2.19}
$$

由于电网容量通常远大于微电网变流器，因此，可认定电网电压幅值稳定，不受微电网变流器功率变化影响。由式 (2-15) 可见，当微电网变流器电压相量输出电压相量 V 角度一定时，电压相量 V 与 V_{pcc} 的幅值差将影响微电网变流器输出有功功率；而当微电网变流器的电压相量幅值取值一定时，电压相量 V 与 V_{pcc} 的相角差将影响下垂控制变流器的无功功率，由于微电网变流器的电压相量相角和角频率间存在微分关系，因此，可近似认为电压相量 V 与 V_{pcc} 的频率差影响了微电网变流器无功功率。因此，当线路阻抗呈现纯电阻特性时，可采用 P-V、Q-f 控制方法实现微电网变流器的有功功率与无功功率控制，P-V、Q-f 控制方法表示如下：

$$
\begin{cases}
\omega = \omega^* + k_{R\_q} Q_{ds} \\[2mm]
V = V^* - k_{R\_p} P_{ds}
\end{cases}
\tag{2.20}
$$

式中，k_{R_p} 代表微电网变流器的电压下垂增益、k_{R_q} 代表微电网变流器的频率下垂增益，其他参数定义与式 (2.14) 一致。式 (2.20) 所对应的 P-V、Q-f 控制特性如图 2-16 所示。

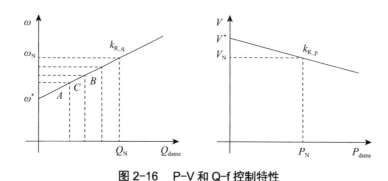

图 2-16 P-V 和 Q-f 控制特性

当微电网变流器采用式（2.20）所示的控制特性时，可由图 2-16 分析其功率控制过程：设系统感性无功负荷取值为正，初始时系统稳定运行在 A 点。当感性无功负荷发生变化时，系统的输出发生变化，无功功率输出增加，此时，系统的无功功率波动至 B 点。实际控制中，由于微电网变流器的调节速度很快，因此，可假设功率调节暂态过程中，电网电压的角频率为恒定值。由于系统输出无功功率为正，可推论出电压相量 V 相角滞后于电网电压相量 V_{PCC}，根据上图的 Q-f 特性可知，当微电网变流器运行至 B 点时，系统的输出角频率将随之增加，而电网电压角频率不变，则电压相量 V 与电压相量 V_{PCC} 相角差 θ 将逐渐增加，由式（2.20）可见，此时系统输出的无功功率将减小，最后系统的无功功率与频率关系将稳定至 Q-f 曲线 C 点处，系统达到新的稳态。依据图 2-16 与式（2.20）对系统的电压控制进行分析，也可得到类似的控制过程，此处不再赘述。

当 $0°<\eta<90°$ 时，线路阻抗呈现阻感特性，根据图 2-11 可计算微电网变流器的输出功率表示如下：

$$\begin{cases} P_{ds} = \dfrac{1}{Z}\big[(V - V_{PCC}\cos\theta)V\cos\eta + V_{PCC}V\sin\theta\sin\eta\big] \\ Q_{ds} = \dfrac{1}{Z}\big[(V - V_{PCC}\cos\theta)V\sin\eta - V_{PCC}V\sin\theta\cos\eta\big] \end{cases} \quad (2.21)$$

由上式可见，当线路阻抗角度为 $0°<\eta<90°$ 时，输出电压相量相角、幅值均会影响微电网变流器的有功功率值，而微电网变流器的无功功率也同样受到两者的影响，此时，无论微电网变流器的电压相量相角还是幅值发生变化，其有功功

率和无功功率都将受到影响。由此可以推论，在线路阻抗角度为 $0° < \eta < 90°$ 时，微电网变流器的输出有功功率、无功功率呈现耦合特性，无论采用 P-f、Q-V 或 P-V、Q-f 下垂特性，都将无法实现输出功率解耦控制。

2.5 微电网变流器的虚拟阻抗控制

根据 2.2 节与 2.4 节的分析结果可知，对于以下垂控制特性模拟为前提的微电网变流器而言，其输出线路特性对功率输出表达具有重要影响，进而影响微电网变流器的下垂控制特性表达方式，因此，在微电网变流器的实际控制中，需考量线路阻抗对微电网变流器输出功率产生的影响。实际应用中，微电网变流器配置于配电网中，而配电网线路阻抗通常呈现阻性大于感性的特点 [7-9]（即 $R > X$）。基于 2.3 节的分析可知，该特性将导致微电网变流器输出功率呈现耦合特性，使微电网变流器的下垂控制特性模拟效果降低。为有效改善微电网变流器的控制性能，虚拟阻抗的控制策略被广泛采用。本节将给出虚拟阻抗的控制原理，并基于该原理来分析虚拟阻抗控制对微电网变流器系统产生的影响。

2.5.1 微电网变流器的虚拟阻抗控制

根据图 2-11 所示的微电网变流器等效电路，可得到该系统的动态模型如下：

$$\begin{cases} C\dfrac{\mathrm{d}v}{\mathrm{d}t} = i_{\mathrm{L}} - i \\ L\dfrac{\mathrm{d}i_{\mathrm{L}}}{\mathrm{d}t} = u \cdot v_{\mathrm{in}} - v \end{cases} \tag{2.22}$$

由式（2.22）可得到该系统的开环动态平均输出电压的表示如下：

$$LC\frac{\mathrm{d}^2\langle v \rangle}{\mathrm{d}t^2} + \langle v \rangle + L\frac{\mathrm{d}\langle i \rangle}{\mathrm{d}t} = \langle u \cdot v_{\mathrm{in}} \rangle \tag{2.23}$$

式中，符号 $\langle \rangle$ 代表一个开关周期。

微电网变流器常用的控制方法包含单环、双环、三环三种，其中，单环控制无法实现输出电压、电流控制，导致其存在系统阻尼小、控制性能差的缺点。因此，本部分将根据其他两种控制方法的实现，给出微电网变流器输出阻抗的计算方法。根据双环、三环控制的输入变量与输出变量设置，可将 $u \cdot v_{\text{in}}$ 表示为下式：

$$\begin{cases} u \cdot v_{\text{in}} = F_{v_{\text{ref\_2}}}(s) v_{\text{ref}} + F_{v\_2}(s) v \\ u \cdot v_{\text{in}} = F_{v_{\text{ref\_3}}}(s) v_{\text{ref}} + F_{v\_3}(s) v + F_{i\_3}(s) i \end{cases} \tag{2.24}$$

式中，$F_{v_{\text{ref\_2}}}(s)$ 代表双环控制微电网变流器的指令电压系数传递函数、$F_{v\_2}(s)$ 代表输出电压系数传递函数、$F_{v_{\text{ref\_3}}}(s)$ 代表三环控制微电网变流器的指令电压系数传递函数、$F_{v\_3}(s)$ 代表输出电压系数传递函数、$F_{i\_3}(s)$ 代表输出电流系数传递函数。将式 (2.24) 代入式 (2.23)，可得到下式：

$$\begin{cases} v = \dfrac{\overbrace{F_{v_{\text{ref\_2}}}(s)}^{\text{指令电压系数}}}{LCs^2 - F_{v\_2}(s) + 1} v_{\text{ref}} - \dfrac{\overbrace{Ls}^{\text{输出电流系数}}}{LCs^2 - F_{v\_2}(s) + 1} i \\ v = \dfrac{\overbrace{F_{v_{\text{ref\_3}}}(s)}^{\text{指令电压系数}}}{LCs^2 - F_{v\_3}(s) + 1} v_{\text{ref}} - \dfrac{\overbrace{Ls - F_{i\_3}(s)}^{\text{输出电流系数}}}{LCs^2 - F_{v\_3}(s) + 1} i \end{cases} \tag{2.25}$$

设式 (2.25) 中的指令电压系数、输出电流系数分别为常数 k_v、Z，可进一步推论：微电网变流器的输出电压可通过指令电压与输出电流进行计算。根据电路的一端口或二端口网络定义，可得到微电网变流器等效为一个电压源与等效阻抗的串联结构，系统表示如图 2-17 所示。

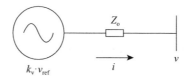

图 2-17 微电网变流器的等效电路

图中，等效的电压源为 $k_v \cdot v_{\text{ref}}$，等效阻抗 Z_o 即输出电流系数取值。由于输出电流系数采用传递函数进行表示，因此，其在频域上呈现变化的幅值、相角曲线特性，本书将这个等效阻抗定义为微电网变流器的输出阻抗。基于以上计算方法，可分析虚拟阻抗对微电网变流器输出阻抗产生的影响。

　　由于微电网变流器更多采用三环控制方法，因此，本节将根据三环控制原理计算虚拟阻抗的影响，三环控制原理如图 2-18 所示。

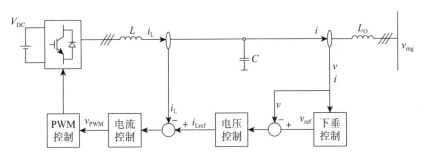

图 2-18　三环下垂控制原理

　　图中，v_{ref} 代表指令电压、v_{PWM} 代表 PWM 控制参考电压、v_{mg} 代表微电网接入点电压、i_{Lref} 代表电感电流指令，其他符号定义与图 2-11 一致。

　　虚拟阻抗控制思想来源于电路理论的等效阻抗定义，它通过采用相应的控制策略，将变流器系统等效电路中的等效输出阻抗控制为系统期望特性，因此，该控制方法被称为"虚拟阻抗法"[10]。目前被广泛应用的虚拟阻抗控制思路是：由期望阻抗与输出电流乘积计算期望阻抗压降，并在指令电压中减去该期望阻抗压降，当系统实现指令电压的良好跟踪时，可获得与在原微电网变流器基础上增加一个实际期望阻抗相同的电压输出，进而实现对虚拟阻抗的模拟。基于图 2-18 及虚拟阻抗控制思路，可得到基于虚拟阻抗控制的微电网变流器系统传递函数框图（图 2-19）：

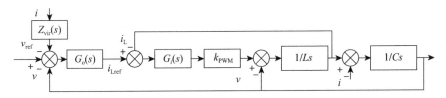

图 2-19　微电网变流器的控制框

图2-19中，$G_i(s)$ 代表内环控制器传递函数、$G_o(s)$ 代表外环控制器传递函数、$Z_{vir}(s)$ 代表虚拟阻抗传递函数、k_{PWM} 代表 PWM 环节比例系数，其他符号定义与图 2-18 一致。基于图 2-19，可计算该系统的输出电压如下：

$$v = G_u(s)v_{ref} - Z_{ei}(s)i - Z_{eo}(s)i \tag{2.26}$$

式中，$G_u(s)$ 代表指令电压系数传递函数、$Z_{ei}(s)$ 代表内部阻抗传递函数（微电网变流器控制环节及滤波电路的等效阻抗）、$Z_{eo}(s)$ 代表外部阻抗传递函数（虚拟阻抗与指令电压系数传递函数之积），其表达式如下：

$$G_u(s) = \frac{G_i(s)G_o(s)}{LCs^2 + \left[r_L + G_i(s)\right]Cs + G_i(s)G_o(s) + 1} \tag{2.27}$$

$$Z_{ei}(s) = \frac{r_L + Ls + G_i(s)}{LCs^2 + \left[r_L + G_i(s)\right]Cs + G_i(s)G_o(s) + 1} \tag{2.28}$$

$$Z_{eo}(s) = G_u(s)Z_{vir}(s) \tag{2.29}$$

由式（2.26）可知，微电网变流器的输出阻抗由内部阻抗和外部阻抗共同构成，在实际应用中，微电网变流器指令电压系数传递函数的增益大多设计为 1[5]，根据式（2.26）得到基于虚拟阻抗控制的微电网变流器等效电路如图 2-20 所示。

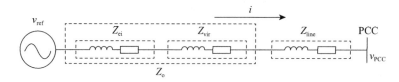

图 2-20　基于虚拟阻抗控制的微电网变流器等效电路

图中，v_{ref} 代表微电网变流器指令电压、v_{PCC} 代表 PCC 电压、Z_{ei} 代表微电网变流器内部阻抗、Z_{vir} 代表微电网变流器虚拟阻抗、Z_o 代表微电网变流器输出阻抗、Z_{line} 代表线路阻抗。由图 2-20 可见，在增加虚拟阻抗后，微电网变流器的等效电路变换为电压源以及内部阻抗和虚拟阻抗的串联电路。可推论：在控制参数确定的前提下，虚拟阻抗取值为 0 时，微电网变流器的输出阻抗由内部阻抗决定；虚拟阻抗取值不为 0 时，可通过改变虚拟阻抗特性来改变微电网变流器输出阻抗特性。

2.5.2 虚拟阻抗实现功率解耦控制的机理分析

在实际微电网中，由于线路阻抗为阻感特性，使得微电网变流器的输出功率存在强耦合，导致微电网变流器的控制性能降低。因此，需采用虚拟阻抗控制方法改善微电网变流器输出阻抗特性，以实现微电网变流器的功率解耦控制。

采用虚拟阻抗控制后，微电网变流器的实际输出电压会产生跌落，这将导致微电网变流器的实际输出功率与指令功率间存在差异。根据 2.2 节的分析可知，在线路阻抗特性被调整为电感特性后，微电网变流器的指令功率可实现解耦，但在微电网变流器中，下垂控制的输入功率是实际功率而不是指令功率，因此，本节将针对微电网变流器的实际输出功率是否解耦进行分析。由 2.2 节可知，当线路阻抗呈现电感或电容特性时，均可采用下垂控制，两者的区别是下垂特性的表示不同。实际应用时，由于微电网变流器多与旋转电机型接口微电网电源并联运行，使得采用 P-f、Q-V 形式的下垂控制的微电网变流器获得了更广泛的应用[11]。因此，本节选取的虚拟阻抗为电感特性，即 $Z_{vir}=jX_{vir}$，并忽略系统内部的阻抗，可得到微电网变流器的等效电路如图 2-21 所示。

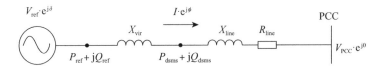

图 2-21 忽略内部阻抗的 DSMS 等效电路

图中，$V_{ref} \cdot e^{j\delta}$ 代表微电网变流器指令电压相量、$I \cdot e^{j\phi}$ 代表微电网变流器输出电流相量、$V_{PCC} \cdot e^{j0}$ 代表 PCC 电压相量、R_{line} 代表线路电阻、X_{line} 代表线路电抗、X_{vir} 代表虚拟阻抗、P_{ref} 代表微电网变流器指令电压有功功率、Q_{ref} 代表微电网变流器指令电压无功功率、P_{dsms} 代表微电网变流器实际有功功率、Q_{dsms} 代表微电网变流器实际无功功率。

　　为实现 P-f、Q-V 下垂控制方式，将虚拟阻抗设置为电感特性，且取值远大于线路电阻，即 $X_{vir} > R_{line}$。由于虚拟阻抗为电感特性，可推论微电网变流器的实际有功功率与指令电压有功功率相同，而其实际无功功率则为指令电压无功功率与虚拟阻抗无功功率的差。根据图 2-21 对微电网变流器的实际功率进行计算，根据矢量关系对输出功率进行计算，考虑到实际应用中指令电压矢量与 PCC 电压矢量的夹角差值非常小，可得到其输出功率近似表示如下：

$$
\begin{cases}
\begin{aligned}
P_{dsms} &= P_{ref} \\
&= \frac{V_{ref}\left[R_{line}(V_{ref} - V_{PCC}\cos\delta) + V_{PCC}(X_{vir} + X_{line})\sin\delta\right]}{R_{line}^2 + (X_{vir} + X_{line})^2} \\
&\approx \frac{V_{ref}V_{PCC}(X_{vir} + X_{line})}{R_{line}^2 + (X_{vir} + X_{line})^2}\delta \\
Q_{dsms} &= Q_{ref} - I^2 X_{vir} \\
&= \frac{V_{ref}\left[(X_{vir} + X_{line})(V_{ref} - V_{PCC}\cos\delta) - V_{PCC}R_{line}\sin\delta\right]}{R_{line}^2 + (X_{vir} + X_{line})^2} \\
&\quad - \frac{(V_{ref}^2 + V_{PCC}^2 - 2V_{ref}V_{PCC}\cos\delta)X_{vir}}{R_{line}^2 + (X_{vir} + X_{line})^2} \\
&\approx \frac{(V_{PCC}X_{vir} + V_{ref}X_{line})(V_{ref} - V_{PCC})}{R_{line}^2 + (X_{vir} + X_{line})^2}
\end{aligned}
\end{cases}
\tag{2.30}
$$

　　设 PCC 电压取值不受到微电网变流器变化的影响，则可由上式中有功功率的计算结果分析得到：在微电网变流器指令电压幅值 V_{ref} 取值一定时，微电网变流器实际输出有功功率受指令电压相量与 PCC 电压相量相角差 δ 的影响，由于相角和角频率间是微分关系，因此可近似认为两个电压相量角频率差的变化将影响微电网变流器实际有功功率输出。同理，可根据微电网变流器无功功率表示推论得到：当指令电压相量相角一定时，两个电压矢量幅值差的变化将会影响微电网变流器无功功率取值。基于以上分析可得到：采用虚拟阻抗控制后，微电网变流器的实际功率也获得了解耦，因此，可对其应用 P-f、Q-V 下垂控制，其对应的下垂控制表示如下：

$$\begin{cases} \omega_{\mathrm{ref}} = \omega_{\mathrm{ref}}^{*} - k_{\mathrm{ref\_p}} P_{\mathrm{dsms}} \\ V_{\mathrm{ref}} = V_{\mathrm{ref}}^{*} - k_{\mathrm{ref\_q}} Q_{\mathrm{dsms}} \end{cases} \tag{2.31}$$

式中，$k_{\mathrm{ref\_p}}$ 代表微电网变流器指令电压的频率下垂增益、$k_{\mathrm{ref\_q}}$ 代表微电网变流器指令电压的电压下垂增益、$\omega_{\mathrm{ref}}^{*}$ 代表微电网变流器指令电压的基准角频率、V_{ref}^{*} 代表微电网变流器指令电压的基准电压、ω_{ref} 代表微电网变流器指令电压的角频率、V_{ref} 代表微电网变流器指令电压的电压幅值。

2.5.3 虚拟阻抗设计原则

由 2.4.2 节分析可知，当采用虚拟阻抗控制时，通过设计虚拟阻抗可实现微电网变流器功率的解耦控制。实际应用中，虚拟阻抗取值受到系统功率及输出限制，因此，本节将通过系统分析来确定虚拟阻抗的取值范围。采用图 2-21，并维持假设不变，可见当增加虚拟阻抗后，线路阻抗构成发生了变化，因此将使指令功率与实际输出功率发生变化。当忽略谐波造成的影响时，微电网变流器正常运行的基本条件是输出功率可达到额定值，因此，设微电网变流器的额定有功功率、额定无功功率分别为 P_{N}、Q_{N}，根据输出功率达到额定值的前提条件可得到下式：

$$\begin{cases} P_{\mathrm{dsms}} \geqslant P_{\mathrm{N}} \\ Q_{\mathrm{dsms}} \geqslant Q_{\mathrm{N}} \end{cases} \tag{2.32}$$

式中，P_{dsms}、Q_{dsms} 计算如式 (2.30) 所示。由于指令电压幅值会在下垂特性设定时进行限制，因此，设其取值为基准电压的 m 倍（$1 < m \leqslant 1.1$），则可计算指令电压幅值如下：

$$V_{\mathrm{ref}} \leqslant mV^{*} \tag{2.33}$$

实际运行中，微电网变流器指令电压矢量与 PCC 电压矢量的夹角 δ 通常取较小的变化范围，设其为 $\delta_0(\delta_0 \leqslant 10°)$，可得到下式：

$$\delta \leqslant \delta_0 \tag{2.34}$$

联合式 (2.30)、式 (2.32) ～式 (2.34) 可获得微电网变流器功率边界条件，基于此，可得到输出功率对虚拟阻抗取值的限定。

选取微电网变流器有功功率、无功功率表达式为目标函数，而电压幅值及相角为变量，并采取目标函数求偏导方式来描述其与变量的关联程度。根据式 (2.30) 可求得各偏导函数表示如下：

$$\begin{cases} \dfrac{\partial P_{\text{dsms}}}{\partial \delta} = \dfrac{V_{\text{ref}} \left[R_{\text{line}} V_{\text{PCC}} \sin\delta + V_{\text{PCC}} (X_{\text{vir}} + X_{\text{line}}) \cos\delta \right]}{R_{\text{line}}^2 + (X_{\text{vir}} + X_{\text{line}})^2} \\[4mm] \dfrac{\partial Q_{\text{dsms}}}{\partial \delta} = \dfrac{V_{\text{ref}} \left[(X_{\text{line}} - X_{\text{vir}}) V_{\text{PCC}} \sin\delta - V_{\text{PCC}} R_{\text{line}} \cos\delta \right]}{R_{\text{line}}^2 + (X_{\text{vir}} + X_{\text{line}})^2} \\[4mm] \dfrac{\partial P_{\text{dsms}}}{\partial V_{\text{ref}}} = \dfrac{2V_{\text{ref}} R_{\text{line}} + V_{\text{PCC}} (X_{\text{vir}} + X_{\text{line}}) \sin\delta - V_{\text{PCC}} \cos\delta}{R_{\text{line}}^2 + (X_{\text{vir}} + X_{\text{line}})^2} \\[4mm] \dfrac{\partial Q_{\text{dsms}}}{\partial V_{\text{ref}}} = \dfrac{(X_{\text{vir}} - X_{\text{line}}) V_{\text{PCC}} \cos\delta - 2V_{\text{ref}} X_{\text{vir}} - V_{\text{PCC}} R_{\text{line}} \sin\delta}{R_{\text{line}}^2 + (X_{\text{vir}} + X_{\text{line}})^2} \end{cases} \tag{2.35}$$

由于微电网变流器采用 P-f、Q-V 下垂控制方式，因此，需实现有功率 P_{dsms} 与相角 δ 关联度大于无功功率 Q_{dsms} 与相角 δ 的关联度，而无功功率 Q_{dsms} 与幅值 V_{ref} 关联度大于有功功率 P_{dsms} 与幅值 V_{ref} 的关联度。设关联度系数用 k_r 表示，则可以在得到采用 P-f、Q-V 控制方式时，P_{ref}、Q_{ref}、V_{ref}、δ 与 k_r 具有如下关系：

$$\begin{cases} \left| \dfrac{\partial P_{\text{dsms}}}{\partial \delta} \right| \geqslant \left| k_r \dfrac{\partial Q_{\text{dsms}}}{\partial \delta} \right| \\[4mm] \left| \dfrac{\partial P_{\text{dsms}}}{\partial V_{\text{ref}}} \right| \leqslant \left| k_r \dfrac{\partial Q_{\text{dsms}}}{\partial V_{\text{ref}}} \right| \end{cases} \tag{2.36}$$

在线路阻抗取值一定的条件下，根据 k_r 的取值变化，由式 (2.35)、式 (2.36) 可计算采用 P-f、Q-V 控制时，不同解耦程度下微电网变流器的虚拟阻抗取值范围。

2.5.4 虚拟阻抗对系统输出电压的影响

当虚拟阻抗控制应用于微电网变流器控制中时，系统主要由功率计算、下垂控制、虚拟阻抗控制、内环控制、PWM 控制五部分组成。其中，功率计算部分通过测量输出电压、电流求得微电网变流器的输出功率；在获得输出功率参考值后，下垂控制部分根据 P-f、Q-V 下垂特性对微电网变流器的指令电压幅值和相角进行计算；计算得到的指令电压幅值、相角参考值还需经过虚拟阻抗控制环节，该环节计算指令电压与虚拟阻抗电压之差，进而得到微电网变流器的内环指令电压；内环控制通过电压、电流闭环控制实现了对实际输出电压、输出电流的控制；最终通过 SVPWM 控制获得开关器件的驱动信号。基于虚拟阻抗的微电网变流器控制原理如图 2-22 所示。

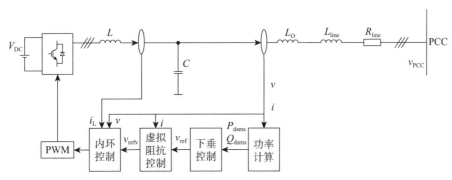

图 2-22　基于虚拟阻抗的微电网变流器三环控制原理

图中，v_{ref} 代表微电网变流器下垂控制指令电压、v_{refv} 代表内环控制指令电压、v_{PCC} 代表 PCC 电压、R_{line} 代表微电网变流器与 PCC 间的线路电阻、L_{line} 代表微电网变流器与 PCC 间的线路电感。根据虚拟阻抗控制原则，可得到 v_{ref}、v_{refv} 的关系如下：

$$v_{refv} = v_{ref} - Z_{vir}(s)i \tag{2.37}$$

式中，$Z_{vir}(s)$ 代表微电网变流器的虚拟阻抗传递函数。为了分析虚拟阻抗对微电网变流器产生的影响，根据实际应用原则，设置虚拟阻抗为电感特性，即

$Z_{vir}(s)=L_{vir}s$，设 v_{ref} 的电压矢量表示为 V_{ref}；v_{refv} 的电压矢量表示为 V_{refv}；v_{PCC} 的电压矢量表示为 V_{PCC}；i 的电压矢量表示为 I。采用文献 [12] 中的复矢量分析及坐标变换方法，可得到式 (2.37) 在基波正序同步旋转坐标系下的表示：

$$\begin{cases} v_{refv\_d} = v_{ref\_d} - L_{vir}si_d + \omega L_{vir}i_q \\ v_{refv\_q} = v_{ref\_q} - L_{vir}si_q - \omega L_{vir}i_d \end{cases} \tag{2.38}$$

式中，v_{refv_d}、v_{refv_q} 分别代表矢量 V_{refv} 的 d 轴分量与 q 轴分量；v_{ref_d}、v_{ref_q} 分别代表矢量 V_{ref} 的 d 轴分量和 q 轴分量；i_d、i_q 分别代表矢量 I 的 d 轴分量和 q 轴分量；ω 代表 DSMS 角频率。考虑到实际控制时，多将 V_{ref} 定向在 d 轴上，因此可设稳态工况下，电流的波动可忽略，V_{ref} 的 q 轴分量为 0[13]，则可由式 (2.38) 得到微电网变流器的矢量关系如图 2-23 所示。

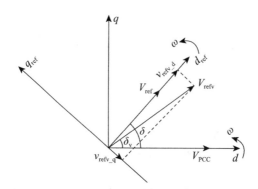

图 2-23 同步旋转坐标系下的微电网变流器矢量

图中，δ、δ_v 分别代表 V_{ref} 与 V_{PCC} 的夹角、V_{refv} 与 V_{PCC} 的夹角，根据图 2-23 及式 (2.38) 得到下式所示关系：

$$\begin{cases} v_{refv\_d} = V_{ref} + i_q\omega L_{vir} \\ v_{refv\_q} = -i_d\omega L_{vir} \\ V_{refv} = \sqrt{(v_{refv\_d})^2 + (v_{refv\_q})^2} \end{cases} \tag{2.39}$$

由于参考电压矢量 V_{ref} 与电网电压矢量 V_{PCC} 的夹角很小 [14]，则可近似认为

内环电压矢量 d 轴分量与参考电压矢量幅值相同,则可得到两矢量的幅值差如下:

$$\Delta V = V_{\text{refv}} - V_{\text{ref}} = v_{\text{refv\_d}} - V_{\text{ref}} = i_q \omega_{\text{ref}} L_{\text{vir}} \tag{2.40}$$

设稳态时,微电网变流器的输出可准确跟踪指令电压,考虑到参考电压矢量的 q 轴分量较小,将其忽略不计,可得到微电网变流器的输出功率近似表示如下:

$$\begin{cases} P_{\text{dms}} = \dfrac{3}{2} v_{\text{refv\_d}} i_d + \dfrac{3}{2} v_{\text{refv\_q}} i_q \approx \dfrac{3}{2} v_{\text{refv\_d}} i_d \\ Q_{\text{dms}} = -\dfrac{3}{2} v_{\text{refv\_d}} i_q + \dfrac{3}{2} v_{\text{refv\_q}} i_d \approx -\dfrac{3}{2} v_{\text{refv\_d}} i_q \end{cases} \tag{2.41}$$

由式 (2.40)、式 (2.41) 可计算出内环电压矢量与参考电压矢量的幅值差的表示如下:

$$\Delta V = i_q \omega_{\text{ref}} L_{\text{vir}} \approx -\dfrac{2}{3} \dfrac{Q_{\text{dms}}}{v_{\text{refv\_d}}} \omega_{\text{ref}} L_{\text{vir}} \approx -\dfrac{2}{3} \dfrac{Q_{\text{dms}}}{V_{\text{ref}}} \omega_{\text{ref}} L_{\text{vir}} \tag{2.42}$$

由以上分析可知,当微电网变流器的无功功率为正时,内环电压矢量与参考电压矢量的幅值差为负,反之,则为正。由于微电网变流器在实际应用中大多输出无功功率,不作为无功负荷,因此可分析得到,两者电压幅值差为负,即在应用虚拟阻抗控制后,给定的参考电压值降低,若微电网变流器的跟踪性能良好,则可得到微电网变流器的实际输出电压出现跌落。若微电网变流器输出的无功功率增加时,系统的电压出现跌落;而在系统输出无功功率一定的前提下,若虚拟阻抗取值增加,则输出电压也将出现跌落。由此,可得到结论:当微电网变流器的下垂特性取值一定时,若系统输出无功功率为正,采用虚拟阻抗控制会导致系统输出电压低于负荷允许的供电电压。实际应用中,可通过二次调压的方式来实现虚拟阻抗引起的电压跌落补偿 [7]。

2.5.5 虚拟阻抗对系统稳定性的影响

在增加虚拟阻抗控制后,系统的等效电路构成发生了改变,其输出电压也出现了跌落,因此,需重新建立系统的稳定性分析模型,对该系统的稳定性进行详细分析。常用的系统稳定性分析方法为小信号分析方法，因此，本节基于小信号模型分析方法构建含虚拟阻抗的微电网变流器系统模型，并计算虚拟阻抗取值变化对系统稳定性产生的影响。

根据前文分析，可得到采用虚拟阻抗控制的微电网变流器下垂特性表示如下：

$$\begin{cases} \omega_{ref} = \omega^*_{ref} - k_{ref\_p} P_{dsms} \\ V_{ref} = V^*_{ref} - k_{ref\_q} Q_{dsms} \end{cases} \tag{2.43}$$

式中，k_{ref_p} 代表微电网变流器指令电压的频率下垂增益、k_{ref_q} 代表微电网变流器指令电压的电压下垂增益、ω^*_{ref} 代表微电网变流器指令电压的基准角频率、V^*_{ref} 代表微电网变流器指令电压的基准电压、ω_{ref} 代表微电网变流器指令电压的角频率、V_{ref} 代表微电网变流器指令电压的电压幅值。在实际应用时，为达到降低微电网变流器输出频率和电压波动的目标，功率测量环节中通常需加入低通滤波环节，其带宽多选取为 $2 \sim 10Hz^{[130]}$，由此可得到系统的表示如下：

$$\begin{cases} P_{dsms} = \dfrac{1}{\tau s+1} p_{dsms} \\ Q_{dsms} = \dfrac{1}{\tau s+1} q_{dsms} \end{cases} \tag{2.44}$$

式中，τ 代表功率低通滤波环节时间常数、p_{dsms} 代表瞬时有功功率、q_{dsms} 代表瞬时无功功率，其他符号定义与图 2-11 一致。

基于式 (2.44)，可得到微电网变流器系统的状态方程如下：

$$\begin{cases} \dot{\omega} = -\dfrac{1}{\tau}\omega - \dfrac{1}{\tau} k_p P_{dsms} \\ \dot{V} = -\dfrac{1}{\tau}V - \dfrac{1}{\tau} k_q Q_{dsms} \end{cases} \tag{2.45}$$

根据小信号分析法建模原则，设微电网变流器系统的输入变量、状态变量的表达如下：

$$\begin{cases} \boldsymbol{X}_{dsms} = \begin{bmatrix} \delta & \omega_{ref} & V_{ref} \end{bmatrix}^{\mathrm{T}} \\ \boldsymbol{U}_{dsms} = \begin{bmatrix} P_{dsms} & Q_{dsms} \end{bmatrix}^{\mathrm{T}} \end{cases} \tag{2.46}$$

式 (2.46) 中，$\boldsymbol{X}_{\text{dsms}}$ 代表系统的输入变量、$\boldsymbol{U}_{\text{dsms}}$ 代表系统的状态变量、δ 代表指令电压矢量的相角（选取 PCC 电压矢量为基准矢量）。将微电网变流器的状态方程采用泰勒级数展开方法进行线性化，略去二次项，只保留一次项和常数项，得到的系统小信号模型如下：

$$\begin{cases} \Delta\dot{\omega} = -\dfrac{1}{\tau}\Delta\omega - \dfrac{1}{\tau}k_{\text{p}}\Delta P_{\text{dsms}} \\ \Delta\dot{V} = -\dfrac{1}{\tau}\Delta V - \dfrac{1}{\tau}k_{\text{q}}\Delta Q_{\text{dsms}} \end{cases} \tag{2.47}$$

式 (2.47) 中，符号 Δ 代表小偏差。

考虑到指令电压与角频率间存在微分关系，可得到微电网变流器系统小信号模型如下：

$$\begin{cases} \Delta\dot{\delta} = \Delta\omega_{\text{ref}} \\ \Delta\dot{\omega}_{\text{ref}} = -\dfrac{1}{\tau}\Delta\omega_{\text{ref}} - \dfrac{1}{\tau}k_{\text{ref\_p}}\Delta P_{\text{dsms}} \\ \Delta\dot{V}_{\text{ref}} = -\dfrac{1}{\tau}\Delta V_{\text{ref}} - \dfrac{1}{\tau}k_{\text{ref\_q}}\Delta Q_{\text{dsms}} \end{cases} \tag{2.48}$$

式 (2.48) 中，符号 Δ 代表小偏差。

在得到系统小信号模型后，由小信号模型计算方法可知，在衡量微电网变流器稳定性时，需计算系统输入变量对状态变量的偏导。因此，本书采用基于虚拟阻抗控制的等效电路来计算输入变量与状态变量的函数关系，采用虚拟阻抗控制的微电网变流器系统等效电路如图 2-24 所示。

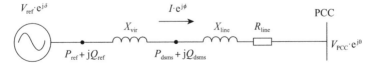

图 2-24　忽略内部阻抗的 DSMS 等效电路

将微电网变流器功率表达代入小信号模型，可得到如下表达：

$$
\begin{bmatrix} \Delta \dot{\delta} \\ \Delta \dot{\omega}_{\text{ref}} \\ \Delta \dot{V}_{\text{ref}} \end{bmatrix} = \begin{bmatrix} 0 & 1 & 0 \\ -\dfrac{k_{\text{ref\_p}}}{\tau} \cdot \dfrac{\partial P_{\text{dsms}}}{\partial \delta} & 0 & -\dfrac{k_{\text{ref\_p}}}{\tau} \cdot \dfrac{\partial P_{\text{dsms}}}{\partial V_{\text{ref}}} \\ -\dfrac{k_{\text{ref\_q}}}{\tau} \cdot \dfrac{\partial Q_{\text{dsms}}}{\partial \delta} & 0 & -\dfrac{k_{\text{ref\_q}}}{\tau} \cdot \dfrac{\partial Q_{\text{dsms}}}{\partial V_{\text{ref}}} \end{bmatrix} \begin{bmatrix} \Delta \delta \\ \Delta \omega_{\text{ref}} \\ \Delta V_{\text{ref}} \end{bmatrix} \tag{2.49}
$$

式 (2.49) 中，各偏导函数如式 (2.35) 所示。由系统的小信号模型，可分析虚拟阻抗取值变化对系统稳定性产生的影响。将虚拟阻抗取值由 0mH 逐渐增加，可得到系统的特征值变化如图 2-25 所示。

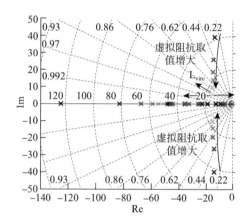

图 2-25 虚拟阻抗变化对微电网变流器系统特征值的影响

由系统的特征值变化图可知，在系统虚拟阻抗取值逐渐增加的过程中，特征值与实轴间的距离不断减小，系统的阻尼系数也随之增加；当虚拟阻抗增加至 L_{virc} 时，系统的特征值主导极点特性由一对共轭复数变为一对实数，此时若继续增加虚拟阻抗的值，其中一个主导极点将向虚轴方向运行。由以上分析可推论，在系统中的虚拟阻抗值由 0 增加至 L_{virc} 的过程中，系统的阻尼系数逐渐增加，系统的超调量和调节时间随之减小，系统的稳定性得到提高，当虚拟阻抗在 L_{virc} 的基础上继续增加时，系统主导极点与虚轴之间的距离将随之减小，系统的稳定裕度也随之降低。

2.5.6 仿真与实验研究

本节分别采用仿真与实验的方法对前述的理论分析进行验证，其中实验算例 1 是围绕虚拟阻抗对微电网变流器的解耦性能影响进行的实验；实验算例 2 是采用仿真验证虚拟阻抗对微电网变流器输出电压产生的影响；实验算例 3 是采用仿真验证虚拟阻抗对微电网变流器运行稳定性产生的影响。实验算例采用的系统拓扑结构如图 2-26 所示，选取线路长度为 0.5km（系统选用低压线路阻抗，线路阻抗参数如表 2-2 所示）。

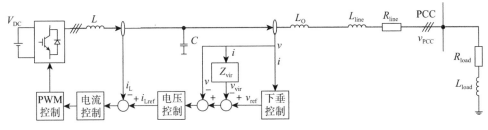

图 2-26　实验拓扑

表 2-2　线路阻抗参数

线路类型	$R/(\Omega \cdot km^{-1})$	$Xl/(\Omega \cdot km^{-1})$
低压线路	0.642	0.083
中压线路	0.161	0.090
高压线路	0.060	0.191

（1）实验算例 1

本部分测试围绕虚拟阻抗对微电网变流器系统功率解耦性能产生的影响展开，采用图 2-26 所示的拓扑结构，设置系统的额定容量为 25kVA，选取虚拟阻抗值分别为 0mH、2mH、5mH。实验初始时，选取系统输出有功功率为额定容量的 12%，T_0 时刻，将系统的有功负荷增加至额定容量的 20%。在三种不同虚拟阻抗取值条件下，系统输出的有功、无功功率响应如图 2-27 所示。

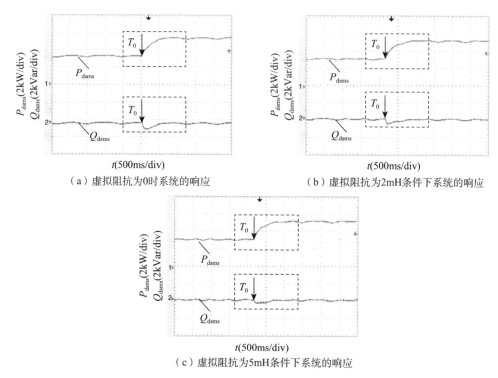

（a）虚拟阻抗为0时系统的响应　　　　（b）虚拟阻抗为2mH条件下系统的响应

（c）虚拟阻抗为5mH条件下系统的响应

图 2-27　虚拟阻抗不同取值时系统的响应

由图 2-27（a）可知，系统中不采用虚拟阻抗控制时，当有功负荷发生突变后，系统有功功率响应需经过 1s 的调节时间才能增加至额定容量的 20%，无功功率发生波动，经过 1s 后恢复至初始值。在该调节过程中，系统的有功功率响应超调量为 0；而无功功率超调量为额定容量的 −5.44%。

由图 2-27（b）可知，系统采用 2mH 的虚拟阻抗时，当有功负荷发生突变后，系统的有功功率响应需经过 0.7s 的调节时间才能增加至额定容量的 20%，无功功率发生波动，经过 0.7s 的调节时间无功功率恢复至初始值。在该调节过程中，系统的有功功率响应超调量为 0；而无功功率超调量为额定容量的 −2.48%。

由图 2-27（c）可知，系统采用 5mH 的虚拟阻抗时，当有功负荷发生突变后，系统有功功率响应需经过 1s 的调节时间才能增加至额定容量的 20%，无功功率

发生波动，经过 1s 后恢复至初始值。在该调节过程中，系统的有功功率响应超
调量为 0；而无功功率超调量为额定容量的 -0.8%。

综合以上实验结果可知，当系统不采用虚拟阻抗控制时，有功输出的变
化将会引起无功功率输出发生较大变化，此时系统的有功功率与无功功率间
存在较强耦合；而当系统采用的虚拟阻抗取值逐渐增加时，有功功率输出的
增加对无功功率的输出影响逐渐减小，有功功率与无功功率的耦合程度逐渐
降低，由此可推论：虚拟阻抗取值的增加，对降低微电网变流器有功功率、
无功功率的耦合有帮助。

（2）实验算例 2

为验证虚拟阻抗对输出电压的影响，采用图 2-26 所示的单台微电网变流器
构成的系统对其进行仿真测试。初始时刻系统的有功负荷与无功负荷取值分别为
额定容量的 40%、12%（额定功率 25kVA）；0.5s 时刻，将系统无功负荷切换为
额定容量的 24%，当选取虚拟阻抗取值为 1mH、3mH、5mH 时，系统的无功功
率及电压幅值响应如图 2-28 所示。

由图 2-28(a) 可知，初始时刻，系统稳定运行在额定容量的 12% 无功负荷
条件下，微电网变流器的输出电压幅值为额定电压，0.2s 时刻系统无功负荷突变
为 24% 的额定容量后，根据下垂控制原理可知，输出无功功率的增加，将导致
微电网变流器的输出电压幅值发生跌落。重新达到稳态后，微电网变流器的输出
电压为 92% 的额定电压。

由图 2-28(b) 可知，在系统无功负荷为额定容量的 12% 工况下，输出电
压幅值为 97% 的额定电压，0.2s 时刻系统无功负荷突变为 24% 的额定容量
后，系统电压幅值发生了跌落，重新达到稳态后输出电压幅值为 90% 的额
定电压。

由图 2-28(c) 可知，在系统无功负荷为额定容量的 12% 工况下，输出电压
幅值为 95% 的额定电压，0.2s 时刻系统无功负荷突变为 24% 的额定容量后，系
统电压幅值发生了跌落，重新达到稳态后输出电压幅值为 88% 的额定电压。

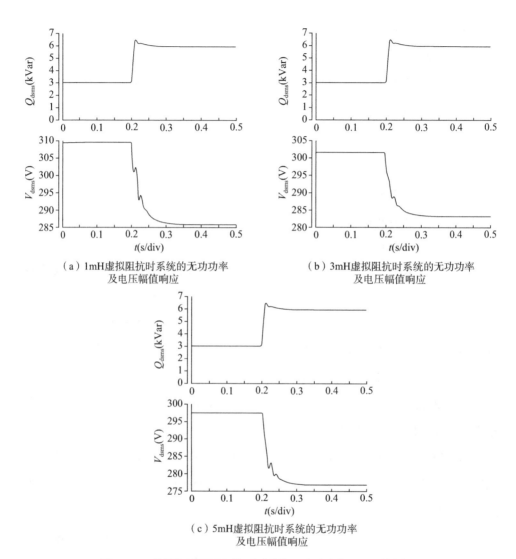

（a）1mH虚拟阻抗时系统的无功功率
及电压幅值响应

（b）3mH虚拟阻抗时系统的无功功率
及电压幅值响应

（c）5mH虚拟阻抗时系统的无功功率
及电压幅值响应

图2-28　虚拟阻抗不同取值时系统的无功功率与电压幅值响应

综合以上仿真结果可知，在输出相同的无功功率前提下，虚拟阻抗取值越大，其对应的输出电压越小。而在无功功率输出增加后，系统的电压幅值将随之降低。比较这三个仿真结果可知，虚拟阻抗取值越大，重新达到稳态时的电压幅值越低。由此可推论，虚拟阻抗取值越大，其引起的电压跌落越大。

（3）实验算例 3

由于频率下垂增益的变化将对系统的稳定性产生影响，因此，本部分将以频率下垂增益突变作为扰动源，研究虚拟阻抗对个变流器稳定性的影响。系统有功、无功负荷分别为额定容量的 40%、13%（额定功率 25kVA），0.8s 时系统的频率下垂增益突变，并取虚拟阻抗分别为 1mH、3mH、5mH，对系统进行稳定性仿真测试，系统的响应结果如图 2-29 所示。

由图 2-29（a）可知，在虚拟阻抗为 1mH 条件下，系统的频率下垂增益变化后，系统的有功与无功功率均出现等幅值振荡现象，有功功率振荡幅值分别为额定容量的 48%，无功功率震荡幅值为额定容量的 40%。

由图 2-29（b）可知，在虚拟阻抗为 3mH 条件下，系统的频率下垂增益变化后，系统的有功与无功功率均出现振荡现象，而随着时间的增加，有功、无功功率振荡幅值均逐渐减小，经过 3.5s 的调节时间后，系统输出的有功、无功功率达到新的稳定运行状态。在调节过程中，系统的有功功率超调量为额定容量的 -16%，无功功率超调量为额定容量的 10%。

由图 2-29（c）可知，在虚拟阻抗为 3mH 条件下，系统的频率下垂增益变化后，系统的有功与无功功率均出现振荡现象，而随着时间的增加，有功、无功功率振荡幅值均逐渐减小，经过 2.5s 的调节时间后，系统输出的有功、无功功率达到新的稳定运行状态。在调节过程中，系统的有功功率超调量为额定容量的 -10%，无功功率超调量为额定容量的 4%。

综合以上仿真结果可知，随着系统虚拟阻抗取值的增加，系统的稳定性也随之增加，在扰动发生后，系统容易快速达到新的稳定状态，同时，系统的超调量也会随着虚拟阻抗值的增加而降低。可推论，在微电网变流器控制中，虚拟阻抗取值的增加将会提高系统的阻尼，系统的稳定性也增加。

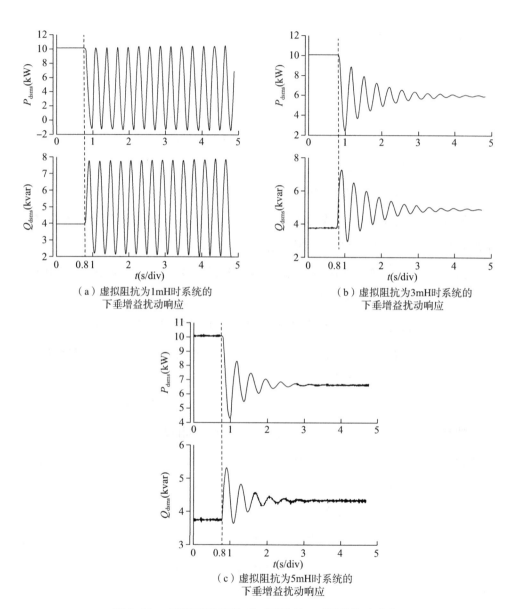

（a）虚拟阻抗为1mH时系统的
下垂增益扰动响应

（b）虚拟阻抗为3mH时系统的
下垂增益扰动响应

（c）虚拟阻抗为5mH时系统的
下垂增益扰动响应

图 2-29　虚拟阻抗不同取值时系统的下垂增益扰动响应

2.6   本章小结

本章介绍了微电网变流器的控制原理与构成方式，重点讲解了采用 PQ 控制与下垂控制变流器的控制实现方法。由于微电网中下垂控制变流器承担电压与频率的支撑作用，因此，围绕下垂变流器的有效控制展开了分析。重点分析了线路阻抗对下垂控制功率特性造成的影响，给出了提高功率解耦控制能力的虚拟阻抗控制策略，并给出了虚拟阻抗参数选取的计算方法，通过控制方法实现、小信号模型特征值计算分析了虚拟阻抗控制对微电网变流器输出电压和稳定性产生的影响，具体内容总结如下：

（1）给出了微电网变流器的常用控制方式，分析了不同控制方式下微电网变流器对系统的支撑作用。从拓扑结构入手，分别推导了 PQ 控制变流器与下垂控制变流器的控制原理。基于同步旋转坐标变换方式，给出了 PQ 控制变流器与下垂控制变流器的实现方法。

（2）从下垂控制变流器的等效电路出发，对不同线路阻抗特性前提下下垂控制变流器的功率表达方式进行了推导，并给出了常用下垂控制特性的表示方法。分析了微电网线路阻抗特性前提下，下垂控制变流器功率耦合问题的产生原因。

（3）以解决下垂控制变流器功率耦合问题为目标，给出了基于虚拟阻抗控制的功率解耦控制方式，并通过计算详细分析了虚拟阻抗实现解耦的控制机理。以解耦控制为前提，对解耦控制中虚拟阻抗参数的选取进行了分析，给出了具体的参数计算原则与步骤。

（4）从虚拟阻抗的实现方法出发，分析了虚拟阻抗控制给下垂控制变流器输出电压带来的影响，给出了采用虚拟阻抗控制的下垂控制变流器小信号建模方法，分析了虚拟阻抗控制给该系统稳定性带来的影响，为虚拟阻抗参数设计提供了参考。

参考文献:

[1] Rocabert J, Luna A, Blaabjerg F, et al. Control of Power Converters in AC Microgrids[J]. Power Electronics, IEEE Transactions on, 2012, 27(11): 4734-4749.

[2] Laaksonen H, Saari P, Komulainen R. Voltage and Frequency Control of Inverter Based Weak LV Network Microgrid: Future Power Systems, 2005 International Conference on, Amsterdam, 2005[C]. 2005_x000a_18-18 Nov. 2005. 6.

[3] Mohamed Y A R I, Zeineldin H H, Salama M M A, et al. Seamless Formation and Robust Control of Distributed Generation Microgrids via Direct Voltage Control and Optimized Dynamic Power Sharing[J]. Power Electronics, IEEE Transactions on, 2012, 27(3): 1283-1294.

[4] Fang G, Iravani M R. A Control Strategy for a Distributed Generation Unit in Grid-Connected and Autonomous Modes of Operation[J]. Power Delivery, IEEE Transactions on, 2008, 23(2): 850-859.

[5] Guerrero J M, Garcia De Vicuna L, Matas J, et al. Output Impedance Design of Parallel-Connected UPS Inverters With Wireless Load-Sharing Control[J]. Industrial Electronics, IEEE Transactions on, 2005, 52(4): 1126-1135.

[6] 黄杏, 金新民, 童亦斌, 等. 具有快速并网功能的微电网系统控制策略[J]. 北京交通大学学报, 2012, 36(5): 7-13.

[7] 白寅凯, 燕飞峰, 朱珺敏, 等. 一种改进型低压微电网的下垂控制策略研究[J]. 陕西电力, 2013, 41(7): 34-39.

[8] 吴云亚, 阚加荣, 谢少军. 适用于低压微电网的逆变器控制策略设计[J]. 电力系统自动化, 2012, 36(6): 39-44.

[9] 周贤正, 荣飞, 吕志鹏, 等. 低压微电网采用坐标旋转的虚拟功率V/f下垂控制策略[J]. 电力系统自动化, 2012, 36(2): 47-51, 63.

[10] 鞠洪新. 分布式微电网电力系统中多逆变电源的并网控制研究[D]. 合肥: 合肥工业大学, 2006.

[11] 鲍薇，胡学浩，李光辉，等. 基于同步电压源的微电网分层控制策略设计[J]. 电力系统自动化，2013（23）：20-26.

[12] 张兴，张崇巍. PWM整流器及其控制[M]. 北京：机械工业出版社，2012.

[13] Pogaku N，Prodanovic M，Green T C. Modeling，Analysis and Testing of Autonomous Operation of an Inverter-Based Microgrid[J]. Power Electronics，IEEE Transactions on，2007，22（2）：613-625.

[14] Vasquez，Juan C.，Guerrero，Josep M.，Luna，Alvaro，et al.Adaptive Droop Control Applied to Voltage-Source Inverters Operating in Grid-Connected and Islanded Modes[J]. Industrial Electronics, IEEE Transactions on, 2009,56(10):4088-4096.

第3章 微电网变流器的性能分析与改善

微电网具有并网与孤岛两种不同的运行模式，而无论运行在哪种模式之下，分布式电源的控制均依赖电力电子变流器的实现。因此，微电网变流器的控制对微电网系统的工作性能具有至关重要的影响。

基于本书第2章的介绍可知，在微电网中，最常使用的两类变流器控制方式为PQ控制方法和下垂控制方法，其中，PQ控制方法与传统的四象限变流器控制方法一致，主要通过跟踪微电网系统电压调整输出电流，进而完成输出功率的调整，此类变流器的系统性能提升控制在一些文献中已有详细介绍。因此，本章将重点探讨如何实现基于下垂控制的微电网变流器系统的性能分析与提升。

3.1 微电网变流器的并网性能分析

在微电网并网状态下，由于大电网系统的容量远大于微电网系统，系统的电压特性主要由大电网决定，而采用下垂控制的微电网变流器则更多地承担功率输出功能。故在并网状态下，采用下垂控制的微电网变流器性能提升控制更多地关注其稳定性与抗干扰性能。本节围绕下垂控制的微电网变流器功率建模、解耦性能以及抗干扰性能展开分析，通过理论分析以及计算结果对下垂控制微电网变流器的并网性能进行分析。

3.1.1 并网变流器的数学模型

微电网变流器根据其控制特性，可等效为图 3-1 所示的形式。图中，P^* 为给定有功功率指令、Q^* 为给定无功功率、P 为输出有功功率变量、Q 为输出无功功率变量。设电网电压 E 为微电网变流器的外部干扰，则可根据图建立微电网变流器并网运行数学模型。

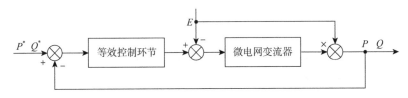

图 3-1 简化控制框

第 2 章对线路阻感比对微电网变流器输出功率耦合特性的影响进行过详细分析，分析结果表明，微电网变流器接入电网线路的阻感比越小，并网运行解耦性能越好。为改善微电网变流器的功率解耦性能，目前采用下垂控制的微电网变流器在并网控制时，均采用虚拟阻抗控制。针对该类微电网变流器的建模，第 2 章已经给出一种方法，根据其控制框图列出一些动态方程，并构建微电网变流器的等效输出电压和等效输出阻抗关系式，最终获得其等效模型。尽管该方法描述了输出电压与阻抗的电路关系，但在建模过程中未对下垂控制和并网控制进行描述，因此，该方法并不能完整地实现微电网变流器的建模，在分析下垂控制和电网电压对微电网变流器系统产生的影响方面存在局限。

根据第 2 章的研究可知，采用下垂控制的微电网变流器等效电路可表示为图 3-2 所示形式。图中，并网电感和线路阻抗等效阻抗表示为 $Z_f(s)$，电网电压表示为 $E(s)$，并网电流表示为 $I_0(s)$。

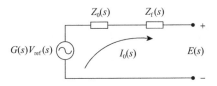

图 3-2 输出阻抗等效电路

根据第 2 章等效阻抗计算方法可知，输出电压系数 $G(s)$ 为：

$$G(s) = \frac{G_v(s)G_i(s)G_{PWM}}{LCs^2 + [G_v(s) + Cs]G_i(s)G_{PWM} + 1} \tag{3.1}$$

等效输出阻抗为

$$Z_0(s) = \frac{G_v(s)G_i(s)G_{PWM}Z_D(s) + G_i(s)G_{PWM} + Ls}{LCs^2 + [G_v(s) + Cs]G_i(s)G_{PWM} + 1} \tag{3.2}$$

基于戴维南定理，可由图 3-2 计算得到微电网变流器并网运行状态下输出有功、无功功率表达式。计算过程中，为统一计算结果，将 $s=j\omega$ 代入 $G(s)$、$Z_0(s)$ 表达式中，可获得输出电压等效增益和等效输出阻抗的幅频响应、相频响应，同时，也可获得输出电压 $G(s)V_{ref}(s)$ 与电网电压 $E(s)$ 的矢量关系，如图 3-3 所示。

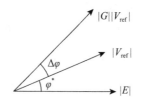

图 3-3 输出电压和电网电压矢量关系

图中，$|E|$ 为电网电压幅值，$|V_{ref}|$ 为微电网变流器下垂控制产生的电压指令幅值。为简化计算，设电网电压矢量对应的空间角度为 0°，根据下垂控制原则可知，微电网变流器电压指令 V_{ref} 的角度应为 φ^*，$|G|$ 为特定频率下幅值系数传递函数对应的幅频响应，$\Delta\varphi$ 为输出相频响应。

基于等效电路和电压指令与电网电压矢量关系图，可获得微电网变流器输出有功功率、无功功率表达式：

$$P(j\omega) + Q(j\omega) =$$

$$\frac{3}{2} \frac{\left[G(j\omega)|V_{ref}(j\omega)|\cos|\varphi^*(j\omega)| + jG(j\omega)|V_{ref}(j\omega)|\sin|\varphi^*(j\omega)|\right] - (E_d + jE_q)}{Z_d(j\omega) + jZ_q(j\omega)} \tag{3.3}$$

式 (3.3) 中，$Z_d(j\omega)$ 代表等效输出阻抗 Z_0、并网感和线路阻抗 Z_f 串联得到的等效阻值，$Z_q(j\omega)$ 代表等效输出阻抗 Z_0、并网电感和线路阻抗 Z_f 串联得到的等效阻值感抗值。

将 $s=j\omega$ 代入控制框图与功率计算表达式后，可得到下式：

$$P(j\omega) + Q(j\omega) =$$
$$\left[\left(a_1 E_d \left|V_{ref}(j\omega)\right|\cos\left|\varphi^*(j\omega)\right| - a_2 E_d \left|V_{ref}(j\omega)\right|\sin\left|\varphi^*(j\omega)\right|\right) - E_d{}^2 b_1 - E_d E_q b_2\right.$$
$$\left. -a_1 E_q \left|V_{ref}(j\omega)\right|\sin\left|\varphi^*(j\omega)\right| - a_2 E_q \left|V_{ref}(j\omega)\right|\cos\left|\varphi^*(j\omega)\right| + E_d E_q b_2 + E_q{}^2 b_1\right] \quad (3.4)$$
$$+\frac{3}{2}\frac{j a_1 E_q \left|V_{ref}(j\omega)\right|\sin\left|\varphi^*(j\omega)\right| + a_2 E_d \left|V_{ref}(j\omega)\right|\cos\left|\varphi^*(j\omega)\right| - E_d{}^2 b_2 - E_d E_q b_1}{c_1 + j c_2}$$

将上式变换后，得到其实部与虚部表示如下：

$$c_1 P(j\omega) - c_2 Q(j\omega) =$$
$$\frac{3}{2}\left[\left(a_1 E_d \left|V_{ref}(j\omega)\right|\cos\left|\varphi^*(j\omega)\right| - a_2 E_d \left|V_{ref}(j\omega)\right|\sin\left|\varphi^*(j\omega)\right|\right) - E_d{}^2 b_1 - E_d E_q b_2\right. \quad (3.5)$$
$$\left. -a_1 E_q \left|V_{ref}(j\omega)\right|\sin\left|\varphi^*(j\omega)\right| - a_2 E_q \left|V_{ref}(j\omega)\right|\cos\left|\varphi^*(j\omega)\right| + E_d E_q b_2 + E_q{}^2 b_1\right]$$

$$c_1 P(j\omega) + c_2 Q(j\omega) =$$
$$\frac{3}{2}\left[\left(a_1 E_q \left|V_{ref}(j\omega)\right|\cos\left|\varphi^*(j\omega)\right| - a_2 E_q \left|V_{ref}(j\omega)\right|\sin\left|\varphi^*(j\omega)\right|\right) + E_q{}^2 b_2 - E_d E_q b_1\right. \quad (3.6)$$
$$\left. -a_1 E_d \left|V_{ref}(j\omega)\right|\sin\left|\varphi^*(j\omega)\right| + a_2 E_d \left|V_{ref}(j\omega)\right|\cos\left|\varphi^*(j\omega)\right| - E_d E_q b_1 - E_d{}^2 b_2\right]$$

式 (3.4)、式 (3.5)、式 (3.6) 中 a_1、a_2、b_1、b_2、c_1、c_2 表示如下：

$$a_1 = -k_{pv}k_{pi}\omega^2 + k_{iv}k_{ii} \quad (3.7)$$

$$a_2 = k_{pv}k_{ii}\omega + k_{iv}k_{pi}\omega \quad (3.8)$$

$$b_1 = LC\omega^4 - k_{pv}k_{pi}\omega^2 - Ck_{ii}\omega^2 - \omega^2 + k_{iv}k_{ii} \quad (3.9)$$

$$b_2 = k_{iv}k_{pi}\omega + k_{pv}k_{ii}\omega - k_{pi}C\omega^3 \quad (3.10)$$

$$c_1 = L_f k_{pi}C\omega^4 + R_f LC\omega^4 - R_D k_{pv}k_{pi}\omega^2 - L_D k_{iv}k_{pi}\omega^2 - L_D k_{pv}k_{ii}\omega^2 - k_{pi}\omega^2 - L_f k_{iv}k_{pi}\omega^2$$
$$-L_f k_{pv}k_{ii}\omega^2 - R_f k_{pv}k_{pi}\omega^2 - R_f Ck_{ii}\omega^2 - R_f \omega^2 + R_D k_{iv}k_{ii} + R_f k_{iv}k_{ii}$$

$$(3.11)$$

$$c_2 = L_f LC\omega^5 - L_D k_{pv} k_{pi}\omega^3 - L\omega^3 - L_f k_{pv} k_{pi}\omega^3 - L_f Ck_{ii}\omega^3 - L_f\omega^3 - R_f k_{pi}C\omega^3$$
$$+ R_D k_{iv} k_{pi}\omega + R_D k_{pv} k_{ii} + L_D k_{iv} k_{ii}\omega + k_{ii}\omega + L_f k_{iv} k_{ii}\omega + R_f k_{iv} k_{pi}\omega + R_f k_{pv} k_{ii}\omega \quad (3.12)$$

由此可获得微电网变流器的功率表示，同时，也得到微电网变流器并网运行状态各个电压矢量表示的有功功率、无功功率数学模型。基于以上关系式，可对微电网变流器控制系统各环节与输出有功和无功功率的耦合关系进行分析。

3.1.2　并网变流器的解耦性能分析

第 2 章讨论了采用虚拟阻抗控制实现微电网变流器输出功率解耦的控制方法，但对于微电网变流器内部控制而言，有功功率与无功功率解耦问题并没有讨论。而在实际控制中，为达到更高的并网控制性能，变流器内部控制也应尽量实现功率的解耦。传统的 PQ 控制模式微电网变流器多采用直接电流控制方法，即通过矢量变换，将 d、q 坐标轴上的电流分别对应输出到有功功率、无功功率指令，并通过增加电网电压的前馈环节实现最终的结构 [1]。与之不同的是，下垂控制方式微电网变流器的有功功率、无功功率控制与变流器硬件参数和控制方法关系密切，因此多采用间接电流控制方法。由图 3-1 可知，并网运行时，微电网变流器系统的输入输出关系可以表示为

$$\begin{cases} P = A_1 * P^* + A_2 * Q^* + A_3 * E \\ Q = A_4 * P^* + A_5 * Q^* + A_6 * E \end{cases} \quad (3.13)$$

实际控制中，如果要实现有功功率、无功功率解耦控制，则需保证输出有功功率变化只受到有功指令影响，同样，输出无功功率变化也应只受到无功指令影响。因此，本节将采用计算有功功率、无功功率表达系数 $A_2(\mathrm{d}P/\mathrm{d}Q^*)$ 和 $A_4(\mathrm{d}Q/\mathrm{d}P^*)$ 的方法来分析微电网变流器的解耦控制性能。

将式 (3.5)、式 (3.6) 两侧对 P^* 求偏导，可得式 (3.14)、式 (3.15)。结合 ω 频域形式，将式 (3.14)、式 (3.15) 求解可得式 (3.16)。

$$c_1 \frac{\mathrm{d}P(\mathrm{j}\omega)}{\mathrm{d}P^*} - c_2 \frac{\mathrm{d}Q(\mathrm{j}\omega)}{\mathrm{d}P^*} =$$

$$\frac{3}{2}\left[a_1 E_\mathrm{d} \frac{\mathrm{d}\left|V_\mathrm{ref}(\mathrm{j}\omega)\right|}{\mathrm{d}P^*} \cos\left|\varphi^*(\mathrm{j}\omega)\right| + a_1 E_\mathrm{d} \left|V_\mathrm{ref}(\mathrm{j}\omega)\right| \frac{\mathrm{d}\cos\left|\varphi^*(\mathrm{j}\omega)\right|}{\mathrm{d}P^*} \right.$$

$$-a_2 E_\mathrm{d} \frac{\mathrm{d}\left|V_\mathrm{ref}(\mathrm{j}\omega)\right|}{\mathrm{d}P^*} \sin\left|\varphi^*(\mathrm{j}\omega)\right| - a_2 E_\mathrm{d} \left|V_\mathrm{ref}(\mathrm{j}\omega)\right| \frac{\mathrm{d}\sin\left|\varphi^*(\mathrm{j}\omega)\right|}{\mathrm{d}P^*} \qquad (3.14)$$

$$-a_1 E_\mathrm{q} \frac{\mathrm{d}\left|V_\mathrm{ref}(\mathrm{j}\omega)\right|}{\mathrm{d}P^*} \sin\left|\varphi^*(\mathrm{j}\omega)\right| - a_1 E_\mathrm{q} \left|V_\mathrm{ref}(\mathrm{j}\omega)\right| \frac{\mathrm{d}\sin\left|\varphi^*(\mathrm{j}\omega)\right|}{\mathrm{d}P^*}$$

$$\left. -a_2 E_\mathrm{q} \frac{\mathrm{d}\left|V_\mathrm{ref}(\mathrm{j}\omega)\right|}{\mathrm{d}P^*} \cos\left|\varphi^*(\mathrm{j}\omega)\right| - a_2 E_\mathrm{q} \left|V_\mathrm{ref}(\mathrm{j}\omega)\right| \frac{\mathrm{d}\cos\left|\varphi^*(\mathrm{j}\omega)\right|}{\mathrm{d}P^*} \right]$$

$$c_1 \frac{\mathrm{d}Q(\mathrm{j}\omega)}{\mathrm{d}P^*} + c_2 \frac{\mathrm{d}P(\mathrm{j}\omega)}{\mathrm{d}P^*} =$$

$$\frac{3}{2}\left[a_1 E_\mathrm{q} \frac{\mathrm{d}\left|V_\mathrm{ref}(\mathrm{j}\omega)\right|}{\mathrm{d}P^*} \cos\left|\varphi^*(\mathrm{j}\omega)\right| + a_1 E_\mathrm{q} \left|V_\mathrm{ref}(\mathrm{j}\omega)\right| \frac{\mathrm{d}\cos\left|\varphi^*(\mathrm{j}\omega)\right|}{\mathrm{d}P^*} \right.$$

$$-a_2 E_\mathrm{q} \frac{\mathrm{d}\left|V_\mathrm{ref}(\mathrm{j}\omega)\right|}{\mathrm{d}P^*} \sin\left|\varphi^*(\mathrm{j}\omega)\right| - a_2 E_\mathrm{q} \left|V_\mathrm{ref}(\mathrm{j}\omega)\right| \frac{\mathrm{d}\sin\left|\varphi^*(\mathrm{j}\omega)\right|}{\mathrm{d}P^*} \qquad (3.15)$$

$$+a_1 E_\mathrm{d} \frac{\mathrm{d}\left|V_\mathrm{ref}(\mathrm{j}\omega)\right|}{\mathrm{d}P^*} \sin\left|\varphi^*(\mathrm{j}\omega)\right| + a_1 E_\mathrm{d} \left|V_\mathrm{ref}(\mathrm{j}\omega)\right| \frac{\mathrm{d}\sin\left|\varphi^*(\mathrm{j}\omega)\right|}{\mathrm{d}P^*}$$

$$\left. +a_2 E_\mathrm{d} \frac{\mathrm{d}\left|V_\mathrm{ref}(\mathrm{j}\omega)\right|}{\mathrm{d}P^*} \cos\left|\varphi^*(\mathrm{j}\omega)\right| + a_2 E_\mathrm{d} \left|V_\mathrm{ref}(\mathrm{j}\omega)\right| \frac{\mathrm{d}\cos\left|\varphi^*(\mathrm{j}\omega)\right|}{\mathrm{d}P^*} \right]$$

$$\frac{\mathrm{d}Q(\mathrm{j}\omega)}{\mathrm{d}P^*} = \frac{v_{1-2}u_{1-3} + v_{1-3}u_{1-1}}{v_{1-1}u_{1-1} - v_{1-2}u_{1-2}} \qquad (3.16)$$

同理，对式 (3.5)、式 (3.6) 两侧 Q^* 求偏导，可得式 (3.17)、式 (3.18)，采用与式 (3.16) 相同的方法进行求解可得式 (3.19)。

$$c_1 \frac{\mathrm{d}P(\mathrm{j}\omega)}{\mathrm{d}Q^*} - c_2 \frac{\mathrm{d}Q(\mathrm{j}\omega)}{\mathrm{d}Q^*} =$$

$$\frac{3}{2}\left[a_1 E_\mathrm{d} \frac{\mathrm{d}\left|V_\mathrm{ref}(\mathrm{j}\omega)\right|}{\mathrm{d}Q^*}\cos\left|\varphi^*(\mathrm{j}\omega)\right| + a_1 E_\mathrm{d}\left|V_\mathrm{ref}(\mathrm{j}\omega)\right|\frac{\mathrm{d}\cos\left|\varphi^*(\mathrm{j}\omega)\right|}{\mathrm{d}Q^*}\right.$$

$$-a_2 E_\mathrm{d}\frac{\mathrm{d}\left|V_\mathrm{ref}(\mathrm{j}\omega)\right|}{\mathrm{d}Q^*}\sin\left|\varphi^*(\mathrm{j}\omega)\right| - a_2 E_\mathrm{d}\left|V_\mathrm{ref}(\mathrm{j}\omega)\right|\frac{\mathrm{d}\sin\left|\varphi^*(\mathrm{j}\omega)\right|}{\mathrm{d}Q^*}$$

$$-a_1 E_\mathrm{q}\frac{\mathrm{d}\left|V_\mathrm{ref}(\mathrm{j}\omega)\right|}{\mathrm{d}Q^*}\sin\left|\varphi^*(\mathrm{j}\omega)\right| - a_1 E_\mathrm{q}\left|V_\mathrm{ref}(\mathrm{j}\omega)\right|\frac{\mathrm{d}\sin\left|\varphi^*(\mathrm{j}\omega)\right|}{\mathrm{d}Q^*}$$

$$\left.-a_2 E_\mathrm{q}\frac{\mathrm{d}\left|V_\mathrm{ref}(\mathrm{j}\omega)\right|}{\mathrm{d}Q^*}\cos\left|\varphi^*(\mathrm{j}\omega)\right| - a_2 E_\mathrm{q}\left|V_\mathrm{ref}(\mathrm{j}\omega)\right|\frac{\mathrm{d}\cos\left|\varphi^*(\mathrm{j}\omega)\right|}{\mathrm{d}Q^*}\right] \tag{3.17}$$

$$c_1 \frac{\mathrm{d}Q(\mathrm{j}\omega)}{\mathrm{d}Q^*} + c_2 \frac{\mathrm{d}P(\mathrm{j}\omega)}{\mathrm{d}Q^*} =$$

$$\frac{3}{2}\left[a_1 E_\mathrm{q} \frac{\mathrm{d}\left|V_\mathrm{ref}(\mathrm{j}\omega)\right|}{\mathrm{d}Q^*}\cos\left|\varphi^*(\mathrm{j}\omega)\right| + a_1 E_\mathrm{q}\left|V_\mathrm{ref}(\mathrm{j}\omega)\right|\frac{\mathrm{d}\cos\left|\varphi^*(\mathrm{j}\omega)\right|}{\mathrm{d}Q^*}\right.$$

$$-a_2 E_\mathrm{q}\frac{\mathrm{d}\left|V_\mathrm{ref}(\mathrm{j}\omega)\right|}{\mathrm{d}Q^*}\sin\left|\varphi^*(\mathrm{j}\omega)\right| - a_2 E_\mathrm{q}\left|V_\mathrm{ref}(\mathrm{j}\omega)\right|\frac{\mathrm{d}\sin\left|\varphi^*(\mathrm{j}\omega)\right|}{\mathrm{d}Q^*}$$

$$+a_1 E_\mathrm{d}\frac{\mathrm{d}\left|V_\mathrm{ref}(\mathrm{j}\omega)\right|}{\mathrm{d}Q^*}\sin\left|\varphi^*(\mathrm{j}\omega)\right| + a_1 E_\mathrm{d}\left|V_\mathrm{ref}(\mathrm{j}\omega)\right|\frac{\mathrm{d}\sin\left|\varphi^*(\mathrm{j}\omega)\right|}{\mathrm{d}Q^*}$$

$$\left.+a_2 E_\mathrm{d}\frac{\mathrm{d}\left|V_\mathrm{ref}(\mathrm{j}\omega)\right|}{\mathrm{d}Q^*}\cos\left|\varphi^*(\mathrm{j}\omega)\right| + a_2 E_\mathrm{d}\left|V_\mathrm{ref}(\mathrm{j}\omega)\right|\frac{\mathrm{d}\cos\left|\varphi^*(\mathrm{j}\omega)\right|}{\mathrm{d}Q^*}\right] \tag{3.18}$$

$$\frac{\mathrm{d}Q(\mathrm{j}\omega)}{\mathrm{d}P^*} = \frac{v_{2-2}u_{2-3} + v_{2-3}u_{2-1}}{v_{2-1}u_{2-1} - v_{2-2}u_{2-2}} \tag{3.19}$$

式 (3.16)、式 (3.19) 中 v_{1-1}、v_{1-2}、v_{1-3}、u_{1-1}、u_{1-2}、u_{1-3}、v_{2-1}、v_{2-2}、v_{2-3}、u_{2-1}、u_{2-2}、u_{2-3} 表示如下：

$$u_{1-1} = c_1 + a_1 n_8 n_{10} n_{14} E_\mathrm{d} + a_2 n_8 n_{11} n_{14} E_\mathrm{d} - a_2 n_8 n_{10} n_{14} E_\mathrm{q} + a_1 n_8 n_{11} n_{14} E_\mathrm{q} \tag{3.20}$$

$$u_{1-2} = c_2 + a_1 n_{11} n_{12} E_\mathrm{d} - a_2 n_{10} n_{12} E_\mathrm{d} - a_2 n_{11} n_{12} E_\mathrm{q} - a_1 n_{10} n_{12} E_\mathrm{q} \tag{3.21}$$

$$u_{1-3} = -a_1 n_8 n_{10} n_{13} E_{\mathrm{d}} - a_2 n_8 n_{11} n_{13} E_{\mathrm{d}} + a_2 n_8 n_{10} n_{13} E_{\mathrm{q}} - a_1 n_8 n_{11} n_{13} E_{\mathrm{q}} \tag{3.22}$$

$$u_{2-1} = c_1 + a_1 n_8 n_{10} n_{17} E_{\mathrm{d}} + a_2 n_8 n_{11} n_{17} E_{\mathrm{d}} - a_2 n_8 n_{10} n_{17} E_{\mathrm{q}} + a_1 n_8 n_{11} n_{17} E_{\mathrm{q}} \tag{3.23}$$

$$u_{2-2} = c_2 + a_1 n_{11} n_{16} E_{\mathrm{d}} - a_2 n_{10} n_{16} E_{\mathrm{d}} - a_2 n_{11} n_{16} E_{\mathrm{q}} - a_1 n_{10} n_{16} E_{\mathrm{q}} \tag{3.24}$$

$$u_{2-3} = a_1 n_{11} n_{15} E_{\mathrm{d}} - a_2 n_{10} n_{15} E_{\mathrm{d}} - a_2 n_{11} n_{15} E_{\mathrm{q}} - a_1 n_{10} n_{15} E_{\mathrm{q}} \tag{3.25}$$

$$v_{1-1} = c_1 - a_1 n_{11} n_{12} E_{\mathrm{q}} + a_2 n_{10} n_{12} E_{\mathrm{q}} - a_2 n_{11} n_{12} E_{\mathrm{d}} - a_1 n_{10} n_{12} E_{\mathrm{d}} \tag{3.26}$$

$$v_{1-2} = -a_1 n_8 n_{11} n_{14} E_{\mathrm{q}} - a_2 n_8 n_{11} n_{14} E_{\mathrm{q}} - a_2 n_8 n_{10} n_{14} E_{\mathrm{d}} + a_1 n_8 n_{11} n_{14} E_{\mathrm{d}} - c_2 \tag{3.27}$$

$$v_{1-3} = -a_1 n_8 n_{10} n_{13} E_{\mathrm{q}} - a_2 n_8 n_{10} n_{13} E_{\mathrm{q}} - a_2 n_8 n_{10} n_{13} E_{\mathrm{d}} + a_1 n_8 n_{11} n_{13} E_{\mathrm{d}} \tag{3.28}$$

$$v_{2-1} = c_1 - a_1 n_{11} n_{16} E_{\mathrm{q}} + a_2 n_{10} n_{16} E_{\mathrm{q}} - a_2 n_{11} n_{16} E_{\mathrm{d}} - a_1 n_{10} n_{16} E_{\mathrm{d}} \tag{3.29}$$

$$v_{2-2} = -a_1 n_8 n_{10} n_{17} E_{\mathrm{q}} - a_2 n_8 n_{11} n_{17} E_{\mathrm{q}} - a_2 n_8 n_{10} n_{17} E_{\mathrm{d}} + a_1 n_8 n_{11} n_{17} E_{\mathrm{d}} - c_2 \tag{3.30}$$

$$v_{2-3} = a_1 n_{11} n_{15} E_{\mathrm{q}} - a_2 n_{10} n_{15} E_{\mathrm{q}} + a_2 n_{11} n_{15} E_{\mathrm{d}} + a_1 n_{10} n_{15} E_{\mathrm{d}} \tag{3.31}$$

在获得各个参数的偏导表达式后，可通过调节 k_{pv}、k_{iv}、k_{pi}、k_{ii}、R_D、L_D 来实现有功和无功功率解耦控制。但由于电压、电流环控制参数变化将导致微电网变流器等效阻抗特性改变，可能会影响输出功率的解耦特性，因此，在调节参数时，需对系统稳定性进行计算，也需要对系统的输出功率解耦特性进行计算，在确保稳定运行的前提下，可根据计算结果调整参数，以获得相应的控制解耦性能。

3.1.3　微电网变流器的抗扰性能分析

与功率的耦合分析类似，基于扰动系数 A_3（dP/dE）和 A_6（dQ/dE）计算，也可以获得分析微电网变流器并网运行时，输出功率对电网扰动的抗扰性能。设同步旋转坐标系 d 轴方向为电网电压 E 方向，则可得到电网电压 E 电压幅值为其 d 轴分量 E_d，电压角度为电网电压 E 在 q 轴分量 E_q。

将式 (3.4)、式 (3.5) 两侧对 E_d 求偏导，可得式 (3.32)、式 (3.33)。结合 ω 频域形式，可求解得式 (3.34)、式 (3.35)：

$$
\begin{aligned}
c_1 &\frac{\mathrm{d}P(\mathrm{j}\omega)}{\mathrm{d}E_d} - c_2 \frac{\mathrm{d}Q(\mathrm{j}\omega)}{\mathrm{d}E_d} = \\
&\frac{3}{2}\Bigg[a_1 \left|V_{\mathrm{ref}}(\mathrm{j}\omega)\right| \cos\left|\varphi^*(\mathrm{j}\omega)\right| + a_1 E_d \frac{\mathrm{d}\left|V_{\mathrm{ref}}(\mathrm{j}\omega)\right|}{\mathrm{d}E_d} \cos\left|\varphi^*(\mathrm{j}\omega)\right| - 2E_d b_1 \\
&+ a_1 E_d \left|V_{\mathrm{ref}}(\mathrm{j}\omega)\right| \frac{\mathrm{d}\cos\left|\varphi^*(\mathrm{j}\omega)\right|}{\mathrm{d}E_d} - a_2 \left|V_{\mathrm{ref}}(\mathrm{j}\omega)\right| \sin\left|\varphi^*(\mathrm{j}\omega)\right| - E_d b_2 \\
&- a_2 E_d \left|V_{\mathrm{ref}}(\mathrm{j}\omega)\right| \frac{\mathrm{d}\sin\left|\varphi^*(\mathrm{j}\omega)\right|}{\mathrm{d}E_d} - a_2 E_d \frac{\mathrm{d}\left|V_{\mathrm{ref}}(\mathrm{j}\omega)\right|}{\mathrm{d}E_d} \sin\left|\varphi^*(\mathrm{j}\omega)\right| \\
&- a_1 E_q \frac{\mathrm{d}\left|V_{\mathrm{ref}}(\mathrm{j}\omega)\right|}{\mathrm{d}E_d} \sin\left|\varphi^*(\mathrm{j}\omega)\right| - a_1 E_q \left|V_{\mathrm{ref}}(\mathrm{j}\omega)\right| \frac{\mathrm{d}\sin\left|\varphi^*(\mathrm{j}\omega)\right|}{\mathrm{d}E_d} \\
&- a_2 E_q \frac{\mathrm{d}\left|V_{\mathrm{ref}}(\mathrm{j}\omega)\right|}{\mathrm{d}E_d} \cos\left|\varphi^*(\mathrm{j}\omega)\right| - a_2 E_q \left|V_{\mathrm{ref}}(\mathrm{j}\omega)\right| \frac{\mathrm{d}\cos\left|\varphi^*(\mathrm{j}\omega)\right|}{\mathrm{d}E_d} \Bigg]
\end{aligned} \tag{3.32}
$$

$$
\begin{aligned}
c_1 &\frac{\mathrm{d}Q(\mathrm{j}\omega)}{\mathrm{d}E_d} + c_2 \frac{\mathrm{d}P(\mathrm{j}\omega)}{\mathrm{d}E_d} = \\
&\frac{3}{2}\Bigg[a_1 E_q \frac{\mathrm{d}\left|V_{\mathrm{ref}}(\mathrm{j}\omega)\right|}{\mathrm{d}E_d} \cos\left|\varphi^*(\mathrm{j}\omega)\right| + a_1 E_q \left|V_{\mathrm{ref}}(\mathrm{j}\omega)\right| \frac{\mathrm{d}\cos\left|\varphi^*(\mathrm{j}\omega)\right|}{\mathrm{d}E_d} - 2b_1 b_2 E_d \\
&- a_2 E_q \frac{\mathrm{d}\left|V_{\mathrm{ref}}(\mathrm{j}\omega)\right|}{\mathrm{d}E_d} \sin\left|\varphi^*(\mathrm{j}\omega)\right| - a_2 E_q \left|V_{\mathrm{ref}}(\mathrm{j}\omega)\right| \frac{\mathrm{d}\sin\left|\varphi^*(\mathrm{j}\omega)\right|}{E_d} \\
&+ a_2 \left|V_{\mathrm{ref}}(\mathrm{j}\omega)\right| \cos\left|\varphi^*(\mathrm{j}\omega)\right| + a_2 E_d \frac{\mathrm{d}\left|V_{\mathrm{ref}}(\mathrm{j}\omega)\right|}{\mathrm{d}E_d} \cos\left|\varphi^*(\mathrm{j}\omega)\right| - b_1 E_q \\
&+ a_2 E_d \left|V_{\mathrm{ref}}(\mathrm{j}\omega)\right| \frac{\mathrm{d}\cos\left|\varphi^*(\mathrm{j}\omega)\right|}{\mathrm{d}E_d} + a_1 \left|V_{\mathrm{ref}}(\mathrm{j}\omega)\right| \sin\left|\varphi^*(\mathrm{j}\omega)\right| - b_1 E_q \\
&+ a_1 E_d \left|V_{\mathrm{ref}}(\mathrm{j}\omega)\right| \frac{\mathrm{d}\sin\left|\varphi^*(\mathrm{j}\omega)\right|}{\mathrm{d}E_d} + a_1 E_d \frac{\mathrm{d}\left|V_{\mathrm{ref}}(\mathrm{j}\omega)\right|}{\mathrm{d}E_d} \sin\left|\varphi^*(\mathrm{j}\omega)\right| \Bigg]
\end{aligned} \tag{3.33}
$$

$$\frac{\mathrm{d}P(\mathrm{j}\omega)}{\mathrm{d}E_{\mathrm{d}}} = \frac{m_2 k_3 + m_3 k_1}{m_1 k_1 - m_2 k_2} \tag{3.34}$$

$$\frac{\mathrm{d}Q(\mathrm{j}\omega)}{\mathrm{d}E_{\mathrm{d}}} = \frac{m_1 k_3 + m_3 k_2}{m_1 k_1 - m_2 k_2} \tag{3.35}$$

式 (3.34)、式 (3.35) 中 m_1、m_2、m_3、k_1、k_2、k_3 表示如下:

$$k_1 = a_1 n_3 n_4 E_{\mathrm{d}} - a_2 n_2 n_4 E_{\mathrm{d}} - a_2 n_3 n_4 E_{\mathrm{q}} - a_1 n_2 n_4 E_{\mathrm{q}} + c_2 \tag{3.36}$$

$$k_2 = c_1 - a_1 n_1 n_6 E_{\mathrm{d}} + a_2 n_1 n_5 E_{\mathrm{d}} + a_2 n_1 n_6 E_{\mathrm{q}} + a_1 n_1 n_5 E_{\mathrm{q}} \tag{3.37}$$

$$k_3 = -a_1 n_1 n_3 + a_2 n_1 n_2 + 2b_1 E_{\mathrm{d}} - b_2 E_{\mathrm{q}} - b_2 \tag{3.38}$$

$$m_1 = c_2 - a_1 n_1 n_6 E_{\mathrm{q}} + a_2 n_1 n_5 E_{\mathrm{q}} - a_2 n_1 n_6 E_{\mathrm{d}} - a_1 n_1 n_5 E_{\mathrm{d}} \tag{3.39}$$

$$m_2 = a_1 n_3 n_4 E_{\mathrm{q}} - a_2 n_2 n_4 E_{\mathrm{q}} + a_2 n_3 n_4 E_{\mathrm{d}} + a_1 n_2 n_4 E_{\mathrm{d}} - c_1 \tag{3.40}$$

$$m_3 = -b_1 E_{\mathrm{q}} + a_2 n_1 n_3 + a_1 n_1 n_2 - b_1 E_{\mathrm{q}} - 2b_2 E_{\mathrm{d}} \tag{3.41}$$

同理,将式 (3.4)、式 (3.5) 两侧对 E_{q} 求偏导,可得式 (3.42)、式 (3.43),并进一步求解可得式 (3.44)、式 (3.45)。

$$c_1 \frac{\mathrm{d}P(\mathrm{j}\omega)}{\mathrm{d}E_{\mathrm{q}}} - c_2 \frac{\mathrm{d}Q(\mathrm{j}\omega)}{\mathrm{d}E_{\mathrm{q}}} =$$

$$\frac{3}{2}\left[a_1 E_{\mathrm{d}} \frac{\mathrm{d}\left|V_{\mathrm{ref}}(\mathrm{j}\omega)\right|}{\mathrm{d}E_{\mathrm{q}}} \cos\left|\varphi^*(\mathrm{j}\omega)\right| + a_1 E_{\mathrm{d}} \left|V_{\mathrm{ref}}(\mathrm{j}\omega)\right| \frac{\mathrm{d}\cos\left|\varphi^*(\mathrm{j}\omega)\right|}{\mathrm{d}E_{\mathrm{q}}} \right.$$

$$-a_2 \left|V_{\mathrm{ref}}(\mathrm{j}\omega)\right|\cos\left|\varphi^*(\mathrm{j}\omega)\right| + E_{\mathrm{d}}b_2 - a_2 E_{\mathrm{d}} \left|V_{\mathrm{ref}}(\mathrm{j}\omega)\right| \frac{\mathrm{d}\sin\left|\varphi^*(\mathrm{j}\omega)\right|}{\mathrm{d}E_{\mathrm{q}}}$$

$$-a_2 E_{\mathrm{d}} \frac{\mathrm{d}\left|V_{\mathrm{ref}}(\mathrm{j}\omega)\right|}{\mathrm{d}E_{\mathrm{d}}} \sin\left|\varphi^*(\mathrm{j}\omega)\right| - a_1 E_{\mathrm{q}} \frac{\mathrm{d}\left|V_{\mathrm{ref}}(\mathrm{j}\omega)\right|}{\mathrm{d}E_{\mathrm{d}}} \sin\left|\varphi^*(\mathrm{j}\omega)\right|$$

$$-a_1 E_{\mathrm{q}} \left|V_{\mathrm{ref}}(\mathrm{j}\omega)\right| \frac{\mathrm{d}\cos\left|\varphi^*(\mathrm{j}\omega)\right|}{\mathrm{d}E_{\mathrm{q}}} + a_1 \left|V_{\mathrm{ref}}(\mathrm{j}\omega)\right| \sin\left|\varphi^*(\mathrm{j}\omega)\right|$$

$$+a_1 E_q \frac{d\left|V_{\text{ref}}(j\omega)\right|}{dE_q}\sin\left|\varphi^*(j\omega)\right|+2E_q b_1-a_1 E_q\left|V_{\text{ref}}(j\omega)\right|\frac{d\sin\left|\varphi^*(j\omega)\right|}{dE_q}$$

$$-a_2 E_q\left|V_{\text{ref}}(j\omega)\right|\frac{d\cos\left|\varphi^*(j\omega)\right|}{dE_q}-b_1 E_d-a_2 E_q\frac{d\left|V_{\text{ref}}(j\omega)\right|}{dE_d}\cos\left|\varphi^*(j\omega)\right| \tag{3.42}$$

$$-a_2 E_q\left|V_{\text{ref}}(j\omega)\right|\frac{d\cos\left|\varphi^*(j\omega)\right|}{dE_d}\Bigg]$$

$$c_1\frac{dQ(j\omega)}{dE_q}+c_2\frac{dP(j\omega)}{dE_q}=$$

$$\frac{3}{2}\Bigg[a_1\left|V_{\text{ref}}(j\omega)\right|\cos\left|\varphi^*(j\omega)\right|+a_1 E_q\frac{d\left|V_{\text{ref}}(j\omega)\right|}{dE_q}\cos\left|\varphi^*(j\omega)\right|-b_1 E_d$$

$$+a_1 E_q\left|V_{\text{ref}}(j\omega)\right|\frac{d\cos\left|\varphi^*(j\omega)\right|}{dE_q}-a_2\left|V_{\text{ref}}(j\omega)\right|\sin\left|\varphi^*(j\omega)\right|+2b_2 E_q$$

$$-a_2 E_q\left|V_{\text{ref}}(j\omega)\right|\frac{d\sin\left|\varphi^*(j\omega)\right|}{dE_q}-a_2 E_q\frac{d\left|V_{\text{ref}}(j\omega)\right|}{dE_q}\sin\left|\varphi^*(j\omega)\right| \tag{3.43}$$

$$a_2 E_d\frac{d\left|V_{\text{ref}}(j\omega)\right|}{dE_q}\cos\left|\varphi^*(j\omega)\right|+a_2 E_d\left|V_{\text{ref}}(j\omega)\right|\frac{d\cos\left|\varphi^*(j\omega)\right|}{dE_q}-b_1 E_d$$

$$+a_1 E_d\left|V_{\text{ref}}(j\omega)\right|\frac{d\sin\left|\varphi^*(j\omega)\right|}{dE_q}+a_1 E_d\frac{d\left|V_{\text{ref}}(j\omega)\right|}{dE_q}\sin\left|\varphi^*(j\omega)\right|\Bigg]$$

$$\frac{dP(j\omega)}{dE_q}=\frac{r_2 t_3+r_3 t_1}{r_1 t_1-r_2 t_2} \tag{3.44}$$

$$\frac{dQ(j\omega)}{dE_d}=\frac{r_1 t_3+r_3 t_2}{r_1 t_1-r_2 t_2} \tag{3.45}$$

式 (3.44)、式 (3.45) 中 r_1、r_2、r_3、t_1、t_2、t_3 表示如下：

$$r_1=c_1-a_1 n_1 n_6 E_d+a_2 n_1 n_5 E_d+a_2 n_1 n_2 E_q+a_1 n_1 n_5 E_q \tag{3.46}$$

$$r_2=c_2+a_1 n_3 n_4 E_d-a_2 n_2 n_4 E_d-a_2 n_3 n_4 E_q-a_1 n_2 n_4 E_q \tag{3.47}$$

$$r_3 = -a_1 n_1 n_3 - a_1 n_1 n_2 + 2b_1 E_q + b_2 E_d \tag{3.48}$$

$$t_1 = c_1 - a_1 n_3 n_4 E_q - a_2 n_3 n_4 E_d + a_2 n_2 n_4 E_q - a_1 n_2 n_4 E_d \tag{3.49}$$

$$t_2 = a_1 n_1 n_6 E_q - a_2 n_1 n_5 E_q + a_2 n_1 n_6 E_d + a_1 n_1 n_5 E_d - c_2 \tag{3.50}$$

$$t_3 = a_1 n_1 n_3 - a_2 n_1 n_2 - 2b_1 E_d + 2b_2 E_q \tag{3.51}$$

根据式 (3.34)、式 (3.35)、式 (3.44)、式 (3.45)，通过扰动系数 dP/dE_d、dP/dE_q、dQ/dE_d、dQ/dE_q 即可分析各控制参数对微电网变流器并网运行抗扰性能的影响。

3.2 微电网变流器并网性能分析实例

本部分依据 3.1 节的分析方法，给出两个微电网变流器的并网解耦性能以及抗扰性能分析实例，基于实例分析结果，为微电网变流器的参数设计提供支持。

3.2.1 解耦性能分析实例

在并网状态下，微电网系统的负荷主要为有功负荷，因此，微电网变流器的有功功率变化为更常见工况。本节以 3.1.1 节中耦合系数 dQ/dP^* 为例对一实际系统的功率耦合特性进行分析，实际系统分析参数值见表 3-1。

表 3-1 解耦和抗扰性分析参数默认值

参数名称	默认值	参数名称	默认值	参数名称	默认值
电压环比例系数 k_{pv}	0.5	电流环比例系数 k_{pi}	50	无功环比例系数 k_{pq}	0.1
电压环积分系数 k_{iv}	100	电流环积分系数 k_{ii}	300	无功环积分系数 k_{iq}	0.5
有功下垂系数 k_{pn}	0.000333	虚拟电阻 R_D	0	有功功率给定 P^*	3000W
无功下垂系数 k_{qn}	0.01	虚拟电感 L_D	5mH	有功运行状态 P	3000W
滤波电感 L	10mH	额定电压 V_n	311V	无功功率给定 Q^*	0
滤波电容 C	12uF	额定频率 f_n	50Hz	无功运行状态 Q	0
并网等效电感 L_f	0	有功截止角频率 ω_{c1}	2*π*30rad/s	电网电压 d 轴 E_d	311
并网等效电感 R_f	0.5	无功截止角频率 ω_{c2}	2*π*30rad/s	电网电压 q 轴 E_q	0

实际运行过程中，微电网变流器的硬件参数会出现缓慢微小变化，但本节分析默认系统为理想系统，即系统硬件参数不发生改变。基于第 2 章分析结果可知，微电网变流器的输出阻抗阻感比越小，系统的解耦性能越好。而由式 (3.2) 可以看出，改变电压电流环控制参数和虚拟阻抗可以改变微电网变流器输出阻抗，进而改变微电网变流器的输出阻抗阻感比，最终实现对功率解耦控制的优化。根据 dQ/dP^* 的表达式，分别改变系统中的关联参数 k_{pv}、k_{iv}、k_{pi}、k_{ii}、R_D、L_D，可得到 dQ/dP^* 的变化结果如图 3-4 ～图 3-9 所示（其中 Z_d 为输出阻抗等效阻值，Z_q 为输出阻抗等效感抗值）。

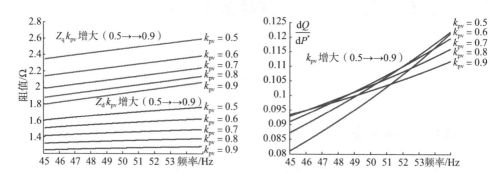

图 3-4　输出阻抗和耦合系数 dQ/dP^* 随电压环比例系数 k_{pv} 变化曲线

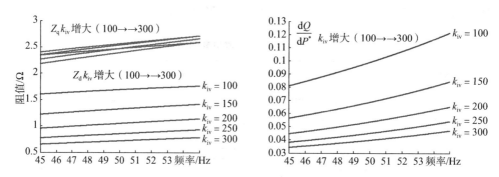

图 3-5　输出阻抗和耦合系数 dQ/dP^* 随电压环积分系数 k_{iv} 变化曲线

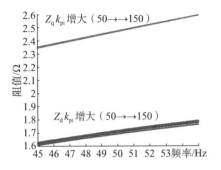
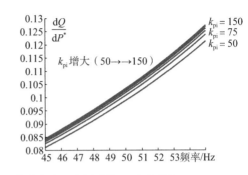

图 3-6 输出阻抗和耦合系数 $\mathrm{d}Q/\mathrm{d}P^*$ 随电流环比例系数 k_{pi} 变化曲线

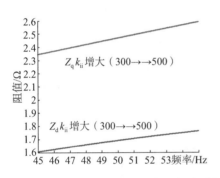
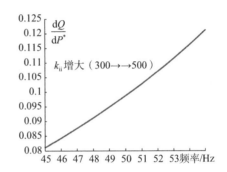

图 3-7 输出阻抗和耦合系数 $\mathrm{d}Q/\mathrm{d}P^*$ 随电流环积分系数 k_{ii} 变化曲线

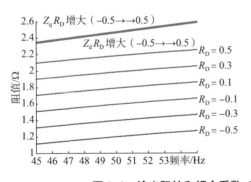
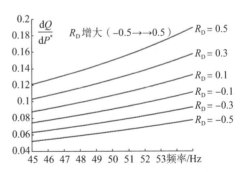

图 3-8 输出阻抗和耦合系数 $\mathrm{d}Q/\mathrm{d}P^*$ 随虚拟电阻 R_{D} 变化曲线

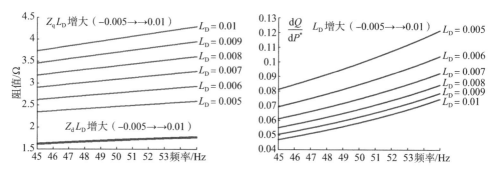

图 3-9 输出阻抗和耦合系数 dQ/dP^* 随虚拟电感 L_D 变化曲线

由图 3-4～图 3-9 可以看出，k_{pv}、k_{iv}、k_{pi}、k_{ii}、R_D、L_D 的变化对微电网变流器的输出等效阻抗均会产生影响，耦合系数 dQ/dP^* 的变化与输出等效阻抗阻感比变化一致，即通过对 k_{pv}、k_{iv}、k_{pi}、k_{ii}、R_D、L_D 的调节可以改变微电网变流器输出等效阻抗，通过增大这几个参数可以减小阻感比，进而减小有功和无功解耦的耦合。对比以上各图变化比例可以看出：通过调节 k_{iv}、R_D、L_D 可以有效减小有功和无功功率耦合，但增加 k_{pv}、k_{pi} 和 k_{ii} 对降低系统有功、无功功率耦合的贡献不大。

下垂控制微电网变流器的控制参数中不仅包含电压、电流控制环参数，也包含功率控制环中的下垂系数、功率滤波参数等其他控制参数。因此，本部分针对功率控制环节相关参数对功率解耦性能的影响进行了分析。分别改变系统中的关联参数 k_{pq}、k_{iq}、k_{pn}、k_{qn}、ω_{c1}、ω_{c2}，可得到 dQ/dP^* 的变化结果如图 3-10～图 3-15 所示。

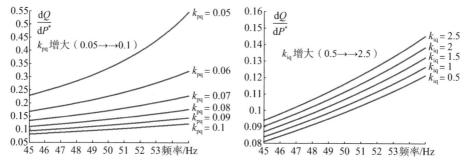

图 3-10 耦合系数 dQ/dP^* 随 k_{pq} 变化曲线   图 3-11 耦合系数 dQ/dP^* 随 k_{iq} 变化曲线

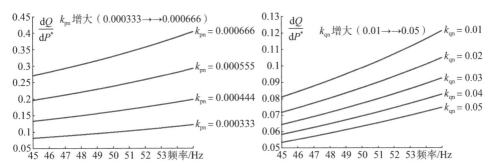

图 3-12　耦合系数 dQ/dP^* 随 k_{pn} 变化曲线　　图 3-13　耦合系数 dQ/dP^* 随 k_{qn} 变化曲线

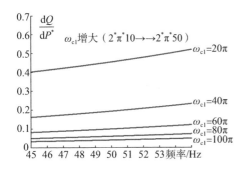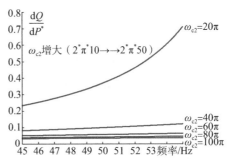

图 3-14　耦合系数 dQ/dP^* 随 ω_{c1} 变化曲线　　图 3-15　耦合系数 dQ/dP^* 随 ω_{c2} 变化曲线

由图 3-10 ～图 3-15 可以看出，随着 k_{pq}、k_{iq}、k_{pn}、k_{qn}、ω_{c1}、ω_{c2} 的增加，微电网变流器的功率耦合程度也会发生变化，但微电网变流器的等效阻抗取值变化程度不大。由此可推论：在电压、电流环参数和虚拟阻抗参数一定的前提下，通过调节功率环的控制参数 k_{pq}、k_{iq}、k_{pn}、k_{qn}、ω_{c1}、ω_{c2} 也可以达到减小有功、无功功率耦合的控制目标。对比以上各图变化幅度可以得出：k_{pq}、k_{pn}、ω_{c1}、ω_{c2} 的变化可以有效减小有功、无功功率的耦合，而 k_{iq} 和 k_{qn} 的改变则对减小功率耦合的贡献不大。

3.2.2　抗扰性能分析实例

微电网变流器并网运行以输出有功功率为主要目标，电网电压幅值波动是经常存在的实际工况，本节以 3.1.3 中有功功率对电压幅值变化的扰动系数 dP/dE_d

为例进行分析，重点分析影响微电网变流器抗扰性能的环节及参数，本节分析环境参数默认值见表 3-1。

图 3-16～图 3-27 分别为 k_{pv}、k_{iv}、k_{pi}、k_{ii}、k_{pq}、k_{iq}、k_{pn}、k_{qn}、R_D、L_D、ω_{c1}、ω_{c2} 变化时对微电网变流器输出功率扰动系数 dP/dE_d 的影响。

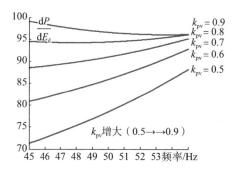

图 3-16 耦合系数 dP/dE_d 变化与 k_{pv} 关系

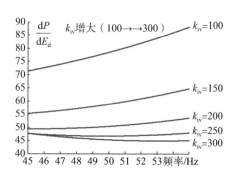

图 3-17 耦合系数 dP/dE_d 变化与 k_{iv} 关系

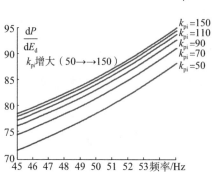

图 3-18 耦合系数 dP/dE_d 变化与 k_{pi} 关系

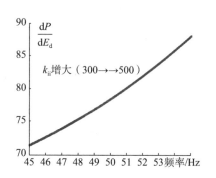

图 3-19 耦合系数 dP/dE_d 变化与 k_{ii} 关系

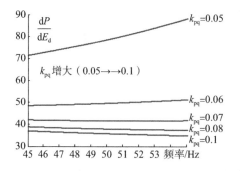

图 3-20 耦合系数 dP/dE_d 变化与 k_{pq} 关系

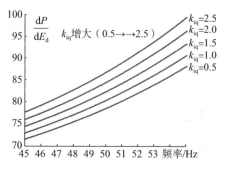

图 3-21 耦合系数 dP/dE_d 变化与 k_{iq} 关系

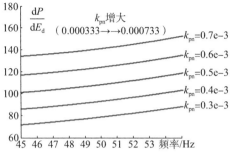

图 3-22　耦合系数 dP/dE_d 变化与 k_{pn} 关系

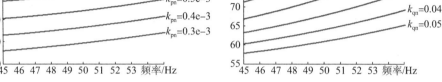

图 3-23　耦合系数 dP/dE_d 变化与 k_{qn} 关系

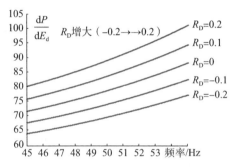

图 3-24　耦合系数 dP/dE_d 变化与 R_D 关系

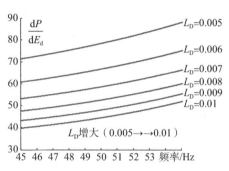

图 3-25 耦合系数 dP/dE_d 变化与 L_D 关系

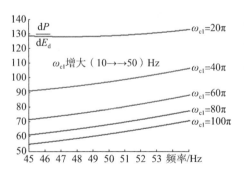

图 3-26　耦合系数 dP/dE_d 变化与 ω_{c1} 关系

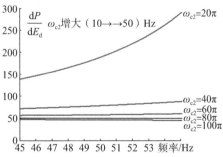

图 3-27 耦合系数 dP/dE_d 变化与 ω_{c2} 关系

　　与 3.2.1 解耦性能分析方法相似，由图 3-16 ～ 图 3-27 可以看出，微电网变流器控制参数 k_{pv}、k_{iv}、k_{pi}、k_{ii}、R_D、L_D、k_{pq}、k_{iq}、k_{pn}、k_{qn}、ω_{c1}、ω_{c2} 变化均会对扰动系数 dP/dE_d 造成影响，综合扰动系数 dP/dE_d 变化幅度可知：通过调节 k_{pv}、

k_{iv}、k_{pq}、k_{pn}、L_D、ω_{c1}、ω_{c2} 可以有效减小由于电网电压幅值变化所引起的功率波动，R_D、k_{pi}、k_{ii}、k_{iq} 和 k_{qn} 对此影响不大。

3.3　基于线路压降补偿的微电网变流器无功负荷分担策略

微电网系统存在并网、孤岛两种典型运行状态，由于孤岛状态下微电网系统需要依赖微电网变流器维持系统稳定自治，因此孤岛运行状态下的微电网变流器控制具有更高的挑战性。在孤岛微电网系统中，采用 PQ 控制的微电网变流器根据功率指令实现负荷分担，而采用下垂控制的微电网变流器则根据下垂控制特性调整分担功率。

由下垂控制特性可知，其有功功率调整与微电网变流器的频率直接相关，而无功功率的调整则与微电网变流器的输出电压密切相关。由于孤岛运行状态下的微电网系统频率具有较高的一致性，因此，系统中的微电网变流器能够有效地实现有功功率的合理分担。但由于系统中各微电网变流器对应的线路阻抗存在差异，使得多个微电网变流器的无功功率分担出现不合理结果。本节将详细分析导致微电网变流器产生无功分担误差的原因，并给出改善孤岛模式下微电网变流器无功负荷分担的控制方法。

3.3.1　线路阻抗对微电网变流器无功分担性能的影响

根据第 2 章的分析结果，可得到 P-f、Q-V 下垂控制表示如下：

$$\begin{cases} \omega = \omega^* - k_{L\_p} P_{ds} \\ V = V^* - k_{L\_q} Q_{ds} \end{cases} \tag{3.52}$$

式中，k_{L_p} 代表微电网变流器的频率下垂增益、k_{L_q} 代表微电网变流器的电压下垂增益、ω^* 代表微电网变流器的参考角频率、V^* 代表微电网变流器的参考电压、ω 代表微电网变流器的输出角频率、V 代表微电网变流器的输出电压，其他参数定义与式 (2.12) 一致。

由下垂特性的 Q-V 表示可知，微电网变流器输出的无功率 Qds 受其接入点电压 V 取值影响。由 Q-V 下垂特性可推论，理想工况下，当两台电压下垂增益取值一致的微电网变流器构成孤岛微电网系统时，两者对无功负荷的分担取值应相同。而若两台微电网变流器的电压下垂增益取值不一致，它们分担的无功分量将与下垂系数之商成反比。而实际应用中，由于各微电网变流器接入点到负载接入点的线路阻抗存在差异，使得各变流器接入点电压存在差异，进而导致整个微电网变流器的无功负荷分担存在差异。

为进一步探讨多微电网变流器组网系统的无功分担量与接入点电压的关系，本部分以图 3-28 所示的两台微电网变流器组网的孤岛系统为例，详细分析线路阻抗给微电网变流器无功负荷分担带来的影响。设图 3-28 中两台微电网变流器的额定电压幅值为 V^*，无功下垂系数分别为 k_{q1}、k_{q2}，接入点电压分别为 V_A、V_B，无功输出功率分别为 Q_A、Q_B，线路压降分别为 ΔV_A、ΔV_B，负载接入点的电压为 V_{PCC}。

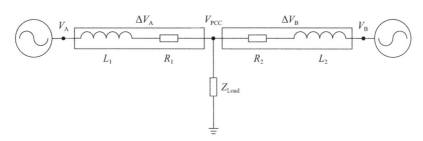

图 3-28　两台微电网变流器组成的孤岛微电网等效电路

由式（3.52）可分别求得 V_A、V_B 如式 (3.53)，由此可得到两台微电网变流器的下垂控制特性曲线如图 3-29 所示。

$$\begin{cases} V_A = V^* - k_{q1} * Q_A \\ V_B = V^* - k_{q2} * Q_B \end{cases} \tag{3.53}$$

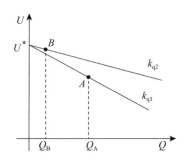

图 3-29　两台微电网变流器的下垂特性曲线

由图 3-28 可知，在负载接入点电压 V_{PCC} 一定的条件下，V_{PCC} 与线路阻抗压降的差即微电网变流器的输出电压。由此，可计算微电网变流器的输出电压 V，如式（3.54），由该式可知，对于孤岛微电网系统中的变流器而言，当线路阻抗存在时，微电网变流器的接入点电压与线路阻抗压降密切相关。而联合式（3.53）可知，微电网变流器分担的无功功率与其接入点电压相关，由此可推论，线路阻抗压降与微电网变流器分担的无功功率取值密切相关。

$$\begin{cases} V_{\text{A}} = V_{\text{PCC}} + \Delta V_{\text{A}} \\ V_{\text{B}} = V_{\text{PCC}} + \Delta V_{\text{B}} \end{cases} \tag{3.54}$$

由式（3.53）、式（3.54）可得到式（3.55）。

$$\Delta V_{\text{A}} - \Delta V_{\text{B}} = k_{q2} * Q_{\text{B}} - k_{q1} * Q_{\text{A}} \tag{3.55}$$

由式（3.55）可知，在线路阻抗一致时，微电网变流器分担的无功比值与其下垂特性之比互为倒数，这与理想的无功分担值相一致；而当线路阻抗不一致时，微电网变流器的无功分配系数与设计运行点偏离，导致多个微电网变流器之间出现无功的不合理分配现象。

3.3.2　基于电压补偿的微电网变流器无功分担方法

由 3.3.1 节分析可知，若微电网变流器 A、B 的线路阻抗压降不一致，将会导致其分担无功负荷出现误差。因此，可考虑将线路阻抗压降补偿至微电网变流器输出中，根据微电网系统的分层控制原则可知，采用二次电压调节可实现线路阻抗的补偿。设图 3-28 所示系统线路采用电压补偿后，两台微电网变流器对应的额定电压幅值分别变换为 V_1^*、V_2^*，其对应的接入点电压分别为 V_C、V_D，微电网变流器的无功输出功率分别为 Q_C、Q_D，其对应的下垂特性如图 3-30 所示。

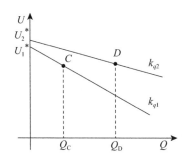

图 3-30　补偿后的两台微电网变流器的下垂特性曲线

根据图 3-28 可推论，当微电网变流器的输出电压增加线路电压补偿项后，负荷电压也会发生变化，该变化将会引起负荷吸收功率的变化。设负荷阻抗足够大，则可忽略电压补偿导致的负荷吸收功率的变化，设补偿前后线路压降不变，则可以得到 V_C、V_D 表示如下：

$$U_C = U^* + \Delta U_A - k_{q1} * Q_C \qquad (3.56)$$

$$U_D = U^* + \Delta U_B - k_{q2} * Q_D \qquad (3.57)$$

则可计算得到：

$$U_A - U_B = U_C - U_D \qquad (3.58)$$

$$k_{q1} * Q_C = k_{q2} * Q_D \qquad (3.59)$$

由式（3.59）可知，在采用二次调压进行线路电压补偿后，微电网变流器的无功分担值比为两者下垂系数的反比，与理想条件下的无功分担相一致。由此可推论，当将线路阻抗压降补偿至输出电压中时，可改善孤岛微电网系统的无功分担性能。

设微电网变流器 A 的输出功率为 P_A、无功功率为 Q_A、电压矢量为 V_A、电流矢量为 I，根据图 3-28 可以得到微电网变流器 A 的电压电流矢量关系如图 3-31 所示。

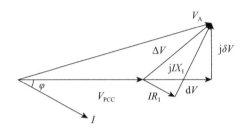

图 3-31 微电网变流器的矢量关系

$$V_A = V_{PCC} + \Delta V_A = V_{PCC} + I(R_1 + jX_1) \tag{3.60}$$

根据图 3-31 可得到 A 点的电压表示如下：

$$V_{PCC} + \Delta V_A = V_A + \frac{P_A R_1 + Q_A X_1}{V_A} + j\frac{P_A X_1 - Q_A R_1}{V_A} \tag{3.61}$$

由于式 (3.61) 中的虚部值接近 0，因此，可将线路阻抗压降近似为

$$\Delta V_A \approx \frac{P_1 R_1 + Q_1 X_1}{V_A} \tag{3.62}$$

由式 (3.62) 可知，当微电网变流器的输出功率一定前提下，通过测量线路阻抗参数可估算出线路阻抗压降，因此，需估算线路阻抗取值。本节采用非特征次谐波代替特征次谐波进行电网阻抗估算，该方法可以排除注入谐波与电网背景电压特征次谐波产生耦合影响，能够更精准地实现电网阻抗估算 [2]，其原理如图 3-32 所示。

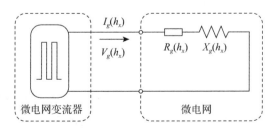

图 3-32 微电网变流器的线路阻抗估算原理

由图 3-32 可计算得 $R_g(h_x)$、$X_g(h_x)$ 如下：

$$\begin{cases} Z_g(h_x) = R_g(h_x) + jX_g(h_x) \\ Z_g(h_x) = [V_g(h_x) / I_g(h_x)] \\ \quad R_g(h_x) = \text{Re}\{Z_g(h_x)\} \\ \quad X_g(h_x) = \text{Im}\{Z_g(h_x)\} \end{cases} \tag{3.63}$$

在得到微电网变流器对应的线路阻抗后，可基于二次电压调节将线路电压压降作为电压补偿相加入下垂控制中，进而实现孤岛微电网的无功合理分配。采用二次调压进行线路电压补偿的控制框图如图 3-33 所示。

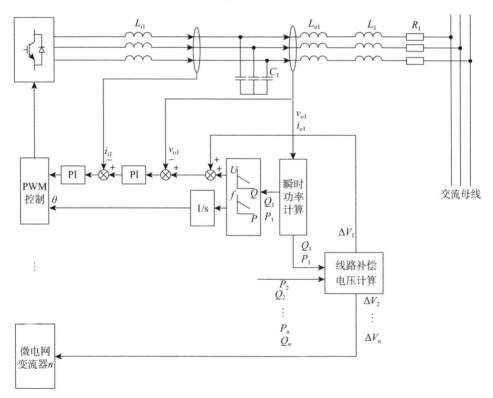

图 3-33　采用二次调压的线路电压补偿法控制框

图中，L_{i1}、L_{o1}、L_1、R_1、C_1 分别代表微电网变流器的变流器侧滤波电感、电网侧滤波电感、线路电感、线路电阻以及滤波电容，i_{i1}、v_{o1}、i_{o1} 分别代表变流器侧滤波电流、电网侧输出电压以及电网侧输出电流，P_i、Q_i 分别代表微电网变流器 i 的输出有功功率、输出无功功率，ΔV_i（$i=1$，2，$\cdots$，n）表示微电网变流器 i 对应的线路阻抗压降。

3.3.3 实验研究

本节用实验验证了基于虚拟导纳控制方法的有效性，采用的是如图 3-34 所示的两台变流器构成的拓扑结构。

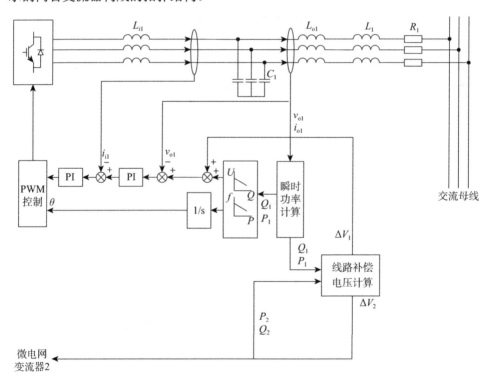

图 3-34 微电网变流器无功分担实验拓扑

图中两台微电网变流器的参数如表 3-2 所示，实验初始时刻，两台微电网变流器仅依靠无功下垂曲线实现无功分担，不采用任何无功分担控制策略，T_1 时刻，微电网变流器切换至 3.3.2 节所示的二次调压补偿控制，系统的响应波形如图 3-35～图 3-37 所示。

表 3-2　微电网变流器参数

参数名称	微电网变流器 1	微电网变流器 2
变流器侧滤波电感	2mH	2mH
电网侧滤波电感	0.373mH	0.373mH
滤波电容	12μF	12μF
线路电阻	032Ω	0.96Ω
线路电感	0.17mH	0.51mH
虚拟阻抗	4mH	4mH
频率下垂系数	$3.14 \cdot 10^{-4} \text{ rad/s} \cdot \text{W}^{-1}$	$3.14 \cdot 10^{-4} \text{ rad/s} \cdot \text{W}^{-1}$

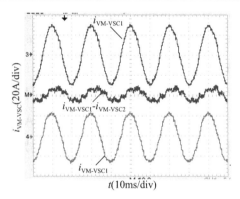

图 3-35　微电网变流器不采用无功分担控制

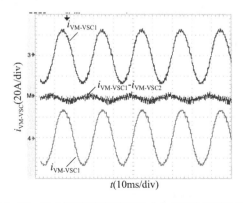

图 3-36　微电网变流器采用无功分担控制调整过程

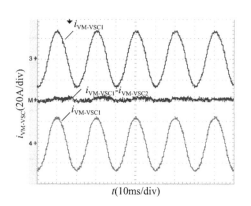

图 3-37 微电网变流器采用无功分担控制调整后

根据表 3-2 及 3.3.1 节分析可知，理论上两台变流器在稳态下应分担相同的有功与无功功率，两者的电流差应为 0。但由图 3-35 可知，当不采用无功负荷分担控制时，由于线路阻抗的差异使得两台变流器的输出电流存在较大差异，稳态电流幅值差达到 10A。由图 3-36 可知，在采用无功分担改善控制调整过程中，两台变流器的输出差异逐渐减小，稳态电流幅降低至 5A。由图 3-37 可知，在采用无功分担改善控制调整完成后，两台变流器的输出差异逐渐消失，稳态电流幅降低至 0A。

3.4 基于虚拟阻抗控制的微电网变流器不平衡负荷分担性能改善

实际微电网系统中的负荷构成较为复杂，不仅包含线性负荷，也包含不平衡负荷（单相负荷）和非线性负荷（电力电子设备）。由于负荷中存在不平衡负荷、非线性负荷，导致负荷电流中出现了基波负序以及谐波分量。微电网变流器的常规下垂控制方法仅针对基波分量进行控制，而忽略了这两种分量，因此，可能因负荷分担不合理导致特定微电网变流器出现负荷过载。

为有效改善复杂负荷工况下微电网变流器的负荷分担问题，本部分建立了不平衡负荷以及非线性负荷工况下微电网变流器的负荷分担等效电路，分析了影响复杂负荷分担的关键参数，进而给出了改善复杂负荷工况下微电网变流器负荷分担的控制方法。

3.4.1 孤岛模式下微电网变流器的不平衡负荷分担

根据第 2 章的分析结果可知，微电网变流器可等效为一个电压源与输出阻抗的串联，因此，可得到微电网变流器的等效电路如图 3-38 所示。

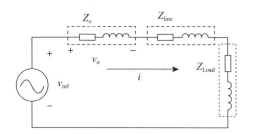

图 3-38 微电网变流器的等效电路

图中，v_{ref}、v_o 分别代表微电网变流器的指令电压、输出阻抗压降；i 代表微电网变流器的输出电流；Z_o、Z_{line}、Z_{load} 分别代表微电网变流器输出阻抗、微电网变流器至负荷接入点的线路阻抗以及负荷等效阻抗。因此，可由图 3-38 计算系统的输出电流 i：

$$i = \frac{v_{ref} - v_o}{Z_{load} + Z_{Line}} \tag{3.64}$$

由于输出阻抗的压降对指令电压影响较小，而线路阻抗与负荷阻抗相比可忽略，因此，可将负荷等效为一个电流源，电流值为电压指令与负荷阻抗的商。实际控制中，微电网变流器的电压指令大多只含有基波正序分量，可推论，在线性不平衡工况下，微电网变流器的输出电流应由基波正序、基波负序分量两部分组成。根据叠加定理，可认为负荷表示为一个基波正序电流源与基波负序电流源的叠加电路。

基于以上分析，设微电网系统由 3 台微电网变流器构成，则可得到孤岛微电网系统基波负序分量在静止坐标下的等效电路，如图 3-39 所示（以 α 轴分量为例，β 轴分量与 α 轴具有一致性）。

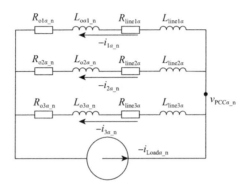

图 3-39　微电网基波负序分量等效电路

图中，$R_{oi\alpha\_n}(i=1, 2, 3)$ 代表微电网变流器 i 输出电阻在 α 轴的基波负序分量、$L_{oi\alpha\_n}$ 代表微电网变流器 i 输出电感在 α 轴的基波负序分量、$R_{line i\alpha}$ 代表微电网变流器 i 线路电阻在 α 轴的分量、$L_{line i\alpha}$ 代表微电网变流器 i 线路电感在 α 轴的分量、$i_{i\alpha\_n}$ 代表微电网变流器 i 输出电流在 α 轴的基波负序分量、$i_{Load\alpha\_n}$ 代表负荷等效电流源在 α 轴的基波负序分量、$v_{PCC\alpha\_n}$ 代表负荷接入点电压在 α 轴的基波负序分量。

由于实际应用中，微电网变流器的电压指令基波负序分量多为 0，则可由图 3-39 计算微电网变流器 $i(i=1, 2, 3)$ 输出电压在 α 轴的基波负序分量 $v_{oi\alpha\_n}$（β 轴计算与 α 轴具有一致性）：

$$v_{oi\alpha\_n} = i_{i\alpha\_n} Z_{oi\alpha\_n} \tag{3.65}$$

式中，$i_{i\alpha\_n}$ 代表微电网变流器 i 输出电流在 α 轴的基波负序分量、$Z_{oi\alpha\_n}$ 代表微电网变流器 i 输出阻抗在 α 轴的基波负序分量。

为简化计算，本文设微电网变流器 i 输出阻抗基波负序分量与其线路阻抗之和的导纳为 Y_{i_n}，可根据图 3-39 计算 $i_{i\alpha\_n}$ 表示如下：

$$i_{i\alpha\_n} = \frac{Y_{i\alpha\_n}}{Y_{i\alpha\_n} + Y_{2\alpha\_n} + Y_{3\alpha\_n}} i_{\text{Load}\alpha\_n} \tag{3.66}$$

式中，$Y_{i\alpha\_n}$ 代表 Y_{i_n} 的 α 轴分量。根据以上方法可推论，当孤岛微电网系统中含有 n 台微电网变流器时，微电网变流器 $k(k=1, 2, \cdots, n)$ 输出电流在 α 轴的基波负序分量 $i_{k\alpha\_n}$ 如下（β 轴计算与 α 轴具有一致性）：

$$i_{k\alpha\_n} = \frac{Y_{k\alpha\_n}}{Y_{1\alpha\_n} + Y_{2\alpha\_n} \cdots + Y_{n\alpha\_n}} i_{\text{Load}\alpha\_n} \tag{3.67}$$

由以上分析可见，在多台微电网变流器构成的系统中，若系统的负荷为不平衡负荷，则系统的负荷电流由基波正序、基波负序电流构成，系统负荷的基波正序电流分担由下垂特性来决定，而负序电流的分担则受到微电网变流器的输出阻抗基波负序分量与线路阻抗取值的影响。为简化计算，设三台微电网变流器的输出阻抗基波负序分量、负序容量一致，可推论此时线路阻抗取值决定了任意微电网变流器输出电流的基波负序分量值，微电网变流器的线路阻抗值越大，则其输出的基波电流负序分量越小。由此可见，当线路阻抗不等时，系统无法自主实现线性不平衡负荷的合理分担。

3.4.2　孤岛模式下微电网变流器的非线性负荷分担

微电网系统中的非线性负荷种类繁多，无法一一列举，但根据电路等效原理，可采用一个谐波电流来对非线性负荷进行等效，因此，本部分将非线性负荷等效为谐波电流源。设孤岛的微电网系统由三台微电网变流器构成，系统包含非线性负荷（非线性负荷的谐波电流次数为 h），而由于线性负荷分担已在第 2 章以及 3.4.1 节系统讨论过，因此，本节重点分析各变流器的非线性负荷分担。可由以上假设得到系统中 h 次谐波分量在静止坐标系中的等效电路如图 3-20 所示（以 α 轴分量为例，β 轴分量与 α 轴具有一致性）。

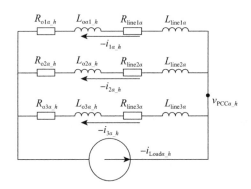

图 3-40　孤岛微电网 h 次谐波分量等效电路

图中，$R_{oi\_h}(i=1，2，3)$ 代表微电网变流器 i 输出电阻 α 轴的 h 次分量、$L_{oi\alpha\_h}$ 代表微电网变流器 i 输出电感 α 轴的 h 次分量、$R_{line i\alpha}$ 代表微电网变流器 i 线路电阻 α 轴分量、$L_{line i\alpha}$ 代表微电网变流器 i 线路电感的 α 轴分量、$i_{i\alpha\_h}$ 代表微电网变流器 i 输出电流 α 轴的 h 次分量、$i_{Load\alpha\_h}$ 代表负荷等效电流源 α 轴的 h 次分量、$v_{PCC\alpha\_h}$ 代表负载接入点电压 α 轴的 h 次分量。由于微电网变流器电压指令的 h 次分量多设置为 0，则可根据等效电路得到任意微电网变流器 i 输出电压 α 轴的 h 次分量：

$$v_{oi\alpha\_h} = i_{i\alpha\_h} Z_{oi\alpha\_h} \tag{3.68}$$

式中，$i_{i\alpha\_h}$ 代表微电网变流器 i 输出电流 α 轴的 h 次分量、$Z_{oi\alpha\_n}$ 代表微电网变流器 i 输出阻抗 α 轴的 h 次分量（由输出电阻、输出电感在 α 轴的 h 次谐波分量组成）。

为简化计算，设微电网变流器 i 输出阻抗 h 次分量与其线路阻抗之和对应的导纳为 Y_{i_h}，根据图 3-40 可得到 $i_{i\alpha\_h}$（以 α 轴为例，β 轴与 α 轴具有一致性）：

$$i_{i\alpha\_h} = \frac{Y_{i\alpha\_h}}{Y_{1\alpha\_h} + Y_{2\alpha\_h} + Y_{3\alpha\_h}} i_{Load\alpha\_h} \tag{3.69}$$

式中，$Y_{i\alpha\_h}$ 代表 Y_{i_h} 的 α 轴分量。采用以上计算方法，可推论，当系统中的微电网变流器增加为 n 台时，微电网变流器 $k(k=1，2，\cdots，n)$ 的输出电流在 α 轴的 h 次谐波分量 $i_{k\alpha\_h}$ 如下：

$$i_{k\alpha\_h} = \frac{Y_{k\alpha\_h}}{Y_{1\alpha\_h} + Y_{2\alpha\_h}\cdots + Y_{n\alpha\_h}} i_{\text{Load}\alpha\_h} \tag{3.70}$$

根据以上计算结果可知，当微电网系统中存在非线性负荷时，任意微电网变流器分担的 h 次谐波电流取值与其输出阻抗 h 次分量及线路阻抗取值密切相关。假设所有微电网变流器的输出阻抗、h 次谐波容量均一致，可推论：任意微电网变流器分担的电流 h 次分量值仅由线路阻抗取值决定，其对应的线路阻抗值越大，分担的 h 次谐波负荷电流值越小，因此，在系统线路阻抗存在差异的前提下，该系统无法实现非线性负荷的合理分担。

3.4.3 孤岛模式下微电网变流器的不平衡负荷分担方法

根据 3.4.1 节分析可知，线路阻抗将会对微电网变流器的不平衡负荷的分担产生影响，当线路阻抗匹配不合理时，将会使某些特定变流器的电流分担值超限。若要改善微电网变流器的不平衡负荷分担性能，就需要为变流器匹配新的线路阻抗取值，因此，本节将借助虚拟阻抗控制来调整微电网变流器的线路阻抗取值。设系统中微电网变流器 i 的指令电压为

$$\begin{cases} v_{\text{ref}i\_a} = \sqrt{2}V_{\text{ref}i}\sin\omega t \\ v_{\text{ref}i\_b} = \sqrt{2}V_{\text{ref}i}\sin(\omega t - 120^{\circ}) \\ v_{\text{ref}i\_c} = \sqrt{2}V_{\text{ref}i}\sin(\omega t + 120^{\circ}) \end{cases} \tag{3.71}$$

式中，$v_{\text{ref}i\_a}$ 代表微电网变流器 i 的 a 相电压指令、$v_{\text{ref}i\_b}$ 代表微电网变流器 i 的 b 相电压指令、$v_{\text{ref}i\_c}$ 代表微电网变流器 i 的 c 相电压指令、$V_{\text{ref}i}$ 代表微电网变流器 i 的电压指令有效值。

设不平衡负荷工况下，微电网变流器 i 的输出电流为

$$\begin{cases} i_{i\_a} = \sqrt{2}\left[I_{i\_p}\sin(\omega t + \theta_{i\_p}) + I_{i\_n}\sin(\omega t + \theta_{i\_n})\right] \\ i_{i\_b} = \sqrt{2}\left[I_{i\_p}\sin(\omega t - 120^{\circ} + \theta_{i\_p}) + I_{i\_n}\sin(\omega t + 120^{\circ} + \theta_{i\_n})\right] \\ i_{i\_c} = \sqrt{2}\left[I_{i\_p}\sin(\omega t + 120^{\circ} + \theta_{i\_p}) + I_{i\_n}\sin(\omega t - 120^{\circ} + \theta_{i\_n})\right] \end{cases} \tag{3.72}$$

式 (3.72) 中，i_{i_a} 代表微电网变流器 i 的 a 相电流、i_{i_b} 代表微电网变流器 i 的 b 相电流、I_{i_c} 代表微电网变流器 i 的 c 相电流、I_{i_p} 代表微电网变流器 i 输出电流的基波正序分量有效值、I_{i_n} 代表微电网变流器 i 输出电流的基波负序分量有效值、θ_{i_p} 代表微电网变流器 i 输出电流的基波正序分量初始角、θ_{i_n} 代表微电网变流器 i 输出电流的基波负序分量初始角。

根据式 (3.71)、式 (3.72) 可计算微电网变流器 i 电压指令的瞬时功率：

$$
\begin{aligned}
p_i &= v_{\text{refi}\_a}i_{i\_a} + v_{\text{refi}\_b}i_{i\_b} + v_{\text{refi}\_c}i_{i\_c} \\
&= 3V_{\text{refi}}I_{i\_p}\cos\theta_{i\_p} - 3V_{\text{refi}}I_{i\_n}\cos(2\omega t + \theta_{i\_n}) \\
&= p_{i\_p} + p_{i\_pn}
\end{aligned}
\tag{3.73}
$$

根据瞬时功率计算结果可知，微电网变流器的 i 电压指令瞬时功率由基波正序分量和基波负序分量两部分组成。其中，p_{i_p} 由电压指令基波正序分量、输出电流基波正序分量构成，其取值恒定；而 p_{i_pn} 由电压指令基波正序分量、输出电流基波负序分量构成，其呈现为一个交流量，且频率值为基波频率的 2 倍。本节用 p_{i_pn} 的幅值衡量输出电流基波负序分量所引起的功率波动，设其为"基波负序无功" Q_{i_n}：

$$
Q_{i\_n} = 3V_{\text{refi}}I_{i\_n}
\tag{3.74}
$$

式 (3.67) 表明，在微电网线路阻抗一定工况下，增加微电网变流器 i 的基波负序分量对应输出导纳（由于阻抗与导纳成倒数关系，则对应阻抗减小），即可增加微电网变流器 i 输出电流的基波负序分量。考虑到第 2 章的分析内容，微电网变流器 i 的输出阻抗由内部阻抗和虚拟阻抗组成，因此，可通过调节这两个部分阻抗实现微电网变流器 i 输出电流基波负序分量的改变。由于 Q_{i_n} 可用来衡量基波负序分量，因此，采用 Q_{i_n} 控制微电网变流器 i 基波负序分量对应输出导纳，控制方法如下：

$$
Y_{iv\_n} = Y^*_{iv\_n} - k_{iv\_n}Q_{i\_n}
\tag{3.75}
$$

式中，Y_{iv_n} 代表微电网变流器 i 的基波负序虚拟导纳、$Y^*_{iv\_n}$ 代表微电网变流

器 i 的基准基波负序虚拟导纳、Q_{i_n} 代表微电网变流器 i 的"基波负序无功"、k_{iy_n} 代表微电网变流器 i 的基波负序虚拟导纳下垂增益。根据以上控制方式，可得到其特性如图 3-41 所示。

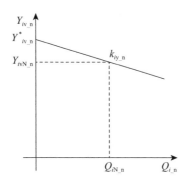

图 3-41　基波负序虚拟导纳控制特性

图中，Y_{ivN_n} 代表微电网变流器 i 的额定基波负序虚拟导纳、Q_{iN_n} 代表微电网变流器 i 的额定"基波负序无功"。采用三台微电网变流器构成的系统，应用本节所采用的控制方式，并围绕其对不平衡负荷的分担进行分析如下：

设三台微电网变流器的基波负序容量相同，内部阻抗也一致，其对应的线路阻抗关系存在如下差异：

$$Z_{\text{line1}} > Z_{\text{line2}} > Z_{\text{line3}} \tag{3.76}$$

式中，$Z_{\text{line}i}$ 代表微电网变流器 i 的线路阻抗。当系统中不应用本节提出的控制方法时，系统中任意微电网变流器 i 分担的基波负序电流如式（3.67）所示，由该式可知，在不采用任何控制时，对应线路阻抗值最大的微电网变流器分担基波负序电流值最小，而线路阻抗值最小的微电网变流器分担基波负序电流值最大，系统的负荷分担不合理。而采用本节提出的控制方法后，线路阻抗值最小的微电网变流器对应的基波负序虚拟导纳 Y_{3v_n} 最大，而线路阻抗值最大的微电网变流器对应的基波负序虚拟导纳 Y_{1v_n} 最小，改善后重新计算系统的基波负序电流分担可见，经过虚拟导纳取值调整后，原来分担量最小的微电网变流器输出电流的基波负序分量将增加，而原来分担量最大的微电网变流器输出电流的基波负序分量将减小，系统的负荷分担性能得到改善。

根据以上分析可知，如果想改善系统的基波负序电流分担性能，可采用基波负序虚拟阻抗控制策略，因此，可采用将基波负序虚拟阻抗设置为基波"负序无功" $Q_{i\_n}(i=1，2，3)$ 正比例系数关系的方法来改善系统的负荷分担性能。实际应用中 Q_{i_n} 取值受微电网变流器电压指令影响，而微电网变流器的电压指令与其输出无功功率相关，可由此判断：线路阻抗值不一致时，微电网变流器的输出无功功率无法保持一致。因此，本部分提出一种新的控制方法，该方法基于基波负序电流幅值调整虚拟阻抗取值，以实现微电网变流器对基波负序电流的精确分担，该方法如下：

$$Z_{iv\_n} = k_{iv\_n}I_{i\_n} \tag{3.77}$$

式中，I_{i_n} 代表微电网变流器 i 的输出电流基波负序分量幅值、k_{iv_n} 代表微电网变流器 i 的基波负序虚拟阻抗比例系数，上式的控制特性如图 3-42 所示。

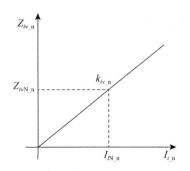

图 3-42　基波负序虚拟阻抗控制特性

基于以上控制方法，对微电网系统的基波负序电流分担性能进行分析。对于如图 3-39 所示的系统，在采用式（3.76）假设前提下，如果系统不采用任何控制，由式（3.67）计算结果可知，此时系统中对应线路阻抗为 Z_{line1} 的微电网变流器分担的基波负序电流最小，而对应线路阻抗为 Z_{line3} 的微电网变流器分担的基波负序电流最大。系统的各微电网变流器容量相同，可推论此时系统的负荷分担结果不合理。在不改变假设前提条件下，采用式（3.77）所给出的控制方法，重新对系统中各变流器的基波负序阻抗进行设计后，可得到以下结果：线路阻抗为 Z_{line3} 对应的微电网变流器修正后的虚拟阻抗 Z_{3v_n} 取值最小，而线路阻抗为 Z_{line1} 对应的微电网变流器修正后的虚拟阻抗 Z_{1v_n} 取值最大。在增加了虚拟阻抗后，Z_{line1} 对应的微电网变流器分担的基波负序电流增加，而 Z_{line3} 对应的微电网变流器分担的基波负序电流减小，系统的负荷分担能力获得改善。

考虑到实际中可能会存在多个微电网变流器负荷分担能力不同的情况，因此，给出相应的虚拟阻抗计算方法如下：

$$k_{1v\_n}S_{1n} = k_{2v\_n}S_{2n} = k_{3v\_n}S_{3n} \tag{3.78}$$

式中，S_{in}（i=1,2,…,n）代表微电网变流器 i 的基波负序容量。

根据式（3.78）可知，当多个微电网变流器容量不同时，微电网变流器的基波负序容量越大，新增的基波负序虚拟阻抗系数取值越小，反之，基波负序虚拟阻抗系数取值越大。当各微电网变流器分担的基波负序电流值相同时，微电网变流器的基波负序容量越大，计算得到的基波负序虚拟阻抗取值越小，其对应的基波负序导纳值越大。由式（3.67）可推论：系统的基波负序导纳值越大，其分担的基波负序电流越多，这种特性可使基波负序容量较大的微电网变流器分担更多的基波负序电流，同时提升系统的负荷分担性能。

将以上分析推广至 n 台微电网变流器组网的系统中，可得到 n 台微电网变流器对应的基波负序虚拟阻抗比例系数、h 次谐波虚拟阻抗比例系数应满足的条件如下：

$$k_{1v\_n}S_{1n} = k_{2v\_n}S_{2n} = \cdots = k_{nv\_n}S_{nn} \tag{3.79}$$

式中，S_{kn}（k=1，2，…，n）代表微电网变流器 k 的基波负序容量、S_{kn} 代表微电网变流器 k 的基波负序容量。

由式（3.66）、式（3.67）可知，当微电网变流器的输出阻抗基波负序分量增加时，其输出电压的基波负序分量也增加，这将导致微电网变流器电能质量降低。

因此，在设计虚拟阻抗控制策略时，需同时考虑微电网变流器输出电压基波负序分量含量的限制。实际应用中，通常选择输出电压的基波负序分量比例为2%。虽然增加输出比例限制能改善系统的电能质量，但也会导致虚拟阻抗设计出现上限，对负荷分担能力产生影响，因此，在实际应用中需进行权衡取舍。

3.4.4 孤岛模式下微电网变流器的非线性负荷分担方法

由3.4.2节分析可知，微电网变流器分担的负荷电流 h 次谐波分量受其输出阻抗 h 次谐波分量及线路阻抗取值影响，在线路阻抗取值一定时，系统中任意微电网变流器输出阻抗 h 次分量发生变化，可实现对应的微电网变流器输出电流 h 次分量改变。由于基波负序分量与谐波分量的电路图具有一致性，因此其对应的控制策略也具有一致性，给出一种类似于基波负序电流分担能力改善的策略：

$$Z_{iv\_h} = k_{iv\_h} I_{i\_h} \tag{3.80}$$

式中，k_{iv_h} 代表微电网变流器 i 谐波虚拟阻抗比例系数、Z_{iv_h} 代表微电网变流器 i 输出阻抗 h 次谐波分量、I_{i_h} 代表微电网变流器 i 输出电流的 h 次分量幅值。

当图3-40中微电变流器的谐波容量不同时，h 次谐波虚拟阻抗比例系数应满足的条件如下：

$$k_{1v\_h} S_{1h} = k_{2v\_h} S_{2h} = k_{3v\_h} S_{3h} \tag{3.81}$$

式中，S_{ih} 代表微电网变流器 i 的 h 次谐波容量。

$$k_{1v\_h} S_{1h} = k_{2v\_h} S_{2h} = \cdots = k_{nv\_h} S_{nh} \tag{3.82}$$

式中，$S_{kh}(h=1, 2, \cdots, n)$ 代表微电网变流器 k 的 h 次谐波容量。

由式（3.70）可知，当微电网变流器的输出阻抗 h 次谐波分量增加时，其输出电压的 h 次谐波分量也增加，这将导致微电网变流器电能质量降低。

因此，在设计虚拟阻抗控制策略时，需同时考虑微电网变流器输出电压 h 次谐波分量含量的限制。实际应用中，通常选择输出电压的基波负序分量比例为 5%。虽然增加输出比例限制能改善系统的电能质量，但也会导致虚拟阻抗设计出现上限，对负荷分担能力产生影响，因此，在实际应用中需进行权衡取舍。

3.4.5 基于虚拟阻抗的微电网变流器负荷分担改善实现

基于 3.4.3、3.4.4 两节的分析可知，通过增加虚拟阻抗控制，可有效地实现不平衡负荷与谐波负荷的合理分担。由于两种控制具有一致性，因此，本节给出这两种控制的实现方法，系统的控制框图如图 3-43 所示。

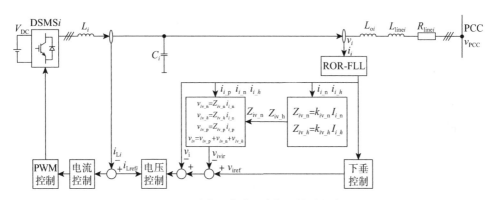

图 3-43 微电网变流器虚拟阻抗控制方法

图中，i_{i_p} 代表微电网变流器 i 的基波正序电流、i_{i_n} 代表微电网变流器 i 的基波负序电流、i_{i_h} 代表微电网变流器 i 的 h 次电流分量、Z_{iv_p} 代表微电网变流器 i 的基波正序虚拟阻抗、Z_{iv_n} 代表微电网变流器 i 的基波负序虚拟阻抗、Z_{iv_h} 代表微电网变流器 i 的 h 次谐波虚拟阻抗、L_i 代表微电网变流器 i 的交流侧滤波电感、C_i 代表微电网变流器 i 的滤波电容、L_{oi} 代表微电网变流器 i 的电网侧滤波电感、v_{iref} 代表微电网变流器 i 的电压指令、v_i 代表微电网变流器 i 的输出电压、v_{PCC} 代表负荷接入点电压、i_{Lrefi} 代表微电网变流器 i 的指令电流、i_i 代表输出电流、i_{Li}

代表滤波电感电流、$R_{\text{line}i}$ 代表微电网变流器 i 的线路电阻、$L_{\text{line}i}$ 代表线路电感。该系统主要由基波负序及谐波分量检测、下垂控制、虚拟阻抗控制、双闭环控制、PWM 控制五部分组成。其中，采用 ROR-FLL 实现基波负序分量与谐波分量的提取；下垂控制部分根据下垂特性对指令电压进行计算；虚拟阻抗则由基波正序、基波负序及谐波虚拟阻抗组成，其中，基波正序虚拟阻抗用于功率解耦控制，而基波负序与谐波阻抗用于改善系统负荷分担性能；电压、电流双闭环控制与第 2 章的控制实现方法一致，不同的是由于增加了基波负序和谐波分量，控制器选取为 PIR 控制器。

根据图 3-43，可得到系统的虚拟阻抗的压降：

$$v_{iv} = Z_{iv\_p}i_{i\_p} + Z_{iv\_n}i_{i\_n} + Z_{iv\_h}i_{i\_h} \tag{3.83}$$

由第 2 章的分析可知，为保障微电网变流器获得更好的功率解耦控制性能，应将其基波正序虚拟阻抗设置为电感特性；而 3.4.3 与 3.4.4 两节的分析表明，微电网变流器的负荷分担性能受输出阻抗与线路阻抗之和影响，根据等效电路可知，两者为串联关系，因此，若想调节精准，应使虚拟阻抗与线路阻抗特性一致，考虑到微电网线路阻性特性更明显，因此在应用时将基波负序、谐波虚拟阻抗设置为电阻特性。选取基波正序旋转坐标系为同步旋转坐标系，可得到基波正序同步旋转坐标系中的虚拟阻抗压降如下所示：

$$\begin{cases} v_{ivir\_d} = L_{iv\_p}si_{d\_p} - L_{iv\_p}\omega i_{q\_p} + R_{iv\_n}i_{d\_n} + R_{iv\_h}i_{d\_h} \\ v_{ivir\_q} = L_{iv\_p}si_{q\_p} + L_{iv\_p}\omega i_{d\_p} + R_{iv\_n}i_{q\_n} + R_{iv\_h}i_{d\_h} \end{cases} \tag{3.84}$$

根据上式，可得到微电网变流器的虚拟阻抗结构如图 3-44 所示。

图 3-44 中，s、ω 分别代表变量求导计算、基波正序角频率；L_{iv_p}、R_{iv_fn}、R_{iv_h} 分别代表基波正序虚拟电感值、基波负序虚拟电阻值、h 次谐波虚拟电阻值；v_{ivir_d}、v_{ivir_q} 分别代表微电网变流器 i 虚拟阻抗 d 轴、q 轴压降；i_{d_p}、i_{q_p} 分别代表微电网变流器 i 输出电流在 d 轴、q 轴的基波正序分量、i_{d_n} 代表微电网变流器 i 输出电流在 d 轴的基波负序分量、i_{q_n} 代表微电网变流器 i 输出电流在 q 轴的基

波负序分量；i_{d_h}、i_{q_h} 分别代表微电网变流器 i 输出电流在 d 轴、q 轴的 h 次谐波分量。

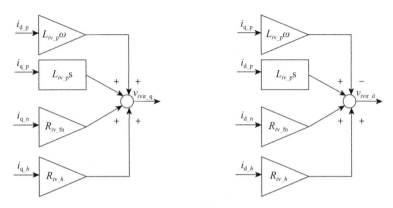

图 3-44　虚拟阻抗的结构

由于基波负序分量在基波正序同步旋转坐标系中表现为 2 倍频的交流分量，而 $h-1$ 与 $h+1$ 次谐波在基波正序同步旋转坐标系中表现为 h 倍频的交流分量，因此本文采用 PIR 控制器来实现这几个分量的联合控制，控制器表示如下：

$$G_{\mathrm{PIR}}(s) = k_{\mathrm{P}} + \frac{k_i}{s} + \frac{2\omega_{\mathrm{c}} k_{\mathrm{r}} s}{s^2 + 2\omega_{\mathrm{c}} s + \omega_{\mathrm{o}}^2} \tag{3.85}$$

式中，k_{P} 代表比例系数、k_i 代表积分系数、k_{r} 代表谐振系数、ω_{o} 代表谐振角频率、ω_{c} 代表低通截止角频率。

由于 PIR 控制器应用后会改变系统的等效阻抗传递函数，因此本部分将根据等效阻抗对 PIR 控制器参数进行选取。根据电网变流器参数设计原则，在三环控制系统中，通常将提高系统控制性能、降低两个控制环间的耦合确定为参数设计目标，因此，将微电网变流器电流控制环带宽取值设置为不低于系统带宽的 1/5，而电压控制环带宽取值设置为不低于电流环的 1/5，可得：

$$\begin{cases} F_{\mathrm{BS\_C}} \leq \dfrac{1}{5} F_{\mathrm{SW}} \\[2mm] F_{\mathrm{BS\_V}} \leq \dfrac{1}{5} F_{\mathrm{BS\_C}} \end{cases} \tag{3.86}$$

式中，F_{BS_V}、F_{BS_C} 分别代表微电网变流器的电压环、电流环带宽；F_{SW} 代表微电网变流器的开关频率。设微电网变流器开关频率为 6kHz，由于基波负序、谐波分量对应的 PIR 控制器差异只是谐振频率，所以选择控制基波负序分量为例对 PIR 控制器进行参数设计。系统带宽计算函数如下：

$$F_i(s) = \frac{G_i(s)k_{PWM}}{Ls + r_L + G_i(s)k_{PWM}} \tag{3.87}$$

$$F_u(s) = \frac{G_o(s)F_i(s)}{Cs + G_o(s)F_i(s)} \tag{3.88}$$

式 (3.87)、式 (3.88) 中，$G_i(s)$、$G_o(s)$ 分别代表电流控制器、电压控制器传递函数。由于系统的开关频率为 6kHz，所以设计系统的电流控制带宽为 1.2kHz，电压控制带宽为 240Hz，计算选取的 PIR 控制器参数如表 3-3 所示。

表 3-3 微电网变流器的控制器参数

参数名称	电流控制器参数	电压控制器参数
k_p	2.2	0.05
k_i	100	200
k_r	300	100
ω_o	628rad/s	628rad/s

第 3.4.3 以及 3.4.4 节的分析表明，微电网变流器输出阻抗对应的基波负序或谐波分量越大，其最终输出电压的基波负序或谐波分量越大，而内部阻抗和外部阻抗串联构成系统输出阻抗，所以在采用前面给出的虚拟阻抗控制时，应尽量降低微电网变流器内部阻抗的基波负序以及谐波分量，以达到提升电能质量的最终目标。由于 PIR 控制器实现基波负序分量、h 次谐波分量的控制差异仅为谐振频率取值，因此，以基波负序分量为例对设计方法进行说明。

微电网变流器的工作频率在 50Hz 左右，所以其基波负序分量在同步旋转坐标系的频率在 100Hz 左右。改变 $G_i(s)$、$G_o(s)$ 的低通截止频率 ω_{ci}、ω_{co}，将

ω_{ci}、ω_{co} 设置为由 10rad/s 逐渐增加至 50rad/s，可得到系统内部阻抗对应的伯德图，如图 3-45、图 3-46 所示。

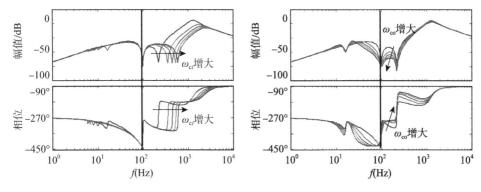

图 3-45　ω_{ci} 增大的微电网变流器输出　　　图 3-46　ω_{co} 增大的微电网变流器输出
阻抗伯德图　　　　　　　　　　　　　　阻抗伯德图

由伯德图可知，针对 100Hz 处幅值而言，电流控制器低通截止频率变化对其影响可忽略，而电压控制器低通截止频率变化对其有影响。电压控制器低通截止频率越小，幅值斜率越大；电压控制低通截止频率越大，幅值斜率越小。为保障微电网变流器在 100Hz 附近都具有较小的幅值，在应用时选择电流控制器的 ω_{ci} 为 10rad/s，电压控制器的 ω_{co} 为 30rad/s。

3.4.6　仿真与实验研究

为验证基于虚拟导纳控制方法的有效性，本节对其进行了仿真与实验验证。

（1）仿真算例

仿真采用如图 3-47 所示的拓扑结构。系统三相负荷阻抗分别为 7Ω、15Ω、11Ω，两台微电网变流器的线路阻抗长度分别为 0.5km、1.1km，两台微电网变流器的虚拟导纳控制参数为：$Y^*_{1v\_n}=Y^*_{2v\_n}=2S$，$k_{1y\_n}=k_{2y\_n}=1e^{-3}S(VA)^{-1}$。在运行初期不对基波负序分量进行控制，仿真运行至 0.2s 时，启动基波负序虚拟导纳控制，系统的响应如图 3-48～图 3-50 所示。

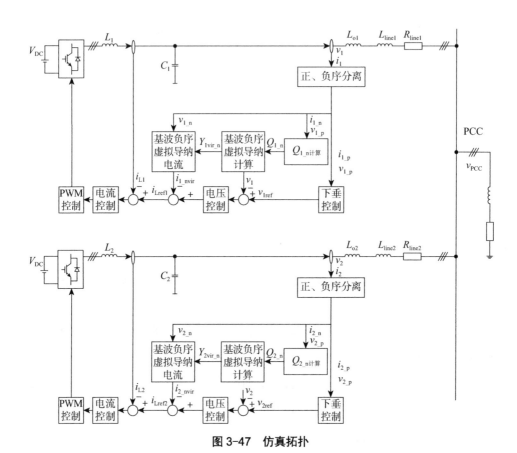

图 3-47　仿真拓扑

　　根据系统的参数设置可知，理想状态下，两台微电网变流器分担的基波负序无功值应相等。图 3-48 中的微电网变流器基波负序无功响应结果显示，在不采用基波负序虚拟导纳控制稳态工况下，两台微电网变流器的基波负序无功值分别为 1240VA、640VA，它们所分担的基波负序无功值不相等；而采用了基波负序虚拟导纳控制后，原来分担较多基波负序无功值的微电网变流器输出减小，而原来分担较少基波负序无功值的微电网变流器输出增加。重新达到稳态后，两台微电网变流器分担的基波负序无功值分别 900VA、1080VA，两者分担的基波负序无功值近似一致。

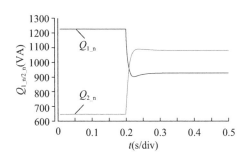

图 3-48 微电网变流器的基波"负序无功"响应

由图 3-49 中的基波负序电流分担结果可知，不采用基波负序虚拟导纳控制时，两台微电网变流器基波负序电流分量幅值分别为 4A、2A，其所分担的基波负序电流不一致；而采用了基波负序虚拟导纳控制后，基波负序输出电流较大的微电网变流器对应幅值减小，基波负序输出电流较小的微电网变流器对应幅值增大。重新达到稳态后，两台微电网变流器输出电流的基波负序分量幅值分别为 2.7A、3.3A，两台微电网变流器的基波负序电流分量接近一致。

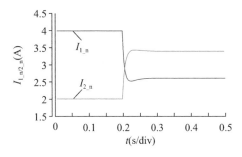

图 3-49 微电网变流器输出电流的基波负序分量幅值响应

由图 3-50 中的系统输出电流结果可知，在不采用基波负序虚拟导纳控制时，两台微电网变流器的输出电流存在较大的差异，两者相电流最大幅值差异为 5A。而在系统采用基波负序虚拟导纳控制后，微电网变流器的输出电流差异减小，相电流最大差异降低至 1.5A。

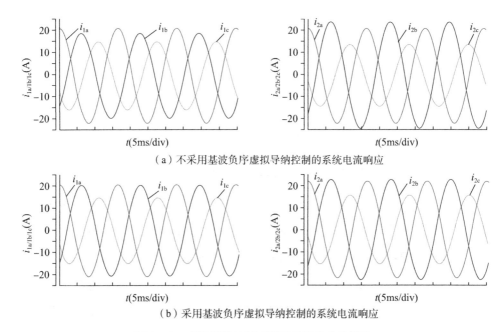

（a）不采用基波负序虚拟导纳控制的系统电流响应

（b）采用基波负序虚拟导纳控制的系统电流响应

图 3-50　虚拟导纳控制对系统电流响应的影响

　　总结以上仿真结果可知，系统中不采用任何控制时，微电网变流器的基波负序分担能力较差；而采用基波负序虚拟导纳控制后，系统的基波负序分担能力获得明显提升。由此可证明，采用基波负序虚拟导纳控制可提高微电网变流器的负荷分担能力。

　　（2）实验算例

　　针对本文提出的虚拟阻抗控制策略的有效性，本部分采用图 3-51 的拓扑结构进行了实验验证。

　　采用如图 3-51 所示的拓扑图，对基于虚拟阻抗控制的不平衡负荷分担性能进行测试。微电网变流器三相负荷阻抗分别为 7Ω、15Ω、11Ω，系统的虚拟阻抗控制系数 k_{1v_n}、k_{2v_n} 均为 0.5Ω/A，两台微电网变流器的线路长度分别 1.2km 和 0.5km，两台微电网变流器的控制参数一致、基波负序容量一致。系统最初对基波负序分量不采用任何控制策略，T_1 时刻启动基波负序虚拟阻抗控制，系统的响应如图 3-52 ～图 3-54 所示。

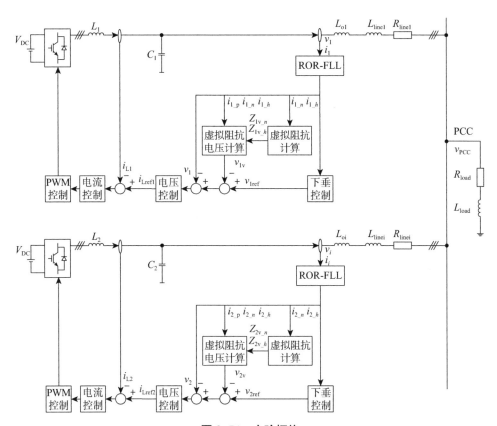

图 3-51　实验拓扑

由图 3-52 的实验结果可知，在不对基波负序分量采取控制时，两台微电网变流器的基波负序电流分量幅值分别为 2A、4A，两台微电网变流器的基波负序电流分担幅值差为 2A；而采用基波负序虚拟阻抗控制后，两台微电网变流器的基波负序电流分量幅值分别为 2.8A、3.2A，两台微电网变流器的基波负序电流分担幅值差降低为 0.4A。

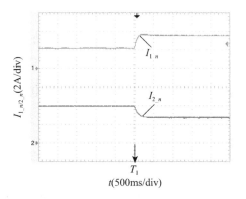

图 3-52　微电网变流器的输出
电流基波负序分量

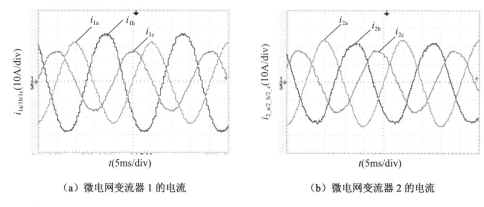

（a）微电网变流器 1 的电流　　　　　　　（b）微电网变流器 2 的电流

图 3-53　无基波负序虚拟阻抗控制的系统电流

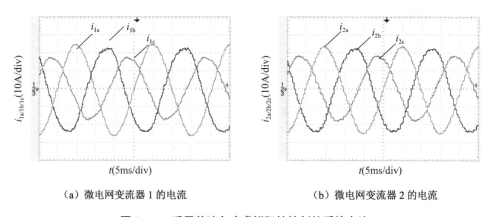

（a）微电网变流器 1 的电流　　　　　　　（b）微电网变流器 2 的电流

图 3-54　采用基波负序虚拟阻抗控制的系统电流

　　由图 3-53、图 3-54 的实验结果可知，在不对基波负序分量采取控制时，两台微电网变流器的输出电流存在较大差异，B 相电流差异高达 6A；而在采用基波负序虚拟阻抗控制后，两台微电网变流器的输出电流基本不存在差异，差异最大的 C 相电流仅为 1A。可推论，采用基波负序虚拟阻抗控制策略，可改善微电网变流器的负荷分担性能。

　　在非线性负荷工况下，采用如图 3-51 所示的拓扑结构，对基于虚拟阻抗控制的非线性负荷分担性能进行测试。两台微电网变流器的参数设置为一致，线路阻抗长度取 0.5km，设两台微电网变流器的谐波容量比为 10∶1，选取两台微电网变流器的谐波虚拟阻抗系数分别为 k_{1v_h}=0.3Ω/A、k_{2v_n}=3Ω/A，系统的负荷由 9kW 的线性负荷和 3kW 的非线性负荷构成。由于 PIR 控制器可同时实现基波正序、h-1 与 h+1 次谐波的联合控制，且非线性负荷的主要分量为 5、7 次谐波，因此取 5、7 次谐波为控制对象。实验初始时，系统最初对基波负序分量不采用任何控制策略，T_2 时刻系统启动谐波虚拟阻抗控制，系统的响应如图 3-55～图 3-57 所示。

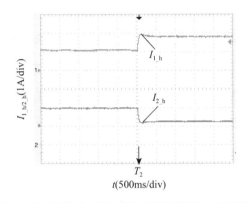

图 3-55　采用与不采用谐波虚拟阻抗控制的系统输出电流谐波分量幅值

由图 3-55 的实验结果可知，在不采用虚拟阻抗控制策略时，两台微电网变流器输出电流的 5、7 次谐波总幅值均为 1A，两者的 5、7 次谐波电流分量分担比为 1∶1。在系统采用谐波虚拟阻抗控制策略后，两台微电网变流器的 5、7 次谐波电流分担量变为 1.8A、0.2A，两台微电网变流器的 5、7 次谐波电流分担比为 9∶1，该结果与两者的 5、7 次谐波容量分担比更接近。

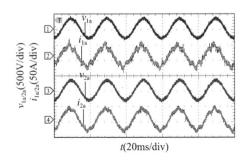

图 3-56　不采用谐波虚拟阻抗控制的系统响应

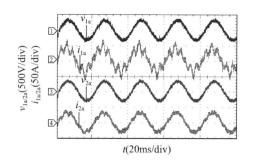

图 3-57　采用谐波虚拟阻抗控制的系统响应

　　由图 3-56、图 3-57 所示的实验结果可知，在不采用谐波虚拟阻抗控制策略时，两台微电网变流器的电流差异很小。而采用谐波虚拟阻抗控制策略后，两台微电网变流器的谐波电流差异明显增加。由实验结果可知，不采用虚拟阻抗控制策略时，两台微电网变流器分担的负荷电流谐波分量一致，而采用虚拟阻抗控制后，谐波容量大的微电网变流器分担较多的负荷电流谐波分量，且两台微电网变流器分担的电流谐波分量比与它们的谐波容量比接近。可推论，当图 3-51 的微电网系统中微电网变流器的谐波负荷容量不同时，采用谐波虚拟阻抗控制策略可有效改善系统的非线性负荷分担性能。

3.4.7　本章小结

　　本章围绕并网及孤岛模式下微电网变流器的性能提升展开讨论，对下垂控制变流器并网状态下的抗干扰及解耦性能进行了分析，同时，重点讨论了孤岛模式下由线路阻抗引起的负荷分担不合理问题，并给出了解决该问题的实现方法。具体内容如下：

　　（1）建立了微电网变流器并网运行状态下的数学模型，并给出了微电网变流器并网运行简化公式。通过计算耦合系数和扰动系数表达式，分析了影响微电网变流器功率耦合以及抗扰动性能的具体参数。

　　（2）分析了线路阻抗对微电网变流器无功负荷分担造成的影响，给出了线路阻抗取值给无功分担带来的影响的计算方法。基于微电网的二次控制，给出了一种采用线路阻抗测量的无功分担改善控制策略。

（3）建立了多个微电网变流器组网系统的不平衡负荷、非线性负荷工况下的等效电路，给出了微电网变流器对负荷电流中基波负序、谐波分量的分担计算方法，并分析了线路阻抗对微电网系统不平衡负荷以及非线性负荷分担的影响。给出了基于虚拟导纳实现微电网系统不平衡负荷分担能力的控制算法，同时提出了一种基于虚拟阻抗的非线性负荷分担能力改善控制算法。详细介绍了改善负荷分担控制算法的微电网变流器控制实现方法，并给出了微电网变流器参数设计计算原则。

参考文献：

[1] 马琳，金新民，唐芬，等. 小功率单相并网逆变器并网电流的比例谐振控制[J]. 北京交通大学学报，2010，34（02）：128-132.

[2] Ciobotaru M，Agelidis V，Teodorescu R. Line impedance estimation using model based identification technique[C]. 14th European Conference onPower Electronics and Applications，2011：1-9.

第4章 微电网的谐波分析与抑制

微电网系统中应用了大量的电力电子装置，而电力装置的高频非线性工作特性给微电网系统引入了大量的电力谐波，谐波的存在将会降低系统的电能质量，严重时甚至会危及系统的运行稳定性。因此，对于微电网系统的各层设备而言，谐波的特性分析与抑制是关系微电网电能质量的核心。

由于微电网中的电力电子装置是谐波引入的关键，因此，本章从微电网变流器的谐波建模入手，建立了单台微电网变流器的谐波分析模型，为微电网系统的谐波分布分析建立了基础；在此基础上，本章建立了多个微电网变流器组网系统的微电网谐波分析模型，并给出了微电网系统的谐波分布计算方法。为改善微电网系统的谐波特性，本章给出了多种微电网系统谐波检测的计算方法，并分别针对 PQ 控制以及下垂控制提出了两种不同的谐波控制算法；最后，基于二次调频控制，提出了一种改善微电网系统 PCC 电压谐波特性的控制算法。

4.1　微电网变流器的谐波特性分析与建模

在微电网中，多采用电力电子装置（微电网变流器）将各种形式的一次功率转化为交流电能注入微电网。目前并网变流器均采用 PWM 调制技术，产生的电压谐波和电流谐波注入微电网，对微电网的电能质量造成影响。随着微电网变流器功率等级的升高，其采用的开关频率随之降低，而其所采用的 PWM 调制方式所引起的高次谐波污染将逐渐增加。为降低微电网变流器产生的谐波，一般可采用滤波电路的设计（如选择复杂的 LCL 拓扑）来将其输出的高次谐波限制在谐波标准之内。尽管采用 LCL 滤波电路可实现微电网变流器高次谐波的一致，但其自身构成一个三阶振荡电路，若不对参数进行合理设计，将导致其产生谐振现象，进而使主动配电网变流器产生低次谐波，对微电网的电能质量造成影响。基于以上叙述可知，微电网变流器的谐波包含高次、低次两个部分，本节将围绕这两部分对微电网变流器自身的谐波特性进行分析。

4.1.1　微电网变流器的高次谐波分析

目前一般采用搭建仿真模型对 PWM 调制引起的高次谐波进行分析，但输出结果很难进一步用作计算。本节主要基于离散傅里叶分析对由 PWM 调制引起的高次谐波进行计算。

考虑到微电网变流器具有多种拓扑结构，而目前使用最广泛的为三相电压源型两电平主动配电网变流器，因此，本节选取该类变流器作为研究对象。其拓扑结构如图 4-1 所示。

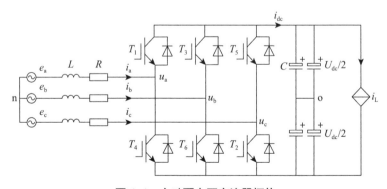

图 4-1　主动配电网变流器拓扑

图中，e_x 代表配电网侧单相电压（$x=a$，b，c），L 代表配电网侧滤波电感，i_x 代表输出单相电流，u_x 代表微电网变流器交流侧输出单相电压，U_{dc} 代表直流侧电压，i_{dc} 代表直流侧电流，i_L 代表微电网变流器后级电路等效的受控电流源。图 4-1 中，电流均以流入微电网变流器为正方向，n 点代表电源中点，o 点代表直流中点，R 代表等效电阻；C 代表中间支撑电容，$T_1 \sim T_6$ 代表变流器开关器件。

以微电网变流器的单相输出电压 u_{ao}（a 相对电容中点电压）为例进行谐波分析，对其进行傅里叶分解后，其表达式如下：

$$u_{ao}(t) = a_0 + \sum_{n=1}^{\infty} \left[a_n \cos(n\omega t) + b_n \sin(n\omega t) \right] \tag{4.1}$$

其中，$\omega = 2\pi f$ 代表基波角频率，n 代表谐波阶次；上式中的系数 a_0，a_n，b_n 满足关系式 (4.2)。

$$\begin{cases} a_0 = \dfrac{1}{T} \displaystyle\int_{-T/2}^{T/2} u_{ao}(t)\mathrm{d}t \\[2mm] a_n = \dfrac{2}{T} \displaystyle\int_{-T/2}^{T/2} u_{ao}(t)\cos(n\omega t)\mathrm{d}t \\[2mm] a_n = \dfrac{2}{T} \displaystyle\int_{-T/2}^{T/2} u_{ao}(t)\sin(n\omega t)\mathrm{d}t \end{cases} \tag{4.2}$$

考虑到 $u_{ao}(t)$ 为微电网变流器的单相桥臂输出电压，而微电网变流器采用 PWM 调制控制，因此，可得到 $u_{ao}(t)$ 如图 4-2 所示。

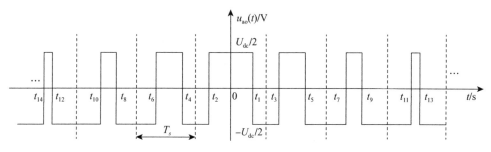

图 4-2　主动配电网变流器的 u_{ao} 波形

目前，微电网变流器应用最广泛的调制技术为七段式 SVPWM 调制技术，基于此对图 4-2 的 u_{ao} 电压中的各次谐波分量进行计算。以第一扇区为例，得到 t_1、t_2、t_{zero} 后，可计算得到一个开关周期内主动配电网变流器的三相开关时序如图 4-3 所示。

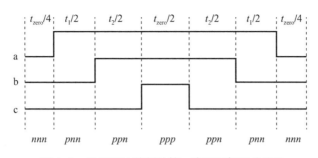

图 4-3 SVPWM 控制的第一扇区三相开关信号

图中，高电平代表上管导通，低电平代表下管导通。根据 SVPWM 调制技术的七段式实现方式，可得到第一扇区内 u_{ao} 正电平占空比 d_a，其推导过程如下。

$$d_a = \frac{T_S - t_{zero}/2}{T_S} = \frac{1 + (t_1 + t_2)/T_S}{2} = \frac{1}{2} + \frac{\sqrt{3}}{2U_{dc}}(\frac{\sqrt{3}}{2}u_a + \frac{1}{2}U_B) = \frac{1 + m_u \cos(\theta - 30°)}{2}$$

(4.3)

式中，$m_u = U_{ref}/(U_{dc}/\sqrt{3})$ 为 SVPWM 的调制比。

同理，可计算其他 5 个扇区内 u_{ao} 所对应的占空比 d_a，如表 4-1 所示。

表 4-1 各扇区 u_{ao} 正电平占空比列表

扇区	I，IV	II，V	III，VI
d_a	$[1+m_u\cos(\theta-30°)]/2$	$[1+\sqrt{3}\,m_u\cos\theta]/2$	$[1+m_u\cos(\theta+30°)]/2$

由表 4-1 可见，d_a 在各扇区的表达式均为 θ 的函数，由此可计算 d_a 在一个调制周期 T 内随空间矢量旋转角 θ 的变化如图 4-4 所示。

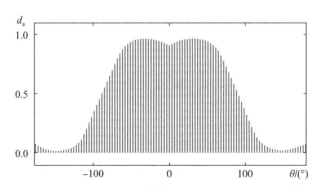

图 4-4 u_{ao} 在一个调制周期内的正电平占空比变化规律

由图 4-4 可知，d_a 关于 $\theta=0°$ 呈现对称偶函数特性，因此可推论，u_{ao} 也是关于 θ 的偶函数。基于偶函数特性，可将式 (4.1) 中 u_{ao} 系数 a_0，a_n，b_n 的求解简化为对系数 a_n 进行求解。

$$\begin{cases} a_0 = 0, \ b_n = 0 \\ a_n = \dfrac{4}{T}\displaystyle\int_0^{T/2} u_{ao}(t)\cos(n\omega t)\mathrm{d}t \end{cases} \tag{4.4}$$

将式 (4.4) 代入脉冲跳变时刻计算公式可计算出图 4-2 中 t_1，t_2，$\cdots$，t_{mf} 的值，将时间值代入式 (4.4) 中可得到 a_n 如式 (4.5) 所示。

$$\begin{aligned} a_n &= \frac{4}{T}\int_0^{T/2} u_{ao}(t)\cos(n\omega t)\mathrm{d}t = \frac{4}{T}\left[-\int_{t_0}^{t_1}\frac{U_{dc}}{2}\cos(n\omega t)\mathrm{d}t + \int_{t_1}^{t_2}\frac{U_{dc}}{2}\cos(n\omega t)\mathrm{d}t - \cdots \right. \\ &\quad \left. + \int_{t_{mf-1}}^{t_{mf}}\frac{U_{dc}}{2}\cos(n\omega t)\mathrm{d}t - \int_{t_{mf}}^{t_{mf+1}}\frac{U_{dc}}{2}\cos(n\omega t)\mathrm{d}t \right] \\ &= \frac{2U_{dc}}{n\omega t}\left[2\sin(n\omega t_2) + 2\sin(n\omega t_4) + \cdots + 2\sin(n\omega t_{mf}) - 2\sin(n\omega t_1) - 2\sin(n\omega t_3) \right. \\ &\quad \left. - \cdots + 2\sin(n\omega t_{mf-1}) \right] \\ &= \frac{2U_{dc}}{n\pi}\sum_{k=1}^{m_f/2}\left[\sin(n\omega t_{2k}) - \sin(n\omega t_{2k-1}) \right] \end{aligned} \tag{4.5}$$

得到 u_{ao} 可谐波分布后，根据 $u_a = u_{ao} + u_{on}$ 可得相电压 u_a 的谐波表达式，由于 $u_{on} = -(u_{ao} + u_{bo} + u_{co})/3$，则有：

$$u_a(t) = \frac{2}{3}u_{ao}(t) - \frac{1}{3}u_{bo}(t) - \frac{1}{3}u_{co}(t) \tag{4.6}$$

若 u_{ao}、u_{bo}、u_{co} 三相对称，可推论 u_{bo} 和 u_{co} 的各阶谐波幅值均与 u_{ao} 相同，相位差互为 120°。此时，可计算 u_a 表达式如下：

$$\begin{aligned} u_a(t) &= \frac{2}{3}a_n\cos(n\omega t) - \frac{a_n}{3}\cos\left[n(\omega t - \frac{2}{3}\pi)\right] - \frac{a_n}{3}\cos\left[n(\omega t + \frac{2}{3}\pi)\right] \\ &= \frac{2}{3}\left[1 - \cos(\frac{2}{3}n\pi)\right]a_n\cos(n\omega t), n = 1, 2, 3, \cdots \end{aligned} \tag{4.7}$$

由式 (4.7) 可知，单相输出电压谐波幅值受到谐波阶次取值影响，当谐波阶次取值变化时，可计算单相输出电压谐波表达式如式（4.8）所示。

$$u_a(t) = \begin{cases} 0 & n = 3k \\ a_n \cos(n\omega t) & n \neq 3k \end{cases}, \quad k \in Z, k > 0 \tag{4.8}$$

由上式可知，若想获得单相输出电压的谐波频谱，只需将其谐波中的 3 倍频谐波置零。但这种分析方法并不精确，若以开关频率次谐波为例进行分析，当载波比 m_f 不是 3 的倍数时，根据式（4.7）计算得到的单相输出电压频谱中将包含开关频率次谐波，这一分析结果与目前关于无中线系统谐波分析的仿真和实验结论均不相符 [1,2]。

本节考虑到实际进行三相 PWM 调制控制时，三路电压的调制波共用一个载波信号，导致其最终输出的三相单相电压存在一个额外偏差角。因此，令 a 相、c 相输出电压 u_{bo}、u_{co} 与 u_{ao} 的相位差分别表示为 α_b、α_c，b 相和 c 相输出电压的偏差角分别为 γ_b、γ_c，则可得到：

$$\alpha_b = -\frac{2}{3}\pi + \gamma_b, \quad \alpha_c = -\frac{4}{3}\pi + \gamma_c \tag{4.9}$$

实际应用中，各相产生偏差角 γ_b、γ_c 的原理如图 4-5 所示。

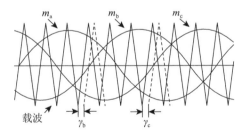

图 4-5　三相调制波与载波位置关系

由图 4-5 可知，偏差角的产生是由于调制波的相位差无法被步进角 $\Delta\theta$ 整除引起的，而偏差角取值受载波比影响。以 b 相为例，将 $2\pi/3$ 除以 $\Delta\theta$ 取整后可得到偏差角 γ_b；当 $2\pi/3$ 能够被步进角 $\Delta\theta$ 整除时，$\gamma_b=0$。以此类推，可计算得到 c 相偏差角 γ_c 的表达式。

$$\begin{cases} \gamma_{\mathrm{b}} = \dfrac{2}{3}\pi\,\mathrm{mod}(2\pi/m_f) = \dfrac{2}{3}\pi - \dfrac{k_{\mathrm{b}}}{m_f}2\pi, k_{\mathrm{b}} \in Z, k_{\mathrm{b}} \geq 0 \\[3mm] \gamma_{\mathrm{c}} = \dfrac{4}{3}\pi\,\mathrm{mod}(2\pi/m_f) = \dfrac{4}{3}\pi - \dfrac{k_{\mathrm{c}}}{m_f}2\pi, k_{\mathrm{c}} \in Z, k_{\mathrm{c}} \geq 0 \end{cases} \quad (4.10)$$

联立式（4.6）、（4.9）、（4.10），可得到相电压 u_a 表达式如下：

$$\begin{aligned} u_{\mathrm{a}}(t) &= \frac{2}{3}a_n\cos(n\omega t) - \frac{a_n}{3}\cos\big[n(\omega t + \alpha_{\mathrm{b}})\big] - \frac{a_n}{3}\cos\big[n(\omega t + \alpha_{\mathrm{c}})\big] \\ &= \frac{2}{3}a_n\cos(n\omega t) - \frac{a_n}{3}\cos\Big[n(\omega t - \frac{2\pi}{3} + \gamma_{\mathrm{b}})\Big] - \frac{a_n}{3}\cos\Big[n(\omega t + \frac{2\pi}{3} + \gamma_{\mathrm{c}})\Big] \quad (4.11)\\ &= \frac{2}{3}a_n\cos(n\omega t) - \frac{2a_n}{3}\cos\Big[n\omega t + n(\frac{\gamma_{\mathrm{b}} + \gamma_{\mathrm{c}}}{2})\Big]\cos\Big[n\frac{2\pi}{3} + n(\frac{\gamma_{\mathrm{c}} - \gamma_{\mathrm{b}}}{2})\Big] \end{aligned}$$

令 $\begin{cases} a = n\dfrac{\gamma_{\mathrm{b}} + \gamma_{\mathrm{c}}}{2} = n\pi - (k_{\mathrm{b}} + k_{\mathrm{c}})n\pi/m_f \\[3mm] b = n\dfrac{2\pi}{3} + n(\dfrac{\gamma_c - \gamma_b}{2}) = n\pi - (k_{\mathrm{b}} - k_{\mathrm{c}})n\pi/m_f \end{cases}$ ，则式（4.11）可表示为

$$\begin{aligned} u_{\mathrm{a}}(t) &= \frac{2}{3}a_n\big[\cos(n\omega t) - \cos b\cos(n\omega t + a)\big] \\ &= \frac{2}{3}a_n\big[(1 - \cos b\cos a)\cos(n\omega t) + \cos b\sin a\sin(n\omega t)\big] \quad (4.12)\\ &= a_n'\cos\big(n\omega t - \zeta\big) \end{aligned}$$

式（4.12）中，$a_n' = \dfrac{2}{3}a_n\sqrt{1 - 2\cos b\cos a + \cos b^2}$，$\zeta = \tan^{-1}\dfrac{\cos b\sin a}{1 - \cos b\cos a}$。

当 $n = km_f$，$k \in Z$ 时，将其代入式（4.12），可得 $1 - 2\cos b\cos a + \cos^2 b = 0$，可推论，单相输出电压 u_a 中不含开关频率整数倍谐波成分。当开关频率为 3 的倍数时，即 $\gamma_{\mathrm{b}} = \gamma_{\mathrm{c}} = 0$，式（4.12）可简化为式（4.8）的形式，由此可见，将 3 倍频谐波置零是式（4.12）的一个特例。

4.1.2　微电网变流器的低次谐波分析

对于主动配电网变流器而言，外加输出滤波器是抑制高次谐波的主要方式。目前，输出滤波电路最常使用的拓扑结构主要有单 L 和 LCL 两种，其中，单 L

滤波器具有设计简单、运行可靠的优点，而 LCL 型滤波器则具有适用于大功率高电压等级的优势。由于单 L 滤波电路不存在谐振现象，因此，本节不对其进行分析，采用 LCL 滤波器的主动配电网变流器拓扑如图 4-6 所示。

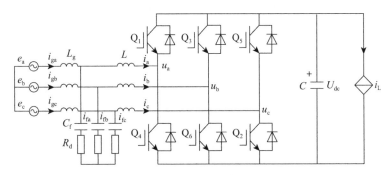

图 4-6　采用 LCL 滤波器的微电网变流器拓扑

图中，L_g 为网侧电感、L 为变流器侧电感、C_f 为滤波电容、R_d 为阻尼电阻、i_x 为变流器侧电流、i_{gx} 为网侧电流、i_{fx} 为电容支路电流，$x=$a，b，c，其余变量与图 4-1 相同。

微电网变流器的控制方式主要分两大类，本节只以 PQ 控制型的微电网变流器为例进行 LCL 谐振分析，采用 PQ 控制的主动配电网变流器原理如图 4-7 所示。

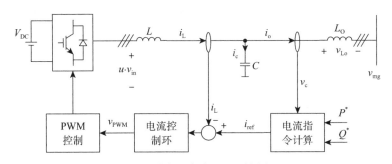

图 4-7　微电网变流器 PQ 控制原理

图中，L 代表变流器侧滤波电感、L_O 代表网侧滤波电感、C 代表滤波电容、i_{ref} 代表变流器指令电流、i_o 代表变流器输出电流、i_L 代表变流器电感电流、i_c 代表滤波电容电流、v_{PWM} 代表 PWM 指令电压、v_c 代表变流器滤波电容压降、v_{Lo}

代表网侧电感压降、v_{mg} 代表变流器的配电网接入点电压、$u·v_{in}$ 代表变流器的开环动态输出电压。由于微电网变流器的控制多基于基波正序同步旋转坐标变换实现，所以本节的电流环控制器为 PI 控制器。

由图 4-7 可得到微电网变流器的传递函数框图如图 4-8 所示。

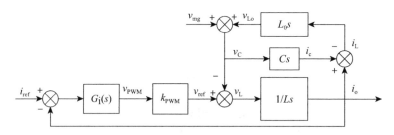

图 4-8　微电网变流器传递函数

图 4-8 中，k_{PWM} 代表变流器的 PWM 环节等效增益、$G_i(s)$ 代表电流环控制器传递函数，其他符号定义与图 4-7 一致。设微电网电压三相波形对称且无畸变，由图 4-8 可得到微电网变流器的开环传递函数如下（忽略电感寄生电阻）：

$$G_{i\_o}(s) = G_i(s) \frac{k_{\text{PWM}}(L_o Cs^2 + 1)}{LL_o Cs^3 + (L + L_o)s} \tag{4.13}$$

根据式（4.13）可得到微电网变流器的开环传递函数伯德图如图 4-9 所示。

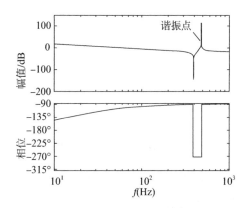

图 4-9　主动配电网变流器传递函数伯德图

图 4-9 表明，系统的 LCL 滤波电路存在一个谐振点，且系统在该谐振点处存在较大的谐振幅值，当系统中存在该谐振点附近的背景谐波时，系统将会产生谐振现象。

4.2 微电网系统的谐波特性分析与建模

基于 4.1 节分析可知，微电网变流器由于采用 PWM 控制，其输出电压中包含高次谐波，对于采用 LCL 滤波电路的主动配电网变流器而言，当 LCL 电路的谐振频率与配电网的谐波频率接近时，微电网变流器的输出电压中包含低次谐波。实际应用中，多采用阻尼控制来抑制主动配电网变流器的 LCL 滤波谐振，第 4.5 节将对其进行详细讨论。本节将主要针对微电网变流器（单 L 滤波电路）PWM 控制产生的高次谐波注入主动配电网后，对主动配电网及变流器产生的影响进行讨论。

4.2.1 单台主动配电网变流器接入条件下的谐波分布

由 4.1 节分析可知，微电网变流器三相电路具有对称特性，其输出电压也具有对称特性（幅值相同，相角相差 $2\pi/3$），因此，采用变流器的单相等效电路进行分析。由 4.1 节可知，微电网变流器的 PWM 输出电压由基波及多次谐波构成，根据叠加定理，可得：

$$u = u_f + \sum_{h=2}^{n} u_h \tag{4.14}$$

式中，u 代表微电网变流器的单相 PWM 输出电压、u_f 代表单相 PWM 输出电压基波正序分量、u_h（$h=1, 2, \cdots, n$）代表单相 PWM 输出电压 h 次谐波分量。为简化分析，设公共电网的电压为稳定的基波电压，且公共电网容量远大于主动配电网，微电网经由一段线路阻抗后与上级电网相连。则由式（4.14）可得到采用单 L 滤波的主动配电网变流器单相 h 次电压谐波等效电路如图 4-10 所示。

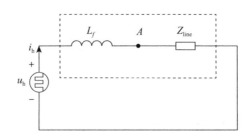

图 4-10   微电网变流器 h 次单相谐波等效电路

图中，L_f 代表主动配电网变流器的滤波电感，A 点为微电网变流器的接入点，Z_{line} 代表接入点与公共电网间线路阻抗。考虑到实际应用时线路阻抗长度可变，因此，将对两种工况下主动配电网变流器接入后的谐波特性进行讨论。

（1）当线路长度非常短时，与滤波电感相比，线路阻抗取值极小，因此，将线路阻抗值 Z_{line} 近似为 0。由图 4-10 可推论：主动配电网变流器的 h 次谐波电压全部叠加在滤波电感上，接入点 A 的 h 次谐波电压幅值即 0，而变流器的 h 次谐波电流可表示为

$$i_h = \frac{u_h}{\omega_h L_f} \tag{4.15}$$

式中，ω_h 为 h 次谐波的角频率、i_h 为主动配电网变流器的单相 h 次谐波电流。根据叠加定理可得到 PCC 点的单相谐波电压及微电网变流器的单相谐波电流表示如下：

$$\begin{cases} u_{Th} = 0 \\ i_{Th} = \sum_{h=2}^{n} \dfrac{u_h}{\omega_h L_f} \end{cases} \tag{4.16}$$

式中，u_{Th} 代表 PCC 点的单相谐波电压、i_{Th} 代表微电网变流器的单相谐波电流。由式（4.16）可见，当线路阻抗取值可忽略时，微电网变流器的谐波电流取值受 PWM 波中谐波电压及滤波电感取值的影响，变流器接入点电压与理想电网相同，不存在任何谐波。

（2）当线路阻抗具有一定长度时，其取值与滤波电感相当，设其取值为 Z_g。则根据图 4-10 及式（4.14）可得到微电网变流器的 h 次谐波电流表示如下：

$$\begin{cases} i_h = \dfrac{u_h}{Z_f + Z_g} \\ Z_f = \omega_h L_f \end{cases} \tag{4.17}$$

式中，Z_f 代表主动配电网变流器滤波电路阻抗。由式（4.17）及图 4-10 可计算得到接入点的 h 次谐波电压表示如下：

$$u_{Ah} = Z_f i_h = \frac{Z_g}{Z_f + Z_g} u_h \tag{4.18}$$

由叠加定理可得到接入点的谐波电流、谐波电压表示如下：

$$\begin{cases} i_{Th} = \displaystyle\sum_{h=2}^{n} \dfrac{1}{Z_f + Z_g} u_h \\ u_{Th} = \displaystyle\sum_{h=2}^{n} \dfrac{Z_g}{Z_f + Z_g} u_h \end{cases} \tag{4.19}$$

由式（4.19）可知，接入点的谐波电压与线路阻抗长度密切相关。随着线路阻抗取值的增加，接入点电压中的谐波比例也逐渐上升，且谐波频谱与主动配电网变流器 PWM 输出电压的谐波频谱相同，其幅值为输出滤波阻抗与线路阻抗和输出滤波阻抗之和的比值。接入点的谐波电流与变流器的谐波电压、滤波电感及线路阻抗相关。

4.2.2 多台微电网变流器接入条件下的谐波分布

实际应用中，多台微电网变流器接入配电网的情况更为广泛，本部分将根据一种应用较多的典型多台微电网变流器接入拓扑结构进行谐波特性分析，多台微电网变流器接入的拓扑结构如图 4-11 所示。图 4-11 中，各微电网变流器经一段线路后共同接入 PCC 点，PCC 点与公共电网母线间也存在一段线路阻抗。根据各变流器至 PCC 点的线路阻抗取值可否忽略，分为两种情况进行分析。

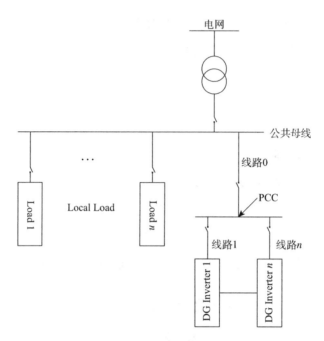

图 4-11　多分布式电源接入的配电网拓扑结构

当各变流器至 PCC 点的线路长度非常短时，与滤波电感相比，各线路阻抗取值极小，因此，线路 1 至线路 n 的阻抗取值可忽略不计。设公共电网的电压为稳定的基波电压，且公共电网容量远大于主动配电网。则根据图 4-11 及式 (4.14) 可得到系统的 h 次谐波单相等效电路如图 4-12 所示。

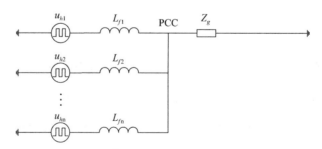

图 4-12　多台微电网变流器接入的 h 次谐波单相等效电路

图 4-12 中，u_{hi} 代表微电网变流器 i（i=1，2，…，n）的 h 次谐波电压，L_{fi}

代表变流器 i 的滤波电感，Z_g 代表 PCC 至公共母线的线路阻抗。由图 4-12 及叠加定理，可得到微电网中的任意变流器 i 的 h 次谐波电压单相等效电路如图 4-13 所示。

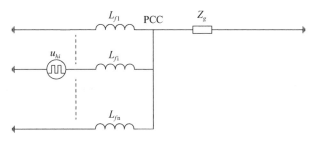

图 4-13　任意变流器接入的 h 次谐波单相等效电路

根据图 4-13 可计算变流器 i 输出的 h 次谐波电流表示如下：

$$\begin{cases} i_{hi} = \dfrac{u_{hi}}{\dfrac{1}{G_{f1}+G_{f2}+\cdots+G_{f(i-1)}+G_{f(i+1)}+\cdots+G_{fn}+G_g}+\dfrac{1}{G_{fi}}} \\ G_{fi} = \dfrac{1}{\omega_h L_{fi}} \\ G_g = \dfrac{1}{Z_g} \end{cases} \quad (4.20)$$

式中，G_{fi} 代表变流器 i 的滤波电感对应的导纳值、G_g 代表 PCC 至公共母线的线路阻抗对应的导纳值。由于各变流器的滤波电感取值大于线路阻抗取值，根据电路原理可知，变流器 i 的输出谐波电流主要流入公共母线支路。根据叠加定理可得到 PCC 点的 h 次谐波电压、谐波电流表示如下：

$$\begin{cases} i_{\text{PCC}h} = \displaystyle\sum_{i=1}^{n} \dfrac{u_{hi}}{\dfrac{1}{G_{f1}+G_{f2}+\cdots+G_{f(i-1)}+G_{f(i+1)}+\cdots+G_{fn}+G_g}+\dfrac{1}{G_{fi}}} \\ u_{\text{PCC}h} = \dfrac{1}{G_g} \displaystyle\sum_{i=1}^{n} \dfrac{u_{hi}}{\dfrac{1}{G_{f1}+G_{f2}+\cdots+G_{f(i-1)}+G_{f(i+1)}+\cdots+G_{fn}+G_g}+\dfrac{1}{G_{fi}}} \end{cases} \quad (4.21)$$

由图 4-12 及式（4.21）可得到 PCC 点的谐波电流、谐波电压表示如下：

$$
\begin{cases}
i_{PCCTh} = \sum_{h=1}^{n} \sum_{i=1}^{n} \dfrac{u_{hi}}{\dfrac{1}{G_{f1}+G_{f2}+\cdots+G_{f(i-1)}+G_{f(i+1)}+\cdots+G_{fn}+G_g}+\dfrac{1}{G_{fi}}} \\[4mm]
u_{PCCTh} = \sum_{h=1}^{n} \dfrac{1}{G_g} \sum_{i=1}^{n} \dfrac{u_{hi}}{\dfrac{1}{G_{f1}+G_{f2}+\cdots+G_{f(i-1)}+G_{f(i+1)}+\cdots+G_{fn}+G_g}+\dfrac{1}{G_{fi}}}
\end{cases}
\tag{4.22}
$$

而当接入的多台变流器工作特性一致性时，式（4.22）又可表示为

$$
\begin{cases}
i_{PCCTh} = n \sum_{h=1}^{n} \dfrac{u_{hi}}{\dfrac{1}{(n-1)G_{fi}+G_g}+\dfrac{1}{G_{fi}}} \\[4mm]
u_{PCCTh} = n \dfrac{1}{G_g} \sum_{h=1}^{n} \dfrac{u_{hi}}{\dfrac{1}{(n-1)G_{fi}+G_g}+\dfrac{1}{G_{fi}}}
\end{cases}
\tag{4.23}
$$

当各变流器至 PCC 点的线路长度不可忽略时，可根据图 4-11 及式（4.14）得到系统的 h 次谐波单相等效电路如图 4-14 所示：

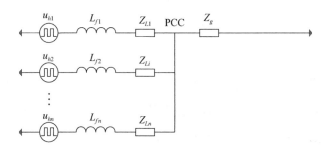

图 4-14　多台主动配电网变流器接入的 h 次谐波单相等效电路

图中，Z_{Li} 代表变流器 i 至 PCC 点的线路阻抗，其他参数与图 4-12 相同。由图 4-14 及叠加定理，可得到微电网中任意变流器 i 的 h 次谐波电压单相等效电路如图 4-15 所示。

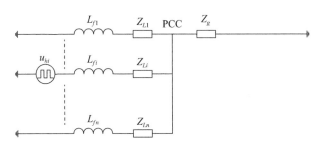

图 4-15 任意动配电网变流器接入的 h 次谐波单相等效电路

由于各变流器的滤波电感取值大于线路阻抗取值，根据电路原理可知，变流器 i 的输出谐波电流主要流入公共母线支路。根据图 4-15 可计算变流器 i 输出的 h 次谐波电流表示如下：

$$
\begin{cases}
i_{hi} = \dfrac{u_{hi}}{\dfrac{1}{G_{f1eq} + G_{f2eq} + \cdots + G_{f(i-1)eq} + G_{f(i+1)eq} + \cdots + G_{fneq} + G_g} + \dfrac{1}{G_{fieq}}} \\[4mm]
G_{fieq} = \dfrac{1}{\omega_h L_{fi} + Z_{Li}} \\[4mm]
G_g = \dfrac{1}{Z_g}
\end{cases}
\tag{4.24}
$$

采用与第一种情况相同的计算方式，可得到与式（4.22）相同的 PCC 谐波电压、谐波电流表达形式。而当接入的多台变流器工作特性一致时，可得到与式（4.23）相同的 PCC 谐波电压、谐波电流表达形式。

基于以上两种情况的分析可知，对于图 4-12 的主动配电网系统而言，当微电网中多台变流器接入时，多台变流器的滤波电感及线路阻抗呈现并联状态，此时，相对于 h 次谐波源而言，系统的总阻抗降低，系统的谐波电流增加，而 PCC 点的谐波电压也将因此增加。当采用的变流器输出特性不一致时，可能存在某些变流器谐波抵消的情况，所以当接入的多台变流器输出特性一致时，PCC 点的谐

波电压最大。对于第一种情况而言，由于所有变流器同时接入一点，因此，PCC
点谐波电压即变流器接入点电压，此时变流器受到的干扰最为严重。

4.2.3 仿真与实验研究

为验证 4.2.1 节与 4.2.2 节的谐波分析结果，本节采用仿真与实验算例进行了
验证。

（1）仿真算例

采用 4.2.1 节的单台变流器系统，对系统的 PCC 谐波电压进行仿真测试（见
表 4-2）。根据 4.2.1 节的分析可知，在无故障条件下，微电网系统的三相电压具
有对称特性，因此仿真测试结果只针对 A 相电压进行分析，单台变流器接入条
件下的仿真结果如图 4-16 所示。

表 4-2 变流器仿真参数

线路电阻	13mΩ	线路电感	160μH
中间直流电压	600V	开关频率	3kHz
网侧滤波电感	1.3mH	额定频率	50Hz
额定电压	410V		

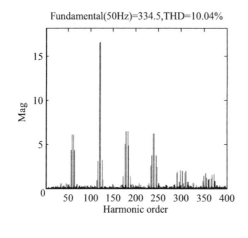
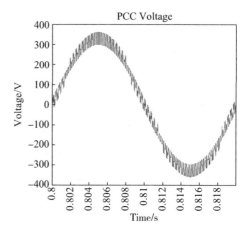

图 4-16 单台变流器接入后的 PCC 点电压波形及 FFT 结果

从相电压的频谱分析图可以看出，PCC 点 A 相电压的谐波频率主要集中在开关频率及其倍频次的边带处，与第 4.1 节 PWM 电压的谐波分布分析相吻合。由电压波形图可知，PCC 点的电压波形表现为基波电压与高频谐波的叠加。对变流器及 PCC 点的谐波特性进行 FFT 分析后，可得到如表 4-3 和表 4-4 所示的结果。

表 4-3　单台变流器接入后 PCC 电压谐波特性

变流器 -PWM			
谐波频率	谐波次数	幅值 /V	相位
2800	56	39.2	3.8°
2900	58	55.75	3°
3100	62	55.5	2°
3200	64	39.24	2.5°
5950	119	150.08	156.9°
6050	121	151.28	0°
8900	178	58.24	0°
9100	182	58.73	0°

表 4-4　单台变流器接入后 A 相电压谐波特性

PCC 点电压			
谐波频率	谐波次数	幅值 /V	相位
2800	56	4.29	3.7
2900	58	6.11	2.9
3100	62	6.08	2
3200	64	4.3	2.4
5950	119	16.44	156.8
6050	121	16.57	0
8900	178	6.38	0
9100	182	6.43	0

由表 4-3 和表 4-4 的谐波数据分析结果可知：PCC 谐波电压与变流器谐波电压含有的主要谐波电压频率与相位几乎一致，此时，PCC 点电压的谐波与接入

的变流器特征次谐波相关。以 56 次谐波为例，变流器侧谐波幅值为 39.2V，根据 4.1 节的分析结果，计算得到 PCC 点的谐波幅值为 4.3V，而实际测量得到的谐波幅值为 4.29V，可见，仿真测试结果与 4.2 节的理论分析结果吻合。

采用 4.2.2 节的多台变流器组网结构进行仿真验证，依照 4.2.2 节分为变流器输出特性一致和输出特性不一致两种工况。由 4.2 节的分析可知，当多台输出特性不一致的变流器接入同一点时，其在 PCC 点产生的谐波电压可能存在抵消现象。为对该情况进行仿真验证，采用如图 4-1 所示的拓扑结构，随机接入三台控制时钟不同步的变流器，仿真测试得到 PCC 点 A 相电压波形及 FFT 结果如图 4-17 所示，系统谐波数据如表 4-5 ～表 4-10 所示。

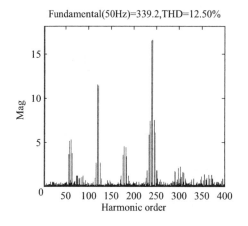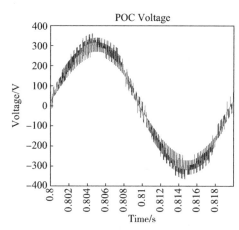

图 4-17　三台变流器随机接入条件下的 PCC 点电压谐波 FFT 分析与波形

表 4-5　系统电压谐波数据①

变流器 1-PWM			
谐波频率	谐波次数	幅值 /V	相位
2800	56	42.96	0°
2900	58	62.57	0°
3100	62	63.52	35°
3200	64	45.39	63.8°
5950	119	140.13	142.5°

续表

变流器 1-PWM			
谐波频率	谐波次数	幅值 /V	相位
6050	121	138.45	0°
8900	178	53.93	0°
9100	182	54.17	0.5°

表 4-6　系统电压谐波数据②

变流器 2-PWM			
谐波频率	谐波次数	幅值 /V	相位
2800	56	43.11	38.1°
2900	58	61.89	63.6°
3100	62	62.55	121.5°
3200	64	45.08	125.4°
5950	119	140.53	0°
6050	121	139.78	171.6°
8900	178	55.27	214°
9100	182	54.03	0°

表 4-7　系统电压谐波数据③

PCC 点电压			
谐波频率	谐波次数	幅值 /V	相位
2800	56	3.96	37.9°
2900	58	5.6	64.3°
3100	62	5.82	120.7°
3200	64	4.07	151°
5950	119	12.53	141.6°
6050	121	12.41	0°
8900	178	4.94	214.5°
9100	182	4.82	0°

表 4-8　系统电流谐波数据①

变流器 1 电流			
谐波频率	谐波次数	幅值 /V	相位
2800	56	1.87	214°
2900	58	2.63	242.4°

续表

变流器 1 电流			
谐波频率	谐波次数	幅值 /V	相位
3100	62	2.49	0°
3200	64	1.73	0°
5950	119	2.59	52.7°
6050	121	2.52	260.8°
8900	178	0.72	217.5°
9100	182	0.71	0°

表 4-9 系统电流谐波数据②

变流器 2 电流			
谐波频率	谐波次数	幅值 /V	相位
2800	56	1.71	0°
2900	58	2.37	0°
3100	62	2.23	31.8°
3200	64	1.56	62.7°
5950	119	3.11	233.3°
6050	121	3.04	81.6°
8900	178	0.67	124°
9100	182	0.64	180.8°

表 4-10 系统电流谐波数据③

PCC 电流			
谐波频率	谐波次数	幅值 /V	相位
2800	56	1.41	0°
2900	58	1.92	0°
3100	62	1.86	30.9°
3200	64	1.26	61.2°
5950	119	2.07	51.7°
6050	121	2.02	260.4°
8900	178	0.54	124.5°
9100	182	0.51	180.3°

由图 4-17 的谐波分析结果可知，尽管三台变流器的控制时钟不同，而 PWM
控制与时钟相关，将导致各变流器的输出特性存在差异，使得各变流器产生的谐
波在 PCC 点叠加后出现抵消的现象，但在某些频率次还是有可能出现相位相同
或接近的情况，从而导致叠加后的谐波明显增加（如 120 次谐波附近、150 次谐
波附近）。由表 4-5～表 4-10 可见，由于接入的三台变流器控制不同步，使得
产生的谐波相位不一致，在 PCC 点叠加后产生了一定的抵消作用，但在 119 次、
121 次谐波处，仍然有相位相同或接近的情况，使得 PCC 点的谐波电压出现了叠
加现象。

采用如图 4-1 所示的拓扑结构，接入三台控制时钟完全同步的变流器，仿真
测试得到 PCC 点 A 相电压波形及 FFT 结果如图 4-18 所示，系统谐波数据如表
4-11～表 4-18 所示。

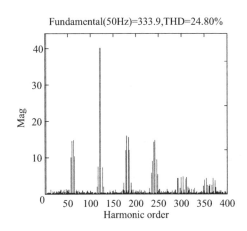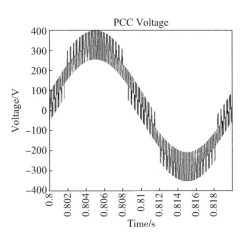

图 4-18　三台变流器接入后的 PCC 点电压谐波 FFT 分析与波形

表 4-11　三台变流器接入条件下的电压谐波数据①

变流器 1-PWM			
谐波频率	谐波次数	幅值 /V	相位
2800	56	37.8	0°
2900	58	54.84	0°

续表

变流器 1-PWM			
谐波频率	谐波次数	幅值 /V	相位
3100	62	55.3	0°
3200	64	38.93	0°
5950	119	151	155.5°
6050	121	151.34	0°
8900	178	60.07	0°
9100	182	59.08	0°

表 4-12　三台变流器接入条件下的电压谐波数据②

变流器 2-PWM			
谐波频率	谐波次数	幅值 /V	相位
2800	56	37.8	0°
2900	58	54.84	0°
3100	62	55.3	0°
3200	64	38.93	0°
5950	119	151	155.5°
6050	121	151.34	0°
8900	178	60.07	0°
9100	182	59.08	0°

表 4-13　三台变流器接入条件下的电压谐波数据③

变流器 3-PWM			
谐波频率	谐波次数	幅值 /V	相位
2800	56	37.8	0°
2900	58	54.84	0°
3100	62	55.3	0°
3200	64	38.93	0°
5950	119	151	155.5°
6050	121	151.34	0°
8900	178	60.07	0°
9100	182	59.08	0°

表 4-14　三台变流器接入条件下的电压谐波数据④

		PCC 电压	
谐波频率	谐波次数	幅值 /V	相位
2800	56	10.19	0°
2900	58	14.78	0°
3100	62	14.91	0°
3200	64	10.49	0°
5950	119	40.7	155.4°
6050	121	40.79	0°
8900	178	16.19	0°
9100	182	15.92	0°

表 4-15　三台变流器接入条件下的电流谐波数据①

		变流器 1 电流	
谐波频率	谐波次数	幅值 /V	相位
2800	56	1.2	268.2°
2900	58	1.69	268°
3100	62	1.59	267.2°
3200	64	1.08	267.1°
5950	119	2.24	65.6°
6050	121	2.21	245°
8900	178	0.59	236.6°
9100	182	0.56	236.2°

表 4-16　三台变流器接入条件下的电流谐波数据②

		变流器 2 电流	
谐波频率	谐波次数	幅值 /V	相位
2800	56	1.2	268.2°
2900	58	1.69	268°
3100	62	1.59	267.2°
3200	64	1.08	267.1°
5950	119	2.24	65.6°
6050	121	2.21	245°
8900	178	0.59	236.6°
9100	182	0.56	236.2°

表 4-17　三台变流器接入条件下的电流谐波数据③

变流器 3 电流			
谐波频率	谐波次数	幅值 /V	相位°
2800	56	1.2	268.2°
2900	58	1.69	268°
3100	62	1.59	267.2°
3200	64	1.08	267.1°
5950	119	2.24	65.6°
6050	121	2.21	245°
8900	178	0.59	236.6°
9100	182	0.56	236.2°

表 4-18　三台变流器接入条件下的电流谐波数据④

PCC 电流			
谐波频率	谐波次数	幅值 /V	相位
2800	56	3.61	268.2°
2900	58	5.06	268.0°
3100	62	4.77	267.2°
3200	64	3.25	267.1°
5950	119	6.72	65.6°
6050	121	6.63	245°
8900	178	1.76	236.6°
9100	182	1.69	236.2°

由图 4-18 可知，当接入三台同步运行的变流器后，各特征次谐波呈叠加状态增加，叠加的高频电压峰值接近 400V。由表 4-11 ～表 4-18 数据可知，由于接入的变流器的时钟同步，使得其输出特性具有一致性，随着接入变流器数目的增加，PCC 点的特征次谐波几乎以同幅值、同相位进行了叠加，仿真结果与 4.2 节的分析一致。

（2）实验算例

为验证 4.2.1 节与 4.2.2 节的理论分析结果，采用如图 4-11 所示的拓扑结构进行了实验验证，其中，PCC 点与公共母线的线路长度为 300m，微电网变流器采用 SVPWM 控制，开关频率为 3kHz，额定功率为 25kW。采用变流器直接接入 PCC 点的拓扑进行实验，分别对 PCC 点不接入变流器、接入单台变流器及接入 4 台变流器工况下 PCC 的电压谐波进行测量，可得到 PCC 点 A 相的电压的谐波分布如图 4-19 所示。

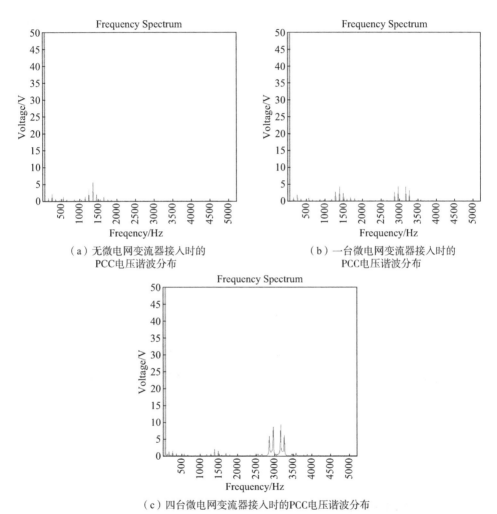

（a）无微电网变流器接入时的
PCC电压谐波分布

（b）一台微电网变流器接入时的
PCC电压谐波分布

（c）四台微电网变流器接入时的PCC电压谐波分布

图 4-19　PCC 电压谐波分布

由图 4-19（a）可知，在无微电网变流器接入的电网电压中，所包含的主要谐波为低次谐波以及 1000~1500Hz 的谐波。由图 4-19（b）可知，当系统中接入一台微电网变流器后，PCC 节点电压中出现了频率为开关频率 3kHz 附近的谐波，可见，采用 SVPWM 控制的变流器的主要谐波表现为开关频率附近次数谐波，该结果与 4.1 节的分析相吻合。由图 4-19（c）可知，当接入四台变流器时，PCC 电压的谐波比例大大增加，各台变流器的输出谐波在 PCC 点产生了叠加，该结果与 4.2 节的分析相一致。图 4-20 为接入四台变流器后，PCC 点 A 相的电压及电流波形，其中 CH1 为电压波形，CH3 为电流波形。

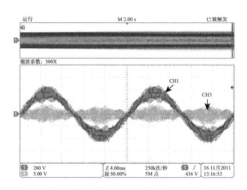

图 4-20　接入四台微电网变流器后的 PCC 点 A 相电压波形

4.3　微电网的谐波检测技术

微电网中非线性负载的存在导致大量的低次谐波（主要是 5、7 次谐波）产生，而微电网变流器闭环参数设计、脉冲死区、计算延时等因素均会引入低次谐波，对于微电网变流器而言，对低次谐波电压的检测是实现谐波控制的必要前提。本节介绍了两种常用的微电网谐波检测方法，同时给出了一种基于多旋转坐标变换的谐波检测方法。

4.3.1　微电网的常用谐波检测方法

（1）离散傅里叶变换检测法

离散傅里叶变换（DFT），是连续傅里叶变换在时域和频域上都离散的形式，将时域信号的采样变换为在离散时间傅里叶变换（DTFT）频域的采样 [3]。离散傅里叶分析的计算公式如式（4.25）所示。

$$
\begin{cases}
\varLambda_h = \sum_{h=0}^{N-1} v(n)\cos\dfrac{2\pi hn}{N} - \mathrm{j}\sum_{h=0}^{N-1} v(n)\sin\left(\dfrac{2\pi hn}{N}\right) \\
\varLambda_h = \lambda_{hr} + \mathrm{j}\lambda_{hi}
\end{cases}
\tag{4.25}
$$

式（4.25）中，$v(n)$ 为输入信号在第 n 个采样时刻的值；$\varLambda_h$ 为输入信号选定基波 h 次谐波的复数矢量。λ_{hr} 为 $\varLambda_h$ 的实部；λ_{hi} 为 $\varLambda_h$ 的虚部；N 为每个选定基波周期的采样点个数；n 为每个选定基波周期中第 n 个采样时刻；h 为选定基波的第 h 次谐波，即离散傅里叶分析的谐波次数。选择电网 50Hz（周期为 20ms）为选定基波，根据采样时间设置 N，通过选择 h 为 5 和 7 可分别计算出电网中 5 次和 7 次谐波对应的分量。

（2）复数滤波器测量方法

对传统带通滤波器进行降阶后可得到复数滤波器，基于这种滤波器可实现对谐波分量在静止坐标系（αβ 坐标系）下的准确测量[4-5]，以电网中 h 次谐波分量的检测为例，实现检测的复数滤波器框图如图 4-21 所示。

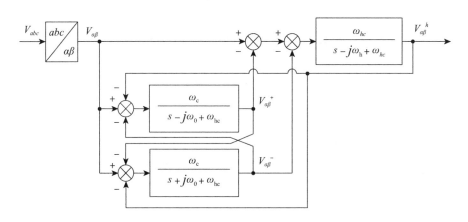

图 4-21 h 次谐波复数滤波器

图 4-21 中，$V_{\alpha\beta}$ 代表电网电压 V_{abc} 变换到 αβ 坐标轴的分量，$V_{\alpha\beta}^{+}$ 代表电网基波正序电压，$V_{\alpha\beta}^{-}$ 代表电网基波负序电压，$V_{\alpha\beta}^{h}$ 代表电网 h 次谐波电压在 αβ

坐标轴的分量，ω_0 代表电网电压基波角频率，ω_c 代表基波滤波器截止角频率，ω_{hc} 代表谐波滤波器截止角频率。对图 4-21 谐波分量 $V_{\alpha\beta}^{\,h}$ 幅频特性进行计算可得到式（4.26）及图 4-22。

$$\begin{cases} \dfrac{V_{\alpha\beta}^{\,h}}{V_{abc}} = C + \dfrac{C-1}{A-1} + \dfrac{C-1}{B-1} \\[2mm] A = \dfrac{\omega_c}{S - j\omega_0 + \omega_c} \\[2mm] B = \dfrac{\omega_c}{S + j\omega_0 + \omega_c} \\[2mm] C = \dfrac{\omega_{hc}}{S - j\omega_h + \omega_{hc}} \end{cases} \tag{4.26}$$

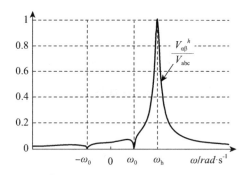

图 4-22　h 次谐波复数滤波器幅频特性

由图 4-22 可知，电网电压 h 次谐波分量的幅频特性曲线在其所对应的角频率 ω_h 处的增益为 1，而在基波正负序频率 ω_0、$-\omega_0$ 处的增益则为 0。由此可见，该复数滤波器能够有效抑制基波正负序分量对 h 次谐波测量的影响，实现 h 次谐波分量的准确测量。

4.3.2　基于多旋转坐标变换的谐波检测方法

为更加简便地实现微电网变流器控制，通常对采集的交流电压、电流信号采用旋转坐标变换获得直流分量，进而采用简单的 PI 控制器实现控制。由于采用旋转坐标变换需获得分布式电源接口处基波电压的相角，因此，实际控制中通常采用锁相环（Phase Locked Loop，PLL）对其与电网接口处的电压信号进行精确测量。最常用的 PLL 由鉴相器、环路滤波器、压控振荡器三部分组成。其中，鉴相器主要实现坐标变换功能，通过坐标变换将三相交流分量变换为两相直流分量；环路滤波器通常采用 PI 调节器，以实现无静差控制；压控振荡器则用于对所计算得到的角频率进行积分以获得坐标变换的角度。当电网电压中无谐波存在时，基于旋转坐标变换实现的 PLL 控制框图如图 4-23 所示 [6]。

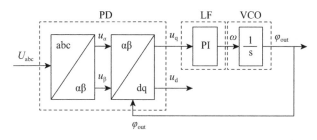

图 4-23　PLL 原理

图中，PD、LF、VCO 分别代表鉴相器、环路滤波器以及压控振荡器。设三相输入信号的合成矢量为 $\boldsymbol{U}_{abc}$，同步旋转坐标系的空间角度为 φ_{out}，三相输入信号合成矢量与静止坐标系的夹角为 φ_{in}。根据 PLL 的控制原理可得到各矢量关系如图 4-24 所示。

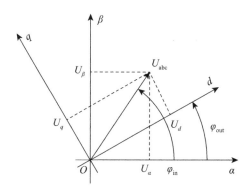

图 4-24　基波旋转坐标变换 PLL 的矢量关系

图 4-24 中，$\alpha\beta$ 坐标系代表静止坐标系，dp 坐标系代表基波旋转坐标系，u_α、u_β 分别代表三相合成矢量 $\boldsymbol{U}_{abc}$ 在 $\alpha\beta$ 静止坐标系下的分量，u_d、u_q 分别代表三相合成矢量 $\boldsymbol{U}_{abc}$ 在 dq 基波旋转坐标系下的分量。根据图 4-24，可得到 $\boldsymbol{U}_{abc}$ 在 $\alpha\beta$ 坐标系及 dq 坐标系下各分量的表示如下：

$$\begin{bmatrix} u_d \\ u_q \end{bmatrix} = |U_{abc}| \begin{bmatrix} \cos(\varphi_{out}) & \sin(\varphi_{out}) \\ -\sin(\varphi_{out}) & \cos(\varphi_{out}) \end{bmatrix} \begin{bmatrix} u_\alpha \\ u_\beta \end{bmatrix} \tag{4.27}$$

$$\begin{bmatrix} u_\alpha \\ u_\beta \end{bmatrix} = |U_{abc}| \begin{bmatrix} \sin(\varphi_{in}) \\ \cos(\varphi_{in}) \end{bmatrix} \tag{4.28}$$

将式（4.27）代入式（4.28）可得到：

$$\begin{bmatrix} u_d \\ u_q \end{bmatrix} = |U_{abc}| \begin{bmatrix} \sin(\varphi_{in} - \varphi_{out}) \\ \cos(\varphi_{in} - \varphi_{out}) \end{bmatrix} \tag{4.29}$$

根据式（4.29）可分析，当输入信号仅含有基波分量时，理想稳态下 PI 调节器的输出无静差，则可得到 $\varphi_{in} = \varphi_{out}$，此时，基于 dq 基波旋转坐标变换的 PLL 的输出，即输入信号合成矢量的相角，而 u_d 幅值则为输入信号合成矢量的幅值，u_d 和 u_q 表现为直流量。当三相输入信号中包含 k（$k=1$，2，$\cdots$，n）次谐波分量时，设三相合成矢量为

$$\boldsymbol{U}_{abc} = \boldsymbol{U}_1 + \boldsymbol{U}_k \tag{4.30}$$

式（4.30）中，$\boldsymbol{U}_1$、$\boldsymbol{U}_k$、$\boldsymbol{U}_{abc}$ 分别代表基波分量的合成矢量、k 次谐波分量的合成矢量以及三相输入信号的合成矢量。根据三相矢量合成原则可知，在三相对称坐标系中，任意三相交流对称分量的合成矢量为旋转矢量，其空间旋转速度为交流分量的角速度。因此，设 $\boldsymbol{U}_1$ 在空间旋转的角速度为 ω，$\boldsymbol{U}_k$ 在空间旋转的角速度为 $k\omega$，$\boldsymbol{U}_1$ 与同步旋转坐标系 d 轴的夹角为 $\varPhi_1$，$\boldsymbol{U}_k$ 与同步旋转坐标系 d 轴的夹角为 $\varPhi_k$，基于三相旋转坐标变换原则，可得到 $\boldsymbol{U}_1$、$\boldsymbol{U}_k$、$\boldsymbol{U}_{abc}$ 的空间坐标矢量关系如图 4-25 所示。

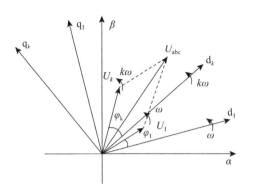

图 4-25 基波与 k 次谐波的矢量关系

图中，d_1-q_1、d_k-q_k 分别代表基波旋转坐标系、k 次谐波旋转坐标系。根据 Park 变换原则，可分别得到如式（4.29）所示的输入信号在基波旋转坐标系下、k 次谐波旋转坐标系下的变换结果：

$$
\begin{aligned}
\begin{bmatrix} u_{d1} \\ u_{q1} \end{bmatrix} &= \begin{bmatrix} |\boldsymbol{U_1}|\cos(\phi_1) \\ |\boldsymbol{U_1}|\sin(\phi_1) \end{bmatrix} + |\boldsymbol{U_k}|\cos\phi_k \begin{bmatrix} \cos(1-k)\omega t \\ -\sin(1-k)\omega t \end{bmatrix} + |\boldsymbol{U_k}|\sin\phi_k \begin{bmatrix} \sin(1-k)\omega t \\ \cos(1-k)\omega t \end{bmatrix} \\
&= \begin{bmatrix} |\boldsymbol{U_1}|\cos(\phi_1) \\ |\boldsymbol{U_1}|\sin(\phi_1) \end{bmatrix} + |\boldsymbol{U_k}| \begin{bmatrix} \cos(\phi_k - (1-k)\omega t) \\ \sin(\phi_k - (1-k)\omega t) \end{bmatrix}
\end{aligned}
\tag{4.31}
$$

$$
\begin{aligned}
\begin{bmatrix} u_{dk} \\ u_{qk} \end{bmatrix} &= \begin{bmatrix} |\boldsymbol{U_k}|\cos(\phi_k) \\ |\boldsymbol{U_k}|\sin(\phi_k) \end{bmatrix} + |\boldsymbol{U_1}|\cos(\phi_1) \begin{bmatrix} \cos((1-k)\omega t) \\ \sin((1-k)\omega t) \end{bmatrix} + |\boldsymbol{U_1}|\sin(\phi_1) \begin{bmatrix} -\sin((1-k)\omega t) \\ \cos((1-k)\omega t) \end{bmatrix} \\
&= \begin{bmatrix} |\boldsymbol{U_k}|\cos(\phi_k) \\ |\boldsymbol{U_k}|\sin(\phi_k) \end{bmatrix} + |\boldsymbol{U_1}| \begin{bmatrix} \cos(\phi_1 - (k-1)\omega t) \\ \sin(\phi_1 - (k-1)\omega t) \end{bmatrix}
\end{aligned}
$$

$$\tag{4.32}$$

由式（4.31）、式（4.32）可知，由基波分量以及谐波分量构成的输入信号经过坐标变换后，可表示为直流量与交流量之和。在基波同步旋转坐标系下，基波分量为直流分量，而 k 次谐波表现为角频率为（$1-k$）倍频交流分量；而在 k 次谐波同步旋转坐标系下，k 次谐波表现为直流分量，基波信号表现为（$k-1$）次的交流谐波。由此可推论：经过各自的旋转坐标变换后，基波信号与 k 次谐波信号间存在耦合。根据 PLL 的测量原则可知，当经过旋转坐标变换后的 **d** 轴、**q** 轴旋转坐标分量为直流量时，方可实现基波、k 次谐波的精确测量。因此，可采用如图 4-26 所示的解耦控制方法来消除交流分量，提取各次直流分量。

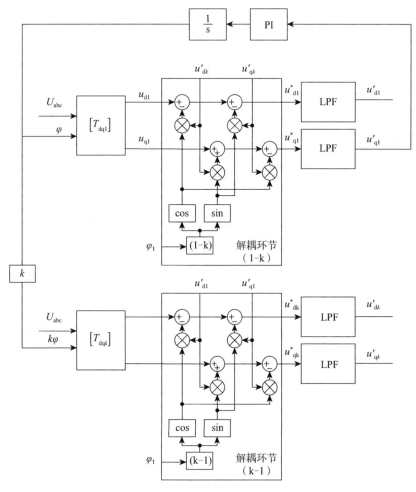

图 4-26　基于解耦控制的 PLL 原理

图 4-26 中，T_{dq1}、T_{dqk} 分别代表基波旋转坐标系、k 次谐波旋转坐标系下的变换，LPF 代表低通滤波环节。设输入信号由基波、m 次及 n 次谐波组成，则其对应的旋转坐标变换表示如下：

$$\begin{bmatrix} u_{d1} \\ u_{q1} \end{bmatrix} = \begin{bmatrix} |\boldsymbol{U}_1|\cos(\phi_1) \\ |\boldsymbol{U}_1|\sin(\phi_1) \end{bmatrix} + |\boldsymbol{U}_m|\begin{bmatrix} \cos(\phi_m - (1-m)\omega t) \\ \sin(\phi_m - (1-m)\omega t) \end{bmatrix}$$
$$+ |\boldsymbol{U}_n|\begin{bmatrix} \cos(\phi_n - (1-n)\omega t) \\ \sin(\phi_n - (1-n)\omega t) \end{bmatrix} \tag{4.33}$$

$$\begin{bmatrix} u_{dm} \\ u_{qm} \end{bmatrix} = \begin{bmatrix} |\boldsymbol{U}_m|\cos(\phi_m) \\ |\boldsymbol{U}_m|\sin(\phi_m) \end{bmatrix} + |\boldsymbol{U}_1|\begin{bmatrix} \cos(\phi_1 - (m-1)\omega t) \\ \sin(\phi_1 - (m-1)\omega t) \end{bmatrix}$$
$$+ |\boldsymbol{U}_n|\begin{bmatrix} \cos(\phi_n - (m-n)\omega t) \\ \sin(\phi_n - (m-n)\omega t) \end{bmatrix} \tag{4.34}$$

$$\begin{bmatrix} u_{dn} \\ u_{qn} \end{bmatrix} = \begin{bmatrix} |\boldsymbol{U}_n|\cos(\phi_n) \\ |\boldsymbol{U}_n|\sin(\phi_n) \end{bmatrix} + |\boldsymbol{U}_1|\begin{bmatrix} \cos(\phi_1 - (n-1)\omega t) \\ \sin(\phi_1 - (n-1)\omega t) \end{bmatrix}$$
$$+ |\boldsymbol{U}_m|\begin{bmatrix} \cos(\phi_m - (n-m)\omega t) \\ \sin(\phi_m - (n-m)\omega t) \end{bmatrix} \tag{4.35}$$

由式（4.33）至式（4.35）可知，当输入信号中含有多种谐波时，基波与 m、n 次谐波间均存在耦合。因此，可通过增加旋转坐标系和解耦环节来实现测量，可得到基于多旋转坐标变换 PLL 的实现框图，如图 4-27 所示。

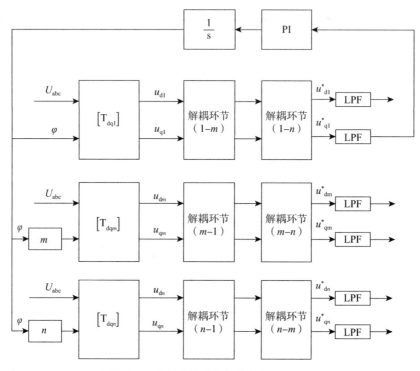

图 4-27 基于多旋转坐标变换的 PLL 原理

根据图 4-27 所示基于多旋转坐标变换的 PLL 原理图，其传递函数可表示为如下形式：

$$\phi(s) = \frac{2\xi\omega_c s + \omega_c^2}{s^2 + 2\xi\omega_c s + \omega_c^2} \tag{4.36}$$

式中，各参数表示如下：

$$\xi = \frac{k_p}{2}\sqrt{\frac{|\boldsymbol{U_1}|}{k_i}} \tag{4.37}$$

$$\omega_c = \sqrt{|\boldsymbol{U_1}|k_i} \tag{4.38}$$

式 (4.37) 中，k_p 代表基于多旋转坐标变换 PLL 的 PI 环节比例系数，k_i 代表基于旋转坐标变换 PLL 的积分系数。由式 (4.36) ～式 (4.38) 可知，基于旋转坐标变换 PLL 的传递函数表现为一个二阶系统，而系统的阻尼比 ξ 和自然频率 ω_c 受 k_p、k_i 取值的影响。在 k_p 与 k_i 平方根比一定的条件下，系统的阻尼比不变，而系统的自然频率随 k_i 的增大而增大。根据经验，选取该系统的阻尼比 ξ 为 0.707，选取系统的自然频率 ω_c 分别为 100π，200π，1000π，可得到该系统的伯德图如图 4-28 所示。

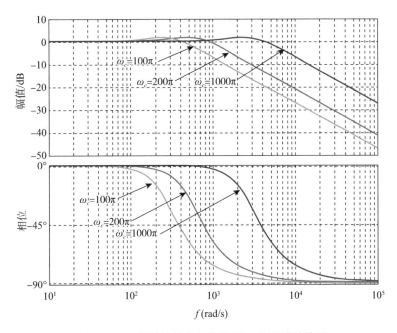

图 4-28 基波旋转坐标变换 PLL 的系统伯德图

由图 4-28 的系统伯德图结果可知，在 k_p 与 k_i 平方根的比恒定的条件下，k_i 越大，系统的带宽越宽。可推论，在此条件下系统的响应速度逐渐增加，但其抗干扰能力也越差。在综合考虑系统的响应速度和稳定性前提下，分别选取 $\xi=0.707$，$\omega_c=200\pi$。

设图 4-26 系统的低通滤波环节传递函数表示如式（4.39）所示：

$$L(s) = \frac{\omega_0}{s + \omega_0} \tag{4.39}$$

式中，ω_0 代表低通滤波环节的截止角频率。根据图 4-26 及式 (4.39) 可得到基于多旋转坐标变换的 PLL 解耦环节状态方程表示如下：

$$\begin{cases} \left[\dot{X}\right] = A[X] + B[U] \\ [Y] = C[X] \end{cases} \tag{4.40}$$

式中，状态变量、输入变量及输出变量表示如式 (4.41)、式 (4.42) 所示：

$$[X] = [Y] = \begin{bmatrix} u_{d1} & u_{q1} & u_{dk} & u_{qk} \end{bmatrix}^T \tag{4.41}$$

$$[U] = \begin{bmatrix} |U_1|\cos(\phi_1) & |U_1|\sin(\phi_1) & |U_k|\cos(\phi_k) & |U_k|\sin(\phi_k) \end{bmatrix}^T \tag{4.42}$$

式 (4.40) 中系数矩阵 A、B、C 的表示如式 (4.43) 至式 (4.45) 所示：

$$A = \omega_0 \begin{bmatrix} -1 & 0 & -\cos((1-k)\omega t) & -\sin((1-k)\omega t) \\ 0 & -1 & \sin((1-k)\omega t) & -\cos((1-k)\omega t) \\ -\cos((1-k)\omega t) & \sin((1-k)\omega t) & -1 & 0 \\ -\sin((1-k)\omega t) & -\cos((1-k)\omega t) & 0 & -1 \end{bmatrix} \tag{4.43}$$

$$B = -A \tag{4.44}$$

$$C = I \tag{4.45}$$

式 (4.45) 中，I 代表单位矩阵。

对式 (4.40) 的系统进行求解后，其响应特性显示，解耦控制环节的输出响应表现为输入信号基波频率 ω 与低通滤波器截止频率 ω_0 之比 P 的函数。因此，基于定量分析方式对 P 的取值进行分析，将 ω 选取为特定基波角频率，并取不同低通滤波参数 ω_0，可得到系统中 P 的取值变化时输出响应特性结果如图 4-29 所示。

由图 4-29 可知，在 P 值逐渐增大的过程中，系统输出响应的速度逐渐加快，但系统的超调量逐渐增大，系统的调节时间也随之延长。由此可推论，在输入信号基波频率为定值的条件下，解耦环节的低通滤波器截止频率越高，系统的响应速度越快，但系统也越敏感。根据图 4-29 所示的计算结果，选取 $P=0.707$。

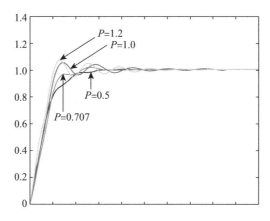

图 4-29　不同 P 值条件下解耦模块的单位阶跃响应

4.3.3　仿真与实验研究

为验证 4.3.2 节提出的检测方法的正确性，本部分采用软件仿真及硬件实验对其进行验证，考虑到三相电压的负序分量可视为 -1 次谐波，因此仿真和实验通过加入负序分量和 5 次谐波进行测试。

（1）仿真算例

在仿真测试部分，初始时刻输入三相对称基波交流电压信号，基波频率为 50Hz，幅值为 311V。T_0 时刻，在输入电压信号中叠加负序分量和 5 次谐波分量，其中，负序分量幅值为基波分量的 10%，5 次谐波分量幅值为基波分量的 20%。输入信号波形如图 4-30（a）所示，采用本文 4.3.2 节给出的多旋转坐标变换式 PLL 得到的幅值及基波信号相角测量结果如图 4-30（b）、图 4-30（c）所示。由于基波信号的 B 相、C 相信号差与三相输入信号基波合成矢量同相位，选取该信号为 PLL 的测量参考，定义其为基波参考信号 U_{bc}。

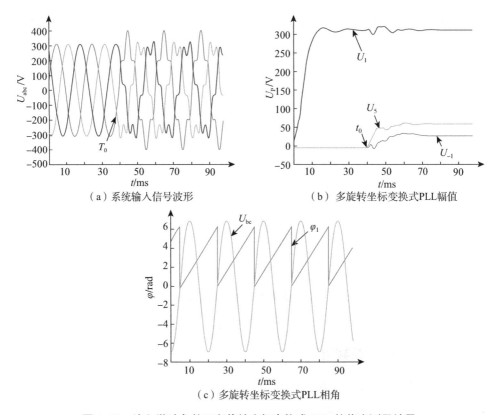

（a）系统输入信号波形

（b）多旋转坐标变换式PLL幅值

（c）多旋转坐标变换式PLL相角

图 4-30　注入谐波条件下多旋转坐标变换式 PLL 的仿真测量结果

由图 4-30（b）可知，起始至 t_0 时刻测量的基波幅值 U_1 为 311V，负序分量幅值 U_{-1} 及 5 次谐波分量幅值 U_5 均为 0；T_0 时刻输入信号叠加了负序分量及 5 次谐波分量后，测量的基波幅值 U_1 仍为 311V，而负序分量幅值 U_{-1} 变化为 31.1V，5 次谐波分量幅值 U_5 变化为 62.2V，根据计算可知，该测量结果与给定值相符。由图 4-30（c）可知，在仿真过程中，PLL 测量的基波相角 φ_1 与基波参考信号 U_{bc} 相角始终重合。

（2）实验算例

在实验部分，采用如图 4-27 所示的解耦控制算法对 4.3.2 节提出算法的动态性能分析结果进行了实验验证。三相输入电压信号的基波频率为 50Hz，幅值为 5V，初始时刻输入信号只包含基波分量，T_1 时刻叠加了负序分量，其幅值为基波的 10%。分别选取 P=0.5、P=0.707、P=1.2 进行动态实验测试，仍然选取基波信号的 B、C 相信号差 U_{bc} 为基波参考信号，测量结果如图 4-31 所示。

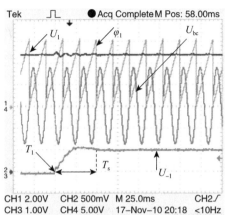

（a）P=0.5 时多旋转坐标变换式 PLL
幅值及相角

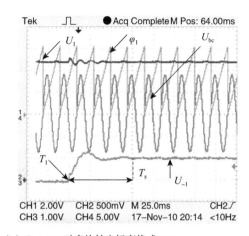

（b）P=0.707 时多旋转坐标变换式 PLL
幅值及相角

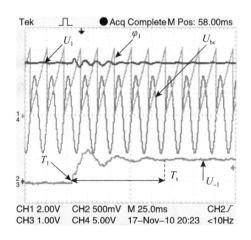

（c）P=1.2 时多旋转坐标变换式 PLL 幅值及相角

图 4-31　多旋转坐标变换式 PLL 性能测试实验

由图 4-31（a）～图 4-31（c）可知，起始时刻至 T_1 时刻 PLL 测量的基波幅值 U_1 为 5V，负序分量幅值 U_{-1} 为 0；T_1 时刻输入信号叠加了负序分量后，基波分量出现短时扰动，重新稳定在原幅值，而负序分量幅值 U_{-1} 经过一段时间的扰动后稳定在 0.5V，计算可知，该测量结果与输入信号的给定值相符。在整个测量过程中，PLL 测量的基波相角 φ_1 与基波参考信号 U_{bc} 相角始终重合，并没有因增加了负序分量而受到扰动。

比较图 4-31（a）～图 4-31（c）可知，在 P 由 0.5 增大至 1.2 的过程中，T_1 时刻输入信号中注入负序分量后，PLL 测量的负序分量响应速度逐渐加快，但超调量由 10% 增大至 40%，调节时间也由 50ms 增大至 125ms，由实验结果可知，选择 P=0.707 时系统的响应特性最为理想。

4.4 微电网变流器的谐波抑制策略

4.4.1 PQ 控制微电网变流器的谐波抑制

根据 4.1 节的分析可知，微电网变流器通常采用滤波电路来完成输出 PWM 波电压谐波的抑制，实际应用中，LCL 电路由于具有较高的滤波性能而被广泛采用。但 LCL 滤波电路本身可以构成一个谐振电路，如果设计时没有考虑该电路的谐振问题，可能会导致系统出现谐振现象，严重时将会对系统的稳定性产生影响。

由参考文献[7]可知，采用 PQ 控制的微电网变流器可等效为一个电流源与等效阻抗的并联，设该电流源为 i_{ref}、并联的阻抗为 Z_{eq}。采用第 2 章所述的等效阻抗计算方法，忽略电感的寄生电阻，对图 4-32 的 PQ 控制微电网变流器等效电路器进行计算。

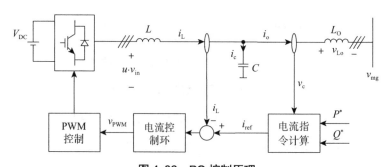

图 4-32 PQ 控制原理

图 4-32 中，L 代表变流器侧滤波电感、Lo 代表微电网侧滤波电感、C 代表滤波电容、i_{ref} 代表变流器电流指令、i_o 代表变流器输出电流、i_L 代表变流器电感电流、i_c 代表滤波电容电流、v_{PWM} 代表 PWM 指令电压、v_C 代表变流器滤波电容压降、v_{Lo} 代表变流器的网侧电感压降、v_{mg} 代表变流器的接入点电压、$u \cdot v_{in}$ 代表变流器开环动态输出电压。如图 4-32 所示的 PQ 控制结构由指令电流计算、内环控制两部分组成，其控制目标是实现输出电流与指令电流一致。在指令电流计算部分中，其输入为给定的有功、无功功率值，输出为由给定功率和实际测量电压计算得到的指令电流；微电网变流器的电流内环控制的输入为指令电流与反馈电流的差值，输出为 PQ 控制变流器的调制波电压。由电路原理可得到如图 4-32 所示电路的动态模型公式：

$$\begin{cases} C\dfrac{\mathrm{d}v_C}{\mathrm{d}t} = i_L - i_o \\ L\dfrac{\mathrm{d}i_L}{\mathrm{d}t} = u \cdot v_{in} - v_C \end{cases} \tag{4.46}$$

设该系统的开环动态平均输出电压为 $u \cdot v_{in}$，根据上式可得到系统的动态方程：

$$LC\dfrac{\mathrm{d}^2 \langle v_C \rangle}{\mathrm{d}t} + \langle v_C \rangle + L\dfrac{\mathrm{d}\langle i_o \rangle}{\mathrm{d}t} = u \cdot v_{in} \tag{4.47}$$

根据微电网变流器的控制框图，可得到 $u \cdot v_{in}$ 的另一表示：

$$u \cdot v_{in} = (i_{ref} - i_L)G_i(s)k_{PWM} \tag{4.48}$$

根据式（4.5）、式（4.6），可计算系统的输出电流表示如下：

$$\begin{cases} i_o = G_i(s)k_{PWM}i_{ref} - \dfrac{v_o}{Z_{eq}} \\ Z_{eq} = \dfrac{Ls + G_i(s)k_{PWM}}{LCs^2 + Cs + 1} \end{cases} \tag{4.49}$$

由于电流指令的系数在实际中多设计为 1，则计算得到的等效电流源系数也为 1，可得到采用 PQ 控制的微电网变流器等效电路如图 4-33 所示。

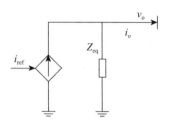

图 4-33 采用 PQ 控制的微电网变流器系统等效电路

根据计算得到的等效电路可知，采用 PQ 控制的微电网变流器的最终输出电流为 i_o，而 i_o 为等效电流源电流与流经等效阻抗电流的差。根据应用原则可知，等效电流源即电流指令，通常仅为基波正序分量，由此可知，等效阻抗的取值对系统输出电流的影响尤为重要。若等效阻抗在某次谐波条件下阻抗极小（系统在该频率下存在谐振），则等效阻抗将产生较大的谐振电流，系统的输出电流也将受到影响，严重时会对系统稳定性产生影响。

为有效抑制系统的谐振问题，需对等效电阻抗进行改善。根据等效阻抗的计算过程可知，等效阻抗的取值与电流反馈通路以及前向通路的传递函数密切相关。因此，可通过设计这两部分控制器实现等效阻抗的控制，进而实现谐振的抑制。基于以上分析，本节提出在反馈通路增加带通滤波器的方式来实现系统的阻尼，增加了带通滤波器的微电网变流器传递函数框图，如图 4-34 所示。

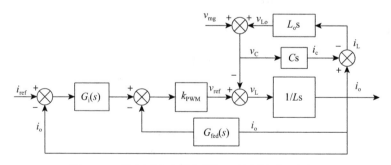

图 4-34 微电网变流器有源阻尼控制传递函数框

根据改进控制方法可知，在增加了带通滤波器后，系统在原控制基础上新增了一个谐振电流的反馈通路。设该改进控制方法的反馈通路的传递函数为

$G_{fed}(s)$，根据控制框图可得：

$$G_{fed}(s) = k_{bpf} \frac{\omega_0 / Q}{s^2 + \omega_0 s / Q + \omega_0^2} \tag{4.50}$$

式中，ω_0 为带通滤波器谐振频率，Q 为品质因数，k_{bpf} 为比例系数。

根据微电网变流器的系统传递函数框图，可得到系统完整的开环传递函数：

$$G_{i\_o}(s) = G_i(s) \frac{k_{PWM}(L_o C s^2 + 1)}{L L_o C s^3 + (L + L_o)s + L_o C s^2 G_{fed}(s)} \tag{4.51}$$

根据式（4.51），可计算无反馈通路与增加反馈通路后微电网变流器系统的伯德图如图 4-35 所示。

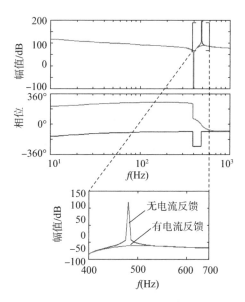

图 4-35　微电网变流器系统开环伯德图

根据伯德图结果可知，原有控制方法会在系统中引入一个明显的谐振点，而在反馈通路中增加了带通滤波通路，谐振点处开环增益得到明显抑制，而系统原有的高频、低频特性没有发生变化，系统的性能获得了良好的保持。

增加了带通滤波通路后，也引入了新的控制参数 k_{bpf}，针对该参数的选取，可通过开环增益、根轨迹变化来进行分析。本部分将采用定量分析方式，将 k_{bpf} 的取值由 0.2 增加至 1.4，计算微电网变流器的开环传递函数与系统特征值，所得到的变换规律如图 4-36、图 4-37 所示。

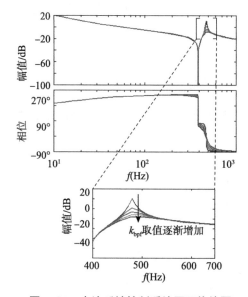

图 4-36　电流反馈控制系统开环伯德图

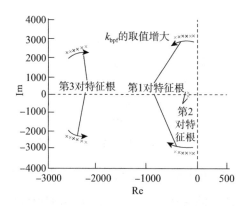

图 4-37　不同 k_{bpf} 取值下电流带通反馈控制系统的根轨迹

由系统的开环伯德图可知，随着 k_{bpf} 取值的增加，系统谐振点处的开环增益幅值不断降低，由此可推论，当 k_{bpf} 的取值增加时，系统的阻尼不断增加。由系统的根轨迹响应可知，系统的特征根为 3 对共轭复数根，起始状态下，第 1 对特征根与虚轴的距离最小，因此其对系统的稳定性起主导作用。而当 k_{bpf} 不断增加后，这对特征根与虚轴的距离逐渐增加，第 2 对特征根的位置不变，而第 3 对特征根与虚轴的距离逐渐减小，此时，系统的稳定性增加。当 k_{bpf} 的取值增加至 0.8 时，第 1 对特征根与虚轴的距离大于第 2 对特征根，第 2 对特征根变为主导极点，继续增加 k_{bpf} 的取值，系统的主导极点不变，系统的稳定性不受影响。

根据以上的定量分析结果可知，通过增加 k_{bpf} 的取值，可提高微电网变流器的阻尼性能。而在 k_{bpf} 取值由 0.2 增加至 0.8 的过程中，系统的稳定性随之提高，但继续增加 k_{bpf} 取值对系统的稳定性影响较小。因此，可选择 $k_{bpf}=0.8$。实际应用中，读者可根据应用系统需要进行上文所述的定量计算，以获得 k_{bpf} 的最优化取值。

4.4.2 下垂控制微电网变流器的谐波抑制

根据第 2 章内容可知，采用下垂控制的微电网变流器可等效为一个电压源与等效阻抗串联的电路，因此该系统的输出电流与负荷特性密切相关。当系统的负荷为非线性负荷时，系统输出电流中包含大量谐波电流，而谐波电流则会在等效阻抗上产生谐波压降。产生的谐波电压不仅会增加系统的损耗，也会导致感应电机负荷运行性能的降低。因此可推论：若要改善采用下垂控制的微电网变流器的电压谐波输出特性，需对其谐波等效阻抗进行有效控制。

根据第 2 章的等效阻抗计算过程，可获得采用下垂控制的微电网变流器输出电压：

$$
\begin{cases}
v = G_u(s)v_{ref} - Z_{ei}(s)i - Z_{eo}(s)i \\
v_{ref} = v_{ref\_f} + \sum_{h=2}^{n} v_{ref\_h} \\
v = v_f + \sum_{h=2}^{n} v_h \\
i = i_f + \sum_{h=2}^{n} i_h
\end{cases}
\tag{4.52}
$$

式中，v_{ref}、v_{ref_f}、v_{ref_h}、v、v_f、v_h（$h=1$，2，$\cdots$，n）分别代表微电网变流器的电压指令、电压指令基波正序分量、电压指令 h 次谐波分量、输出电压、输出电压基波正序分量、输出电压 h 次谐波分量；i、i_f、i_h 分别代表输出电流、输出电流基波正序分量、输出电流 h 次谐波分量；$G_u(s)$、$Z_{ei}(s)$、$Z_{eo}(s)$ 分别代表电压指令系数传递函数、内部阻抗传递函数、外部阻抗传递函数〔虚拟阻抗传递函数 $Z_{vir}(s)$ 与指令系数传递函数 $G_u(s)$ 之积〕。

由于实际应用中 $G_u(s)$ 增益多设置为 1，则可获得输出电压：

$$v = v_{ref} - Z_{ei}(s)i - Z_{vir}(s)i \tag{4.53}$$

式中，$Z_{vir}(s)$ 代表虚拟阻抗传递函数。

根据虚拟阻抗的表示可知，微电网变流器的输出电压可表示为一个传递函数，由此可判断，该系统的输出电压在各频率上表现为不同的幅值特性和相角特性。在某个特定频率下，系统输出电压的幅值由三部分参数决定：电压指令、内部阻抗传递函数在该频率处的对应阻抗、外部阻抗传递函数在该频率处的阻抗。设 h 次谐波频率处微电网变流器的内部阻抗取值为 Z_{ei_h}，可得到输出电压的 h 次谐波分量：

$$v_h = v_{ref\_h} - Z_{ei\_h}i_h - Z_{vir\_h}i_h \tag{4.54}$$

而由于微电网变流器的电压指令通常不含有谐波分量，则式 (4.54) 可以表示为

$$\begin{cases} v_h = v_{o\_h} + v_{i\_h} \\ v_{o\_h} = -Z_{ei\_h}i_h \\ v_{i\_h} = -Z_{vir\_h}i_h \end{cases} \tag{4.55}$$

式中，v_{o_h}、v_{i_h} 分别代表内部阻抗压降的 h 次谐波分量、外部阻抗压降的 h 次谐波分量。由式 (4.55) 可见，h 次谐波输出压降由 v_{o_h}、v_{i_h} 两部分组成，若要降低 h 次谐波输出电压，需通过改变这两部分压降来实现。实际应用中，可通过改变这两部分对应的等效阻抗或谐波电流来实现对应压降的减小。根据第 2 章的

分析可知，采用下垂控制的微电网变流器，其内部等效阻抗与控制器设计密切相关，而外部阻抗（虚拟阻抗）的取值通常为定值。因此，可通过设计微电网变流器控制参数的方式实现内部阻抗的降低，以达到对应谐波电压减小的目标。而针对外部阻抗引起的谐波压降，可通过减小谐波反馈电流的方式来实现对应谐波压降减小的目标。

由第 2 章的分析可知，微电网变流器的控制多基于坐标变换实现，而最常用的坐标变换方式是同步旋转坐标变换方法。在同步旋转坐标系下，基波分量转换为直流分量，因此，微电网变流器的控制器多选为 PI 控制器以实现无静差控制。而在出现谐波分量后，由于谐波分量在同步旋转坐标系中表现为谐波分量，使得 PI 控制器无法实现最终控制，因此可采用 PIR（Proportional Integral Resonant）控制器代替原有的 PI 控制器，以实现基波与谐波的联合控制。PIR 控制器将 PI 和 PR 结合起来，能够同时实现对直流量和谐振交流量的无静差控制。实际应用中，通常采用准谐振调节器代替理想积分器 [8, 9]，PIR 传递函数如下：

$$G_{\mathrm{PIR}}(s) = k_P + \frac{k_i}{s} + \frac{2\omega_c k_r s}{s^2 + 2\omega_c s + {\omega_o}^2} \tag{4.56}$$

式中，k_p 代表比例系数、k_i 代表积分系数、k_r 代表谐振系数、ω_o 代表谐振角频率、ω_c 代表低通截止角频率。

选取 PI、PIR 的控制器参数如表 4-19 所示。

表 4-19　微电网变流器的控制器参数

控制器名称	k_p	k_i	k_r	ω_o	ω_c
PI	0.15	100	0	0	0
PIR	0.15	100	20	1884rad/s	15rad/s

根据第 2 章的内部阻抗计算方法，可得到微电网变流器内部阻抗伯德图如图 4-38 所示。

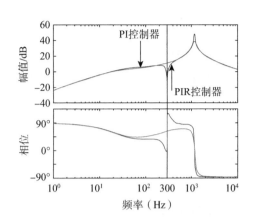

图 4-38　下垂控制微电网变流器内部阻抗的伯德图

对比两种控制方法得到的内部阻抗可知，在采用 PI 控制器条件下，微电网变流器在谐波处的内部阻抗值较大；而采用 PIR 控制器后，微电网变流器的低频、高频处的内部阻抗取值基本无变化，仅在 6 次谐波处内部阻抗幅值下降至 -20dB。由此可以推论：采用 PIR 控制器后，微电网变流器的内部阻抗在谐波频率处得到了有效降低。

设同步旋转坐标系下系统的控制变量由基波正序分量、5 次谐波分量、7 次谐波分量共同组成，根据 Park 变换可知，控制变量可分解为以同步转速正转的基波正序分量合成矢量、以 5 倍同步转速反转的 5 次谐波分量合成矢量及以 7 倍同步转速正转的 7 次谐波分量合成矢量。由此，可得到基波正序、5 次谐波分量、7 次谐波分量的模型如图 4-39 所示 [10, 11]。

图中，V_{1+}、V_{5-}、V_{7+} 分别代表基波正序分量合成矢量、5 次谐波分量合成矢量、7 次谐波分量合成矢量，ω 代表基波角频率。根据图（4-34）可计算，5 次、7 次谐波分量合成矢量相对于基波正序分量合成矢量表现为 -6、+6 倍速的脉动分量，所以 5 次、7 次谐波分量在同步旋转坐标系中表现为 6 次谐波。依照该方法可推论，在基波同步旋转坐标系中，$h-1$ 次谐波、$h+1$ 次谐波表现为 h 次的谐波，则可采用 PIR 控制器实现基波正序、$h-1$ 次谐波、$h+1$ 次谐波的联合控制。

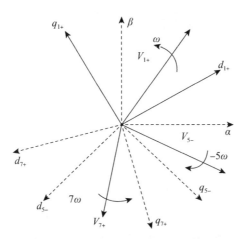

图 4-39   谐波在同步旋转坐标系中的模型

基于以上方法可实现内部阻抗 h 次谐波压降的减小，而外部阻抗通常取值为常数，因此无法通过改善其取值实现对应谐波压降的减小，但可采用在减小外部阻抗对应 h 次谐波电流的方式实现对应谐波电压的减小。本节给出一种在电流反馈通路中增加带阻滤波器的方法，以减小谐波反馈电流。系统采用的带阻滤波器如下：

$$G_{bef}(s) = \frac{\omega^2_0 + s^2}{s^2 + \omega_0 s / Q + \omega_0^2} \tag{4.57}$$

式中，ω_0 为带通滤波器谐振频率，Q 为品质因数。

基于以上分析，可得到微电网变流器最终的控制原理如图 4-40 所示。

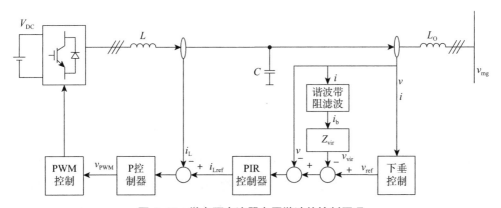

图 4-40   微电网变流器电压谐波的控制原理

图 4-40 中，v_{mg} 代表微电网变流器接入点电压、i_b 代表经过带通滤波器后的反馈电流，其他符号的含义与图 2-18 一致。

4.4.3 实验研究

为验证 4.4.1 节、4.4.2 节谐波抑制算法的有效性，本节采用图 4-32 与图 4-40 的控制结构对这两种控制策略进行了实验验证。

（1）PQ 控制变流器谐波抑制实验

为验证 4.4.1 节有源阻尼控制的有效性，采用图 4-32 的 PQ 控制变流器拓扑结构进行实验验证，PQ 控制微电网变流器的参数如表 4-20 所示，k_{bpf} 选取为 0.8，图 4-41、图 4-42 分别为无有源阻尼控制和采用带通滤波反馈有源阻尼控制的微电网变流器系统响应波形。

表 4-20　实验的电路参数

功率等级 /kW	微电网侧电感 L_0/mH	变流器侧电感 L/mH	滤波电容 C/mF
25	1	2	0.165

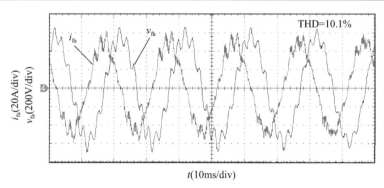

t(10ms/div)

图 4-41　无有源阻尼控制的 PQ 变流器输出电压与电流

根据表 4-20 计算得到 LCL 滤波器固有谐振频率为 480Hz，由图 4-41 可知，受 LCL 滤波器谐振影响，PQ 控制微电网变流器在稳态运行时输出电压和电流均含有较大的谐波，对电流进行 THD 分析得到，总谐波含量为 10.1%，谐振次频率的谐波含量为 6.1%。由图 4-42 可知，采用有源阻尼控制后，PQ 控制微电网变流器在稳态运行时输出电压和电流的谐波得到了有效的抑制，对电流进行 THD 分析得到，总谐波含量降低为 4.9%，谐振次谐波含量减小为 1.3%。

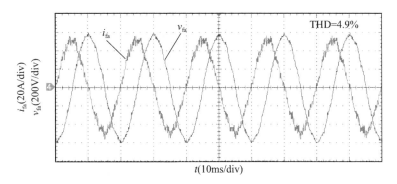

图 4-42 采用有源阻尼控制的 PQ 变流器输出电压与电流

（2）下垂控制变流器谐波抑制实验

为验证 4.4.2 节输出电压谐波分量抑制方法的有效性，采用单台下垂控制变流器与集中式负荷组成的孤岛微电网系统进行实验验证，实验拓扑结构如图 4-43 所示，线路阻抗长度为 0.5km（线路阻抗参数为表 2-2 中的低压线路参数），系统的负荷为 10kW 线性负荷及 3kW 不控整流负荷。

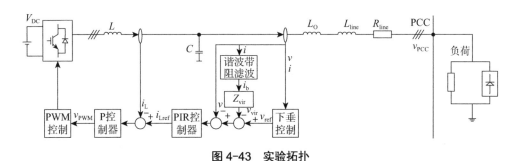

图 4-43 实验拓扑

由于不控整流产生的谐波主要分布在 5 次和 7 次，所以本实验主要针对 5 次、7 次进行谐波抑制控制。实验初始时系统中不采用任何谐波控制策略，T_0 时刻下垂控制变流器均切换至 4.4.2 节给出的电能质量改善控制方法，实验结果如图 4-44 ～图 4-46 所示。其中，图 4-44 为系统的电压、电流响应波形；图 4-45 为不采用谐波控制策略时，下垂控制变流器的各次谐波电压百分比；图 4-46 为采用谐波控制策略时，下垂控制变流器的各次谐波电压百分比。

图 4-44 表明，当系统不采用谐波电压抑制策略时，在虚线框 P_1 对应的过程内，下垂控制变流器的电压中含有较高的 5 次、7 次谐波。由图 4-45 可知，此时下垂控制变流器的 5 次谐波电压谐波百分比为 3.2%、7 次谐波电压谐波百分比为 3.5%。当系统采用谐波电压抑制策略后，在虚框 P_2 对应的过程内，下垂控制变流器的 5 次、7 次电压谐波得到了较好的抑制。由图 4-46 可知，此时下垂控制变流器的 5 次、7 次电压谐波百分比均分别降低到 0.8% 和 0.6%。

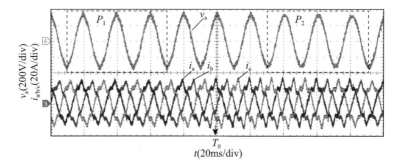

图 4-44　采用电压谐波抑制控制前后的 DSMS 响应

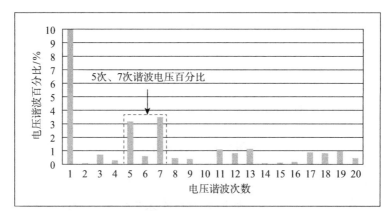

图 4-45　未采用电压谐波抑制的下垂控制变流器谐波电压百分比

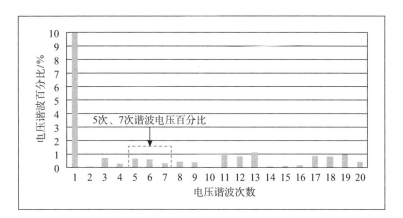

图 4-46　采用电压谐波抑制后的下垂控制变流器谐波电压百分比

4.5　基于二次控制微电网谐波抑制

4.4.2 节的分析表明，微电网中单相负荷的存在导致了不平衡负荷电流的产生，而不平衡负荷电流将会导致微电网系统的电压产生不平衡现象。不平衡电压会带来系统损耗增加、感应电机效率降低等问题，严重的电压不平衡将会影响微电网系统的稳定运行。因此，我国的《电能质量三相电压不平衡》（GB/T 15543）规定，分布式供电系统 PCC 三相电压不平衡度不应超过 2%，短时不超过 4%。

孤岛运行的微电网中，下垂控制变流器为系统提供电压支撑，由 4.4.2 节的分析可知，通过设计输出阻抗可实现下垂控制变流器输出电压的控制，但由于线路阻抗的存在，使得下垂控制变流器输出电压与 PCC 电压存在差异，所以下垂控制变流器无法通过测量自身输出电压实现 PCC 电压的精确控制。因此，本部分将通过等效电路分析下垂控制变流器输出电压、线路阻抗压降与 PCC 电压基波负序分量之间的关系，进而给出降低 PCC 电压不平衡度的控制方法。

4.5.1　线路阻抗对 PCC 不平衡电压的影响分析

本部分分析以多变流器组网、集中式负荷形式的微电网为例，对下垂控制变流器输出电压、PCC 电压及线路阻抗电压基波负序分量之间的关系进行分析。根据 4.4.2 节的分析可知，下垂控制变流器可等效为电压源与输出阻抗的串联，PQ 控制变流器可等效为电流源与等效阻抗的并联，因此，一个由三台下垂控制变流器与两台 PQ 控制变流器构成的微电网结构等效电路如图 4-47 所示。

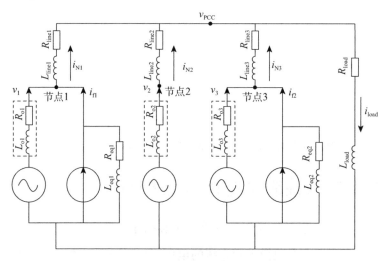

图 4-47　微电网系统等效电路

图中，$v_i(i=1，2，3)$ 代表下垂控制变流器 i 的输出电压、i_{Ni} 代表节点 i 的输出电流、L_{oi} 代表下垂控制变流器 i 的输出电感、R_{oi} 代表下垂控制变流器 i 的输出电阻、L_{linei} 代表下垂控制变流器 i 与 PCC 间的线路电感、R_{linei} 代表下垂控制变流器 i 与 PCC 间的线路电阻、$i_{fu}(u=1，2)$ 代表 PQ 控制变流器 u 的输出电流、R_{equ} 代表 PQ 控制变流器 u 的等效电阻、L_{equ} 代表 PQ 控制变流器 u 的等效电感、v_{PCC} 代表 PCC 电压、i_{load} 代表负荷电流、L_{load} 代表负荷等效电感、R_{load} 代表负荷等效电阻。

由 4.4.2 节的分析可得到下垂控制变流器 i 的输出电压：

$$
\begin{cases}
v_i = G_{u\_i}(s)v_{\text{ref}\_i} - Z_{ei\_i}(s)i_i - Z_{eo\_i}(s)i_i \\
v_{\text{ref}\_i} = v_{\text{ref}\_if} + \sum_{h=2}^{n} v_{\text{ref}\_ih} \\
v_i = v_{if} + \sum_{h=2}^{n} v_{ih} \\
i_i = i_{if} + \sum_{h=2}^{n} i_{ih}
\end{cases}
\tag{4.58}
$$

式中，v_i 代表下垂控制变流器 i 的输出电压、v_{ref_i} 代表电压指令、$G_{u\_i}(s)$ 代表电压指令系数传递函数、$Z_{ei\_i}(s)$ 代表内部阻抗传递函数、$Z_{eo\_i}(s)$ 代表外部阻抗传递函数（虚拟阻抗与指令电压系数传递函数之积）、v_{ref_if} 代表下垂控制变流器 i 的指令电压基波正序分量、v_{ref_ih}（$h=1$，2，$\cdots$，n）代表指令电压 h 次谐波分量、v_{if} 代表输出电压基波正序分量、v_{ih} 代表输出电压 h 次谐波分量、i_{if} 代表输出电流基波正序分量、i_{ih} 代表输出电流 h 次谐波分量。

设下垂控制变流器 i 线路阻抗压降为 v_{linei}，则可根据图 4-47 计算 PCC 的电压 v_{PCC} 表示如下：

$$\begin{cases} v_{PCC} = v_i - v_{linei} \\ v_{PCC} = v_{PCC\_f} + \sum_{h=2}^{n} v_{PCC\_h} \\ v_{linei} = v_{linei\_f} + \sum_{h=2}^{n} v_{linei\_h} \end{cases} \tag{4.59}$$

式中，v_{PCC_f} 代表 PCC 电压的基波正序分量、v_{PCC_h} 代表 PCC 电压的 h 次谐波分量、v_{linei_f} 代表下垂控制变流器线 i 的路阻抗压降的基波正序分量、v_{linei_h} 代表下垂控制变流器线 i 的线路阻抗压降的 h 次谐波分量。由式（4.59）可得到 PCC 电压的基波负序分量表示如下：

$$\begin{cases} v_{PCC\_n} = v_{i\_n} - v_{linei\_n} \\ v_{i\_n} = v_{ref\_in} - Z_{ei\_in}i_{i\_n} - Z_{eo\_in}i_{i\_n} \end{cases} \tag{4.60}$$

式中，v_{PCC_n} 代表 PCC 电压的基波负序分量电压、v_{ref_in} 代表下垂控制变流器线 i 电压指令的基波负序分量指令电压 [$G_{u\_i}(s)$ 在基波负序频率处对应值与指令电压基波负序分量之积]、i_{i_n} 代表下垂控制变流器线 i 输出电流的基波负序分量输出电流、Z_{ei_in} 代表下垂控制变流器线 i 负序内部阻抗的基波负序分量 [$Z_{ei\_i}(s)$ 在基波负序频率处对应的阻抗]、Z_{eo_in} 代表下垂控制变流器线 i 负序外部阻抗的基波负序分量 [$Z_{eo\_i}(s)$ 在基波负序频率处对应的阻抗]。

根据式 (4.60) 可得到各电压矢量关系如图 4-48 所示:

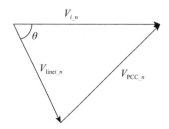

图 4-48　下垂控制变流器 i 与 PCC 的基波负序电压矢量关系

图 4-48 中，θ 代表 V_{i_n} 与 $V_{\text{line}i\_n}$ 的夹角。图 4-48 表明，在 V_{i_n}、$V_{\text{line}i\_n}$ 幅值一定的前提下，随着 θ 的改变，V_{PCC_n} 的幅值也发生变化，可推论，存在某些工况（如 $\theta=90^\circ$），V_{PCC_n} 的幅值大于 V_{i_n}。根据电压的不平衡度定义可知，某一电压的不平衡度为其基波负序电压矢量幅值与基波正序电压矢量幅值之比，可推论当线路阻抗存在时，下垂控制变流器线 i 与 PCC 电压的基波负序分量不一致，导致了两者不平衡度的差异，根据 GB/T 15543 的规定，分布式供电系统公共连接点的三相电压不平衡度不应超过 2%，短时不超过 4%。以上分析表明，若只控制下垂控制变流器线 i 的电压不平衡度，系统中会存在下垂控制变流器线 i 的电压不平衡度符合标准，而 PCC 电压不平衡度不符合标准的现象。

4.5.2　抑制 PCC 不平衡电压控制方法的实现

由 4.5.1 节的分析可知，在孤岛模式下，由于线路阻抗的存在，导致下垂控制变流器线输出电压与 PCC 电压的基波负序分量存在差异，因此，无法只通过测量下垂控制变流器线输出电压基波负序分量来实现 PCC 电压不平衡度的精确控制。式 (4.59) 表明，改变下垂控制变流器线 i 输出电压的基波负序分量，可实现 PCC 电压基波负序分量的调节。实际控制中，下垂控制变流器线 i 一次控制的指令电压大多只含有基波正序分量，所以设 $v_{\text{ref}\_in}=0$。根据二次控制特性可知，二次控制可实现 PCC 电压的测量，且可通过通信环节反馈给下垂控制变流器线 i，本文设二次控制反馈的 PCC 电压基波负序分量表示如下：

$$v_{\text{fed}\_in} = k_{\text{fed}\_n} v_{\text{PCC}\_n} \tag{4.61}$$

式中，v_{fed_in} 代表下垂控制变流器线 i 的二次控制反馈电压基波负序分量、k_{fed_n} 代表反馈电压基波负序分量比例系数。将 v_{ref_in} 与 v_{fed_in} 之差作为微电网变流器 i 二次控制的指令电压基波负序分量（$-v_{\text{fed}\_in}$），将该指令电压基波负序分量代入式（4.60）后，PCC 处电压的基波负序分量变为原取值的（$1-k_{\text{fed}\_n}$）倍，可见，通过对 PCC 电压基波负序分量的负反馈控制，能实现微电网系统 PCC 电压基波负序分量的控制。

基于以上分析，本文提出一种基于二次控制降低 PCC 不平衡电压的控制方法，在二次控制中计算下垂控制变流器线输出电压的基波负序分量补偿指令，并通过通信方式将指令传递给下垂控制变流器线，下垂控制变流器线输出电压的基波负序分量补偿指令计算方法如图 4-49 所示。

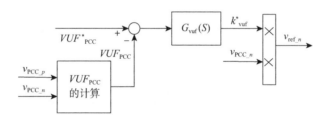

图 4-49　下垂控制变流器线的基波负序分量补偿指令计算方法

图中，VUF^*_{PCC} 代表 PCC 电压不平衡度指令值、VUF_{PCC} 代表 PCC 电压不平衡度反馈值、v_{PCC_n} 代表 PCC 电压基波负序分量、v_{PCC_p} 代表 PCC 电压基波正序分量、v_{ref_n} 代表下垂控制变流器线电压基波负序分量补偿指令、$G_{\text{vuf}}(s)$ 代表电压不平衡度控制器传递函数、k^*_{vuf} 代表电压不平衡度比例系数。

PCC 电压的不平衡度计算方法如下：

$$VUF_{\text{PCC}} = \frac{\sqrt{v_{\text{PCC}\_nd}^2 + v_{\text{PCC}\_nq}^2}}{\sqrt{v_{\text{PCC}\_pd}^2 + v_{\text{PCC}\_pq}^2}} \tag{4.62}$$

式中，v_{PCC_pd} 代表 PCC 电压在同步旋转坐标系下的基波正序 d 轴分量、v_{PCC_pq}

代表 PCC 电压在同步旋转坐标系下的基波正序 q 轴分量、v_{PCC_nd} 代表 PCC 电压在同步旋转坐标系下的基波负序 d 轴分量、v_{PCC_nq} 代表 PCC 电压在同步旋转坐标系下的基波负序 q 轴分量。

根据以上分析，可得降低图 4-47 系统 PCC 电压不平衡度的系统控制方法如图 4-50 所示。

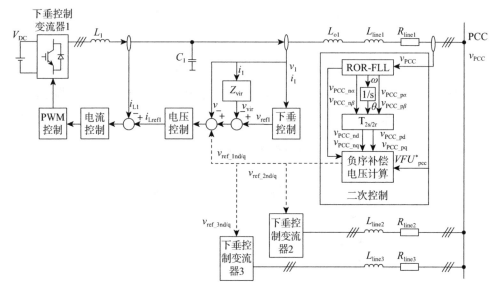

图 4-50　降低 PCC 不平衡电压的二次控制方法

图 4-50 中，L_1 代表下垂控制变流器线 1 侧滤波电感、C_1 代表下垂控制变流器线 1 的滤波电容、L_{o1} 代表下垂控制变流器线 1 微电网侧滤波电感、v_{ref1} 代表下垂控制变流器线的指令电压、v_1 代表下垂控制变流器线 1 输出电压、v_{PCC} 代表 PCC 电压、i_{Lref1} 代表下垂控制变流器线 1 指令电流、i_1 代表下垂控制变流器线 1 输出电流、i_{L1} 代表下垂控制变流器线 1 滤波电感电流、$R_{line i}$(i=1，2，3) 代表下垂控制变流器线 i 的线路电阻、$L_{line i}$ 代表下垂控制变流器线 i 的线路电感、$v_{PCC\_p\alpha}$ 代表 PCC 电压在静止坐标系下的 α 轴基波正序分量、$v_{PCC\_p\beta}$ 代表 PCC 电压在静止坐标系下的 β 轴基波正序分量、$v_{PCC\_n\alpha}$ 代表 PCC 电压在静止坐标系下的 α 轴基波负序分量、$v_{PCC\_n\beta}$ 代表 PCC 电压在静止坐标系下的 β 轴基波负序分量、v_{ref_ind}

代表下垂控制变流器线 i 电压补偿指令在同步旋转坐标系下的 d 基波负序分量、$v_{\text{ref\_inq}}$ 代表下垂控制变流器线 i 电压补偿指令在同步旋转坐标系下的 q 轴基波负序分量、ω 代表 PCC 电压的角频率、θ 代表 PCC 电压角频率积分生成的相角。

图 4-50 中，实现 PCC 电压基波正、负序分量分离的模块为 ROR-FLL(Reduced Order Resonant-Frequency Locked Loop)[12, 13]，ROR-FLL 的基波正、负序分离控制框图如图 4-51 所示。

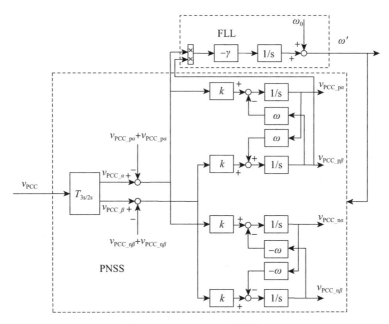

图 4-51 ROR-FLL 控制框

图 4-51 中，PNSS 部分为基波正、负序分离模块，FLL 部分为锁频环计算模块，$T_{3s/2s}$ 代表克拉克变换模块，ω_0 代表微电网额定角频率、k 代表降解谐振调节器增益系数、γ 代表 FLL 负反馈增益系数、$v_{\text{PCC\_}\alpha}$ 代表 PCC 电压在静止坐标系下的 α 轴分量、$v_{\text{PCC\_}\beta}$ 代表 PCC 电压在静止坐标系下的 β 轴分量。

考虑到二次控制的通信速率较低，因此本文采用坐标变换将 PCC 电压基波负序分量变换为同步旋转坐标系下的直流量，降低通信速率对控制精确度带来的影响，图 4-51 中实现由静止坐标系至同步旋转坐标系变换计算的模块为 $T_{2s/2r}$，计算方法见第 2 章。基波负序分量补偿指令的计算方法如图 4-49 所示，$G_{vuf}(s)$ 选取为 PI 控制器传递函数。在得到基波负序分量补偿指令后，二次控制采用通信方法将指令传递给各下垂控制变流器，各下垂控制变流器基于一次控制实现基波负序分量补偿指令的跟踪。在一次控制中，选取内环的控制器为 PIR 形式，以实现基波正序、基波负序分量的联合控制。

由图 4-50 可得到降低 PCC 不平衡电压控制的传递函数框图如图 4-52 所示。

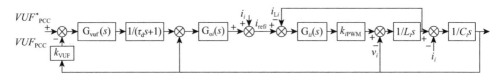

图 4-52　降低 PCC 不平衡电压的二次控制传递函数

图 4-52 中，τ_d 代表通信延时环节的时间常数、$G_{oi}(s)$ 代表下垂控制变流器 i 外环控制器传递函数、$G_{ii}(s)$ 代表下垂控制变流器 i 内环控制器传递函数、k_{iPWM} 代表下垂控制变流器 i 的 PWM 控制环节等效增益、k_{VUF} 代表电压不平衡度计算环节等效增益、L_i 代表下垂控制变流器 i 的滤波电感、C_i 代表下垂控制变流器 i 滤波电容、v_i 代表下垂控制变流器 i 输出电压、i_i 代表下垂控制变流器 i 输出电流、i_{Li} 代表下垂控制变流器 i 滤波电感电流。

由于二次控制时间尺度远大于下垂控制变流器控制器的时间尺度，因此将下垂控制变流器的内部控制器及主电路环节采用一个惯性环节进行等效，该惯性环节带宽与下垂控制变流器外环带宽一致，由此可得到图 4-52 的简化传递函数框图如图 4-53 所示。

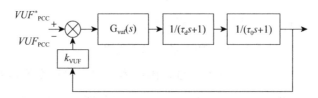

图 4-53　降低 PCC 不平衡电压的二次控制简化传递函数

图 4-53 中，τ_0 代表下垂控制变流器等效惯性环节时间常数。由图 4-53 可得到二次控制环节的传递函数如下：

$$G_{\text{VUF}}(s) = \frac{k_{\text{p\_sec}}s + k_{\text{i\_sec}}}{\tau_0\tau_{\text{d}}s^3 + (\tau_0 + \tau_{\text{d}})s^2 + (k_{\text{p\_sec}} + 1)s + k_{\text{i\_sec}}k_{\text{VUF}}} \tag{4.63}$$

式中，$k_{\text{p\_sec}}$ 代表二次控制环节比例系数、$k_{\text{i\_sec}}$ 代表二次控制环节积分系数。

将二次控制时延环节时间由 20ms 增加至 100ms，根据式（4.63）可求得随着延时环节时间常数增加，系统的闭环传递函数根轨迹变化如图 4-54 所示。

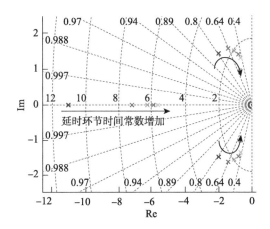

图 4-54　延时环节时间常数增加对应的根轨迹

图 4-54 表明，系统的特征根由一对共轭复数和一个实数组成，随着延时环节时间常数的增加，系统的三个特征根与虚轴的距离均不断减小，系统的主导极点阻尼系数也逐渐减小，系统的稳定性降低。根据以上分析可推论，为提高系统的稳定性，应尽可能降低二次控制的延时。

4.5.3　实验研究

采用如图 4-55 所示拓扑结构对本文提出的 PCC 不平衡电压控制策略进行实验测试，该系统由两台下垂控制变流器组成，负荷采用集中负荷形式。两台下垂控制变流器的线路阻抗长度分别为 0.5km 和 1km（线路阻抗参数为表 2-2 中的低压线路参数），PCC 处电压的不平衡度参考值为 1.5%，三相负荷阻抗分别为 5Ω、10Ω、7Ω。初始时微电网系统稳定运行在孤岛负荷不平衡工况下，T_1 时刻微电网系统的 PCC 不平衡电压控制策略启动，系统的实验结果如图 4-56、图 4-57 所示。

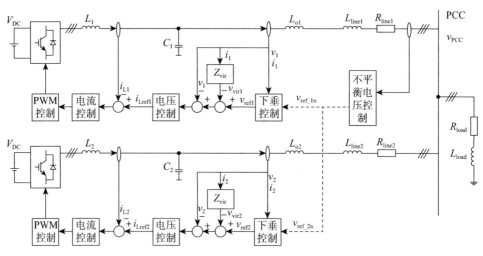

图 4-55　实验拓扑

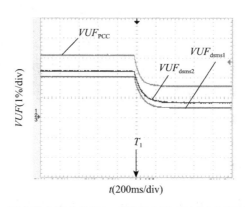

图 4-56　两台微电网变流器组成的微电网系统电压不平衡百分比

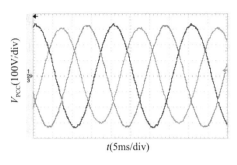

（a）无不平衡电压控制策略的 PCC 处电压

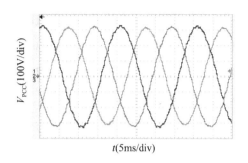

（b）采用不平衡电压控制策略的 PCC 处电压

图 4-57　PCC 电压

　　根据 GB/T 15543 规定，分布式供电系统公共连接点的三相电压不平衡度不应超过 2%，短时不超过 4%。图 4-56 表明，未采用不平衡电压控制策略时，PCC 节点处的电压不平衡百分比为 3%，超过 GB/T 15543 的规定值。采用不平衡电压控制策略后，PCC 节点处的电压不平衡百分比逐渐降低，最终稳定在电压不平衡度参考值 1.5% 处，此时，PCC 电压的不平衡度百分比满足 GB/T 15543 的规定值。在采用二次调节过程中，随着 PCC 节点电压不平衡度的降低，下垂控制变流器接入节点的电压不平衡度也随之降低，下垂控制变流器的输出电压电能质量获得提高。比较图 4-57（a）、图 4-57（b）可知，在不采用不平衡电压控制策略时，PCC 处的电压不平衡度更加明显，采用不平衡电压控制策略后，PCC 处的电压不平衡度降低。

4.6　本章小结

　　本章围绕微电网的谐波抑制展开研究，重点介绍了微电网中的谐波来源，并详细分析了谐波的产生机理与分布特性。同时，提出了一种低次谐波的有效监测方法，并给出了微电网中谐波电压与谐波电流的抑制方法。具体内容如下：

（1）从微电网变流器的控制策略与主电路出发，分别分析了微电网变流器的高次谐波与低次谐波特性，并给出了微电网中谐波源的等效电路。基于该分析，建立了微电网系统的谐波分布计算等效电路模型，给出了不同构成前提下，微电网系统的谐波分布计算方法。

（2）给出了常用的谐波检测方法，并分析了低次谐波在旋转坐标系中的表示方式。给出了一种基于解耦控制和多旋转坐标变换的分布式电源谐波检测方法，通过建立控制模型分析了该谐波检测方法的动态性能，并给出了该检测方法关键参数的计算原则。

（3）从微电网变流器的等效电路入手，分析了 PQ 控制与下垂控制变流器的等效电路，并最终得到了影响二者谐波特性的关键参数。基于分析，分别给出了两种微电网变流器的谐波抑制方法。

（4）建立了不平衡负荷条件下微电网系统的谐波等效电路，分析了不平衡负荷对微电网系统 PCC 节点电压的影响。提出了一种基于二次调压控制的 PCC 谐波电压抑制算法，并分析了影响该控制算法稳定性的关键参数。

参考文献：

[1] 何致远, 韦巍. 基于虚拟磁链的PWM整流器直接功率控制研究[J]. 浙江大学学报（工学版）, 2004, 38(12)：1619-1622.

[2] K Bresnahan, P H Zelaya de la, R Teodorescu, *et al*. Harmonic Analysis of SVM and Experimental Verification in a General Purpose Induction Motor Test Rig[J]. 5th International Conference on Power Electronics and Variable-Speed Drives, London, UK, 1994, 399：352-356.

[3] 杜天军，陈光，谢永乐，等. 基于频域内插抗混叠Shannon小波包变换的谐波检测方法[J]. 电网技术，2005, 29(11)：14-19.

[4] 王小华，何怡刚. 一种新的基于神经网络的高精度电力系统谐波分析算法[J]. 电网技术，2005, 29(3)：72-75.

[5] 王宝诚，伞国成，郭小强，等. 分布式发电系统电网同步锁相技术[J]. 中国电机工程学报，2013，33（1）：50-55.

[6] 周鹏，贺益康，胡家兵. 电网不平衡状态下风电机组控制中电压同步信号的检测[J]. 电工技术学报，2008，23（5）：108-113.

[7] Jinwei H，Yun W L. Generalized Closed-Loop Control Schemes with Embedded Virtual Impedances for Voltage Source Converters with LC or LCL Filters[J]. Power Electronics，IEEE Transactions on，2012，27（4）：1850-1861.

[8] 张禄，金新民，唐芬，等. 电网电压对称跌落下的双馈感应发电机PI-R控制及改进[J]. 中国电机工程学报，2013，33（3）：106-116，插13.

[9] 赵清林，郭小强，邬伟扬. 单相逆变器并网控制技术研究[J]. 中国电机工程学报，2007，27（16）：60-64.

[10] 王中，孙元章，李国杰，等. 双馈风力发电机定子电流谐波分析[J]. 电力自动化设备，2010，30（6）：1-5.

[11] 徐海亮，胡家兵，贺益康. 电网谐波条件下双馈感应风力发电机的建模与控制[J]. 电力系统自动化，2011，35（11）：20-26，81.

[12] 李葛亮，谢桦，赵新，等. 基于降阶谐振调节器的正负序分量检测方法[J]. 电力系统保护与控制，2013（14）：41-47.

[13] 赵新，金新民，周飞，等. 基于比例积分——降阶谐振调节器的并网逆变器不平衡控制[J]. 中国电机工程学报，2013（19）：84-92.

第5章 微电网的稳定性分析

在并网状态下，由于微电网的容量远小于大电网的容量，所以其稳定性主要受大电网稳定性的影响；而在孤岛运行状态下，微电网的稳定性由微电网变流器维持，所以微电网的稳定性主要围绕孤岛状态下的稳定性。根据 IEEE Std 1547.4™-2011 标准中的 5.4.4 节，可得到孤岛运行状态下微电网稳定性分析主要包含以下几个部分：

微电网小信号稳定性分析。由于微电网中的分布式电源多采用电力电子装置接入微电网，电力电子装置具有控制灵活、响应速度快的优势，但由于系统的惯性较小，导致其易产生振荡失稳现象，因此需通过建模对系统的静态稳定性进行分析。

微电网系统暂态的稳定性分析。对于微电网系统内的负荷而言，在大扰动发生条件下，系统内静态负荷对系统暂态稳定性的影响较小，而电动机类负荷由于具有暂态时变特性，因此，该类负荷将对微电网系统的稳定性产生影响。

为了分析方便，本章将采用 PQ 控制的微电网变流器统称为供电微源（Feeding Micro Source，FMS），而采用下垂控制的微电网变流器称为下垂控制支撑微源（Droop-cntrol Surpporting Micro Source，DSMS）。依据微电网变流器不同的组网模式，分别对不同类型的微电网系统构造方式进行了总结，并给出了不同类型微电网系统的小信号稳定分析方法。采用发电机启动过程作为大扰动前提，分析了该过程对微电网系统稳定性的影响；同时分析了发电机负荷暂态特性对电网故障产生的影响，并采用仿真结果验证了理论分析的正确性。

5.1 小信号稳定性分析概述

小信号稳定即小干扰稳定，是指系统遭受到小扰动后保持稳定运行的能力，小扰动是指扰动造成的影响足够小，可实现对系统模型的线性化且不影响分析精度 [1,2]。对于电力系统这样的非线性系统而言，系统内负荷的随机增减、参数缓慢变化等都属于小扰动的范畴，一个稳定的电力系统，首先必须满足小信号稳定，否则，即使在稳态工况下，系统也无法正常运行 [3]。微电网内含有大量电力电子装置，系统的模型呈现非线性特性，而其内部的负荷增减、参数变化与传统电力系统相类似，也可将其划分为小扰动范围，因此，可采用小信号稳定性分析方法对微电网的静态稳定性进行分析。

5.1.1 小信号稳定性分析过程的建模

状态方程是常用的描述时变系统的方式，其中，系统的状态变量为任意选取的一组 n 个线性独立的变量。状态变量的选取不具有唯一性，同一个系统可能有多种不同的状态变量选取方法，状态变量与系统的输入量一起为系统行为提供完整的描述。状态变量也不一定在物理上可测量，有时只具有数学意义，而无任何物理意义。状态变量的选择方式不唯一，即表明：表示系统状态信息的方式不唯一，但并不意味着任何时刻系统的状态不唯一，只是选择任意组状态变量均能够提供相同的系统信息 [4]。

根据状态方程的构成特性可知，对于非线性动态系统而言，可以通过 n 个一阶非线性常微分代数方程进行描述，若将该系统用向量矩阵形式进行表示，可得到 [2]：

$$
\begin{cases}
\dot{x} = f(x, u, t) \\
\dot{y} = g(x, u, t)
\end{cases}
\tag{5.1}
$$

其中：

$$\begin{cases} \boldsymbol{x} = \begin{bmatrix} x_1 & x_2 & \cdots & x_n \end{bmatrix}^{\mathrm{T}} \\ \boldsymbol{u} = \begin{bmatrix} u_1 & u_2 & \cdots & u_r \end{bmatrix}^{\mathrm{T}} \\ \boldsymbol{f} = \begin{bmatrix} f_1 & f_2 & \cdots & f_n \end{bmatrix}^{\mathrm{T}} \\ \boldsymbol{y} = \begin{bmatrix} y_1 & y_2 & \cdots & y_m \end{bmatrix}^{\mathrm{T}} \\ \boldsymbol{g} = \begin{bmatrix} g_1 & g_2 & \cdots & g_m \end{bmatrix}^{\mathrm{T}} \end{cases} \tag{5.2}$$

式（5.1）、式（5.2）中，n 代表系统的维数，r 代表输入量的个数，m 代表输出量的个数，$\boldsymbol{x}$ 代表系统的状态向量，$\boldsymbol{u}$ 代表系统的输入向量，$\boldsymbol{y}$ 代表系统的输出向量，$\boldsymbol{f}$ 代表将状态变量和输入变量联系在一起的非线性函数向量，$\boldsymbol{g}$ 代表将状态变量、输入变量和输出变量联系在一起的非线性函数向量，T 代表时间，$\dot{\boldsymbol{x}}$ 代表状态向量对时间的导数，$\dot{\boldsymbol{y}}$ 代表输出向量对时间的导数。如果状态变量的微分不是时间的显函数，则系统成为自治系统，此时，式 (5.1) 可表达为：

$$\begin{cases} \dot{\boldsymbol{x}} = \boldsymbol{f}(\boldsymbol{x}, \boldsymbol{u}) \\ \dot{\boldsymbol{y}} = \boldsymbol{g}(\boldsymbol{x}, \boldsymbol{u}) \end{cases} \tag{5.3}$$

在获得了非线性系统的状态方程后，并不能针对其采用常用的线性系统分析方法。此时，可基于李雅普诺夫第一法来对该类系统进行研究。李雅普诺夫第一法是研究动态系统一次近似数学模型（线性化模型）稳定性的重要方法，其非线性系统稳定性分析基本思路是：对于非线性系统而言，当系统受到小扰动时，非线性模型可以在平衡点附近进行线性化，得到线性化方程，在此基础上，求解状态方程组的特征值，然后根据全部特征值在复平面的分布来判断原非线性系统在零输入情况下的稳定性 [5]。系统的平衡点是指满足所有状态微分方程都为 0 的点，即运动轨迹上速度为零的点。在平衡点上，系统的所有变量都为恒定值，并且不随时间变化而变化，系统则处于静止状态。线性系统仅有一个平衡点（若系统的矩阵为非奇异矩阵），而非线性系统则可能存在多个平衡点。

根据平衡点的定义可知，对于非线性系统，可认为其稳定运行点即平衡点。由此，可得到微电网系统采用李雅普诺夫第一法判定系统稳定性的过程是：对系统稳定运行点的状态方程线性化并求取特征值，通过特征值特性判断系统的稳定性。

基于以上分析，可得到非线性系统的线性化模型计算过程如下：

设 $\boldsymbol{x}_0$ 代表非线性系统稳定运行时的状态向量，$\boldsymbol{u}_0$ 代表稳定运行时的输入向量，则式（5.3）可表示为

$$\begin{cases} \dot{\boldsymbol{x}}_0 = \boldsymbol{f}(\boldsymbol{x}_0, \boldsymbol{u}_0) = 0 \\ \dot{\boldsymbol{y}}_0 = \boldsymbol{g}(\boldsymbol{x}_0, \boldsymbol{u}_0) \end{cases} \tag{5.4}$$

对上述系统施加小扰动，即：

$$\begin{cases} \boldsymbol{x} = \boldsymbol{x}_0 + \Delta \boldsymbol{x} \\ \boldsymbol{u} = \boldsymbol{u}_0 + \Delta \boldsymbol{u} \end{cases} \tag{5.5}$$

式中，符号 Δ 代表小偏差。在受到小扰动后，系统满足式（5.3），可得到式（5.6）。

$$\begin{cases} \dot{\boldsymbol{x}} = \dot{\boldsymbol{x}}_0 + \Delta \dot{\boldsymbol{x}} = \boldsymbol{f}[(\boldsymbol{x}_0 + \Delta \boldsymbol{x}), (\boldsymbol{u}_0 + \Delta \boldsymbol{u})] \\ \dot{\boldsymbol{y}} = \dot{\boldsymbol{y}}_0 + \Delta \dot{\boldsymbol{y}} = \boldsymbol{g}[(\boldsymbol{x}_0 + \Delta \boldsymbol{x}), (\boldsymbol{u}_0 + \Delta \boldsymbol{u})] \end{cases} \tag{5.6}$$

在小扰动条件下，非线性函数可采用泰勒级数展开实现线性化，计算时保留常数项和一次项，可得到式（5.7）。

$$\begin{aligned} \dot{\boldsymbol{x}}_i &= \dot{\boldsymbol{x}}_{i0} + \Delta \dot{\boldsymbol{x}}_i = \boldsymbol{f}_i[(\boldsymbol{x}_0 + \Delta \boldsymbol{x}), (\boldsymbol{u}_0 + \Delta \boldsymbol{u})] \\ &= f_i(\boldsymbol{x}_0, \boldsymbol{u}_0) + \frac{\partial f_i}{\partial x_1} \Delta x_1 + \frac{\partial f_i}{\partial x_2} \Delta x_2 + \cdots + \frac{\partial f_i}{\partial x_n} \Delta x_n \\ &\quad + \frac{\partial f_i}{\partial u_1} \Delta u_1 + \frac{\partial f_i}{\partial u_2} \Delta u_2 + \cdots + \frac{\partial f_i}{\partial u_r} \Delta u_r \end{aligned} \tag{5.7}$$

式 (5.7) 中，$x_i(i=1, 2, \cdots, n)$ 代表输入向量中的任意一个值，x_{i0} 代表稳定运行点状态列向量中的任意一个值。由于 $\dot{x}_{i0}=f_i(\boldsymbol{x}_0, \boldsymbol{u}_0)$，所以可由式 (5.7) 得到式 (5.8)。

$$
\begin{aligned}
\Delta \dot{\boldsymbol{x}}_i &= \boldsymbol{f}_i[(x_{i0}+\Delta x_i),(u_{i0}+\Delta u_i)] \\
&= \frac{\partial f_i}{\partial x_1}\Delta x_1 + \frac{\partial f_i}{\partial x_2}\Delta x_2 + \cdots + \frac{\partial f_i}{\partial x_n}\Delta x_n \\
&\quad + \frac{\partial f_i}{\partial u_1}\Delta u_1 + \frac{\partial f_i}{\partial u_2}\Delta u_2 + \cdots + \frac{\partial f_i}{\partial u_r}\Delta u_r
\end{aligned}
\tag{5.8}
$$

由于 $\dot{y}_{i0}=\boldsymbol{g}_i(\boldsymbol{y}_0, \boldsymbol{u}_0)$，同理，可得到式 (5.9)。

$$
\begin{aligned}
\Delta \dot{\boldsymbol{y}}_j &= \boldsymbol{g}_j[(\boldsymbol{x}_0+\Delta \boldsymbol{x}),(\boldsymbol{u}_0+\Delta \boldsymbol{u})] \\
&= \frac{\partial g_j}{\partial x_1}\Delta x_1 + \frac{\partial g_j}{\partial x_2}\Delta x_2 + \cdots + \frac{\partial g_j}{\partial x_n}\Delta x_n \\
&\quad + \frac{\partial g_j}{\partial u_1}\Delta u_1 + \frac{\partial g_j}{\partial u_2}\Delta u_2 + \cdots + \frac{\partial g_j}{\partial u_r}\Delta u_r
\end{aligned}
\tag{5.9}
$$

式 (5.9) 中，$x_j(j=1, 2, \cdots, m)$ 代表输入向量中的任意一个值，x_{j0} 代表稳定运行点状态列向量中的任意一个值。基于此，可得到动态非线性系统的线性化形式如式 (5.10)（小信号模型）所示。

$$
\begin{cases}
\Delta \dot{\boldsymbol{x}} = \boldsymbol{A}\Delta \boldsymbol{x} + \boldsymbol{B}\Delta \boldsymbol{u} \\
\Delta \dot{\boldsymbol{y}} = \boldsymbol{C}\Delta \boldsymbol{x} + \boldsymbol{D}\Delta \boldsymbol{u}
\end{cases}
\tag{5.10}
$$

式 (5.10) 中，$\Delta \boldsymbol{x}$ 为 n 维的状态变量，$\Delta \boldsymbol{y}$ 为 m 维的输出变量，$\Delta \boldsymbol{u}$ 为 r 维的输入变量，$\boldsymbol{A}$ 为 $n \times n$ 阶的状态矩阵，$\boldsymbol{B}$ 为 $n \times r$ 阶控制或输入矩阵，$\boldsymbol{C}$ 为 $m \times n$ 阶输出矩阵，$\boldsymbol{D}$ 为 $m \times r$ 阶的前馈矩阵。各系数矩阵表示如式 (5.11) 所示。

$$A = \begin{bmatrix} \dfrac{\partial f_1}{\partial x_1} & \cdots & \dfrac{\partial f_1}{\partial x_n} \\ \cdots & \cdots & \cdots \\ \dfrac{\partial f_n}{\partial x_1} & \cdots & \dfrac{\partial f_n}{\partial x_n} \end{bmatrix} \qquad B = \begin{bmatrix} \dfrac{\partial f_1}{\partial u_1} & \cdots & \dfrac{\partial f_1}{\partial u_n} \\ \cdots & \cdots & \cdots \\ \dfrac{\partial f_n}{\partial u_1} & \cdots & \dfrac{\partial f_n}{\partial u_r} \end{bmatrix}$$

$$C = \begin{bmatrix} \dfrac{\partial g_1}{\partial x_1} & \cdots & \dfrac{\partial g_1}{\partial x_n} \\ \cdots & \cdots & \cdots \\ \dfrac{\partial g_m}{\partial x_1} & \cdots & \dfrac{\partial g_m}{\partial x_n} \end{bmatrix} \qquad D = \begin{bmatrix} \dfrac{\partial g_1}{\partial u_1} & \cdots & \dfrac{\partial g_1}{\partial u_r} \\ \cdots & \cdots & \cdots \\ \dfrac{\partial g_m}{\partial u_1} & \cdots & \dfrac{\partial g_m}{\partial u_r} \end{bmatrix} \tag{5.11}$$

设式 (5.10) 所示的系统为零输入系统,则根据李雅普诺夫第一法的判定思路,需首先计算系统的特征值,根据系统特征值的计算方法可得式 (5.12)。

$$\det(s\boldsymbol{I} - \boldsymbol{A}) = 0 \tag{5.12}$$

式 (5.12) 中,$\boldsymbol{I}$ 代表 $n \times n$ 阶单位矩阵,det 代表矩阵的求秩运算。

5.1.2 小信号稳定性分析的稳定性判定

当获得系统的特征值后,可根据李雅普诺夫第一法来实现系统稳定性的判定。按照控制系统理论,非线性系统稳定性分类可按照状态向量在状态空间的区域大小来划分,具体分为: 局部稳定(小范围稳定)、有限稳定、全局稳定(大范围稳定)。这几种稳定性描述的详细内容如下:

（1）局部稳定。系统受到小扰动后,若其仍能够回到围绕在平衡点附近的小区域范围内,则说明该系统在此平衡点上是局部稳定的。如果随着时间的增加,系统返回到原始状态,则说明该系统在小范围内是渐近稳定的。局部稳定（小扰动下的稳定）可以将非线性系统方程在所关注的平衡点上进行线性化研究。

（2）有限稳定。系统受到小扰动后,如果系统的状态保持在有限区域 R 内,说明系统在 R 这个区域内是稳定的。若系统状态从 R 内的任意点出发,仍回到原始平衡点,则说明系统在 R 这个区域内是渐近稳定的。

（3）全局稳定。如果有限区域 R 包含全部有限空间，则说明系统全局稳定。

李雅普诺夫第一法的判定原则是：若式（5.12）计算得到的特征值均具有负实部，则系统是渐近稳定的；相反，若系统中存在一个或多个不具有正实部的特征值，则系统是不稳定的；当系统存在一个或多个实部为 0 的特征值，而其他特征值实部为负时，系统处于临界稳定状态。由于电力系统不允许运行在临界稳定状态下，因此，在电力系统小信号稳定性分析中，将后两种情况均视为不稳定[129]。系统特征值可以是实数或者复数，对于式（5.12）来说，如果系数矩阵 A 为实数阵，则特征值中的复数总是以共轭的形式出现，其表示如下所示。

$$\lambda = \sigma + j\omega \tag{5.13}$$

对于特征值来说，其实部表示阻尼，虚部表示振荡频率。负实部表示有阻尼的振荡，而正实部表示增幅振荡，当特征值不存在虚部时，系统为无振荡模式。所以可推论，只有当系统特征值存在负实部时，系统才是稳定的。根据该分析原则，给出了如图 5-1 所示的几种典型的特征值组合示意图。

在图 5-1(a)、图 5-1(c) 两种工况下，系统的所有特征值均具有负实部，根据李雅普诺夫第一法判定原则可知系统在这两种工况下是稳定的；在图 5-1(d) 工况下，系统的两个特征值实部均为 0，则可判定系统在这种工况下临界稳定；在图 5-1(b)、图 5-1(e)、图 5-1(f) 工况下，系统存在一个或两个特征值实部为正数，则可判定系统在这种工况下不稳定。

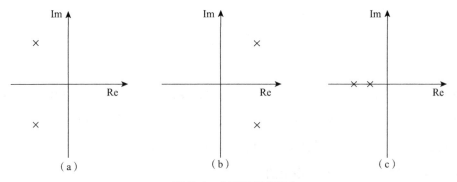

图 5-1　典型特征值组合

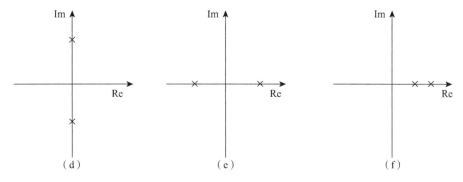

图 5-1　典型特征值组合（续）

5.2　微电网系统的小信号建模与分析

微电网系统主要由变流器和负荷构成，而微电网变流器呈现非常强的动态时变与非线性特性，因此，采用常规的线性建模与分析方法无法实现微电网系统的稳定性分析。考虑到小信号模型分析方法能够较好地实现非线性模型的线性化，并可通过特征值计算实现稳定性分析与计算。因此，本部分将借助小信号建模方法对两种典型的微电网进行建模，并给出两种模型的分析过程。

5.2.1　集中式负荷系统的小信号建模

在孤岛模式的微电网中，各节点的电压特性参数是系统主要的状态描述之一，因此，本文建模时主要选取系统的电压特性参数为状态变量。考虑到多个 DSMS 接入同一节点时，各 DSMS 的电压一致，而 FMS 对节点的电压特性无影响，因此，本文主要研究每个节点至少含有一个 DSMS 的微电网小信号建模方法，本节建模采用多 DSMS 和 FMS 组网的系统，如图 5-2 所示。

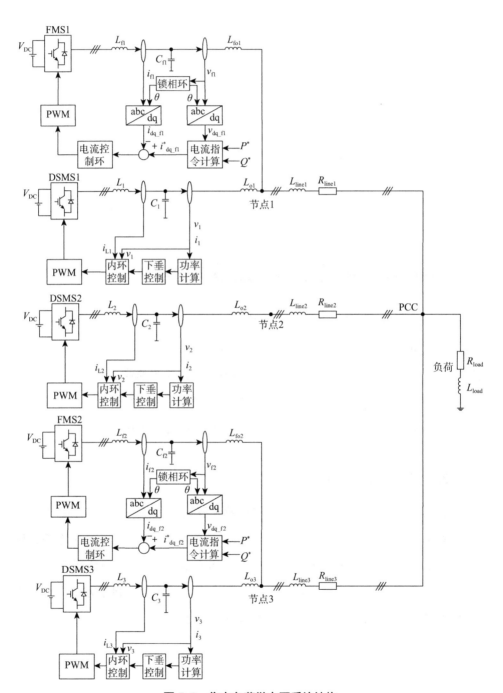

图 5-2 集中负荷微电网系统结构

图 5-2 中，L_i(i=1，2，3) 代表 DSMS i 侧滤波电感、C_i 代表 DSMS i 滤波电容、L_{oi} 代表 DSMS i 微电网侧滤波电感、v_i 代表 DSMS i 的输出电压、i_i 代表 DSMS i 的输出电流、i_{Li} 代表 DSMS i 的电感电流、v_{PCC} 代表 PCC 处电压、R_{linei} 代表节点 i 与 PCC 间的线路电阻、L_{linei} 代表节点 i 与 PCC 间的线路电感、R_{load} 代表负荷的等效电阻、L_{load} 代表负荷的等效电感、L_{fu}(u=1，2) 代表 FMS u 侧滤波电感、C_{fu} 代表 FMS u 滤波电容、L_{fou} 代表 FMS u 微电网侧滤波电感、v_{fu} 代表 FMS u 的输出电压、i_{fu} 代表 FMS u 的输出电流、v_{dq_fu} 代表 FMS u 输出电压在同步旋转坐标系中的 d 轴及 q 轴分量、i_{dq_fu} 代表 FMS u 的输出电流在同步旋转坐标系中 d 轴及 q 轴分量。

DSMS 是微电网的重要组成单元，其采用下垂控制方法实现了负荷的自主分配。考虑到 DSMS 的功率控制环时间尺度远大于内部控制环（类似发电机的机电控暂态控制时间尺度大于电磁暂态），因此，本文将采用 P-f、Q-V 外特性对 DSMS 进行描述。

实际应用中，DSMS 多采用 P-f、Q-V 控制形式，该下垂特性表示如图 5-3 所示。

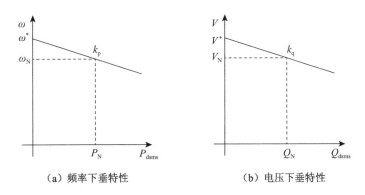

（a）频率下垂特性 （b）电压下垂特性

图 5-3 P-f 和 Q-V 下垂控制

图 5-3 中，k_p 代表频率下垂增益、k_q 代表电压下垂增益、ω^* 代表基准角频率、V^* 代表基准电压、P_{dsms} 代表输出有功功率、Q_{dsms} 代表输出无功功率、ω_N 代表额定角频率、V_N 代表额定电压、P_N 代表额定有功功率、Q_N 代表额定无功功率。

由图 5-3 可得到 DSMS 的下垂控制特性表示如式 (5.14) 所示。

$$\begin{cases} \omega = \omega^* - k_\text{p} P_\text{dsms} \\ V = V^* - k_\text{q} Q_\text{dsms} \end{cases} \tag{5.14}$$

在实际应用时，为达到降低 DSMS 输出频率和电压波动的目标，功率测量环节中通常需加入低通滤波环节，其带宽多选取为 $2 \sim 10\text{Hz}$[6]。可得到下垂控制特性的功率表达如式 (5.15) 所示。

$$\begin{cases} P_\text{dsms} = \dfrac{1}{\tau s + 1} p_\text{dsms} \\ Q_\text{dsms} = \dfrac{1}{\tau s + 1} q_\text{dsms} \end{cases} \tag{5.15}$$

式 (5.15) 中，τ 代表功率低通滤波环节时间常数、p_dsms 代表瞬时有功功率、q_dsms 代表瞬时无功功率，其他符号定义与图 5-3 一致。

选取 DSMS 的状态变量、输入变量如式 (5.16)。

$$\begin{cases} \boldsymbol{X} = \begin{bmatrix} \omega & V \end{bmatrix}^\text{T} \\ \boldsymbol{U} = \begin{bmatrix} P_\text{dsms} & Q_\text{dsms} \end{bmatrix}^\text{T} \end{cases} \tag{5.16}$$

将式 (5.15) 代入式 (5.14) 中，可得到 DSMS 的状态方程如式 (5.17) 所示。

$$\begin{cases} \dot{\omega} = -\dfrac{1}{\tau} \omega - \dfrac{1}{\tau} k_\text{p} P_\text{dsms} \\ \dot{V} = -\dfrac{1}{\tau} V - \dfrac{1}{\tau} k_\text{q} Q_\text{dsms} \end{cases} \tag{5.17}$$

本文采用 5.1.1 节介绍的方法进行小信号模型计算。由式 (5.17) 及图 5-2 可知，在进行小信号模型计算时，需计算输入变量与状态变量的函数关系，而 DSMS 的输出功率与电路其他部分相关，因此，下文中将对其进行详细计算。将 DSMS 的状态方程采用泰勒级数展开方法进行线性化，略去二次项，只保留一次项和常数项，得到的 DSMS 小信号模型如式 (5.18) 所示。

$$\begin{cases} \Delta \dot{\omega} = -\dfrac{1}{\tau}\Delta\omega - \dfrac{1}{\tau}k_p\Delta P_{dsms} \\ \Delta \dot{V} = -\dfrac{1}{\tau}\Delta V - \dfrac{1}{\tau}k_q\Delta Q_{dsms} \end{cases} \qquad (5.18)$$

式 (5.18) 中，符号 Δ 代表小偏差。

设图 5-2 所示系统的 PCC 电压矢量为基准矢量，选取系统的状态变量由节点电压相角、频率及幅值组成。由于各 DSMS 的输出电压即各节点电压，因此，由前文分析可得到，DSMS 状态变量共同组成了系统的状态变量，可得到系统的状态变量 X_{d_mg}、输入变量 U_{d_mg}、输出变量 Y_{d_mg} 表示如式 (5.19) 所示。

$$\begin{cases} X_{d\_mg} = \begin{bmatrix} \theta_1 & \omega_1 & V_1 & \cdots & \theta_3 & \omega_3 & V_3 \end{bmatrix}^T \\ U_{d\_mg} = \begin{bmatrix} P_{dsms1} & Q_{dsms1} & \cdots & P_{dsms3} & Q_{dsms3} \end{bmatrix}^T \\ Y_{d\_mg} = X_{d\_mg} \end{cases} \qquad (5.19)$$

式 (5.19) 中，$\theta_i(i=1,2,3)$ 代表节点 i 电压矢量的相角、ω_i 代表节点 i 电压的角频率、V_i 代表节点 i 电压的幅值。

由于节点 i 电压矢量的相角与角频率间存在微分关系，则可得到式 (5.20)。

$$\dot{\theta}_i = \omega_i \qquad (5.20)$$

因为 DSMS i 的电压矢量与节点 i 的电压矢量为同一矢量，所以，可根据式 (5.17)、式 (5.19)、式 (5.20) 得到如图 5-2 所示系统的状态方程式 (5.21)。

$$\begin{cases} \dot{X}_{d\_mg} = A_{d\_mg} \cdot X_{d\_mg} + B_{d\_mg} \cdot U_{d\_mg} \\ Y_{d\_mg} = X_{d\_mg} \end{cases} \qquad (5.21)$$

式 (5.21) 中，系数矩阵表示为式 (5.22)。

$$A_{d\_mg} = \begin{bmatrix} A_{11} & A_{12} & A_{13} \\ A_{21} & A_{22} & A_{23} \\ A_{31} & A_{32} & A_{33} \end{bmatrix} \qquad (5.22)$$

$$B_{d\_mg} = \begin{bmatrix} B_1 \\ B_2 \\ B_3 \end{bmatrix} \tag{5.23}$$

式（5.22）中，A_{ik}（k=1，2，3）代表 3 行 3 列的矩阵，当 i 等于 k 时其表示为式（5.24）。

$$A_{ii} = \begin{bmatrix} 0 & 1 & 0 \\ 0 & -\dfrac{1}{\tau_i} & 0 \\ 0 & 0 & -\dfrac{1}{\tau_i} \end{bmatrix} \tag{5.24}$$

其中，τ_i 代表 DSMS i 的功率低通滤波时间常数，当 i 与 k 不同时，该矩阵为 0 矩阵。式（5.23）中，B_i 代表 2 行 1 列的矩阵，表示为式（5.25）。

$$B_i = \begin{bmatrix} -\dfrac{k_{pi}}{\tau_i} \\ -\dfrac{k_{qi}}{\tau_i} \end{bmatrix} \tag{5.25}$$

其中，k_{pi} 代表 DSMS i 的频率下垂增益、k_{qi} 代表 DSMS i 的电压下垂增益。式（5.21）仅为如图 5-2 所示系统 3 个节点的描述，当系统节点发生改变时，系统的状态变量选取和状态空间描述方法与以上叙述一致，但两者的数量随节点改变。

由 5.1 节小信号模型计算方法描述可知，在得到任意系统的状态方程后，应将其在小扰动条件下进行线性化计算，进而得到系统小信号模型，线性化的方法如式（5.8）所示。由式（5.8）可知，任意状态变量和输入变量的系数在线性化过程中，均需对所有的状态变量和输入变量求取偏导。因此，需要计算输入变量与状态变量的函数关系式，本文采用等效电路计算其关系。实际系统中，集中式负荷的拓扑结构多种多样，无法对其进行列举，因此，本节给出了一种采用节点电压、电流矢量表示求取节点功率，并基于此计算输入变量与状态变量的关系，以下是详细计算方法。

采用参考文献 [7] 的模型等效方法，忽略 DSMS 内阻，将其等效为一个外特性为下垂特性的理想电压源。根据参考文献 [8] 可知，FMS 的内环控制指令为功率指令与输出电压之商，小信号稳定性基于系统的稳定状态实现，在稳定状态下，FMS 的功率指令和接入点电压均为常数，所以本文将 FMS 等效为一个输出电流恒定的理想电流源，可得到如图 5-2 所示系统的等效电路为图 5-4。

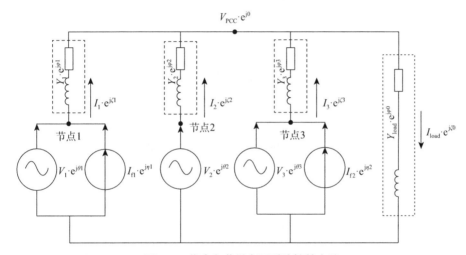

图 5-4　集中负荷微电网系统等效电路

设图 5-4 中 PCC 电压矢量表示为 $V_{\mathrm{PCC}} \cdot e^{j0}$，集中负荷的电流矢量表示为 $I_{\mathrm{load}} \cdot e^{j\xi 0}$，节点 i 的电压矢量表示为 $V_i \cdot e^{j\theta i}$（DSMS i 电压矢量），节点 i 的电流矢量为 $I_i \cdot e^{j\xi i}$，节点 i 与 PCC 的线路导纳表示为 $Y_i \cdot e^{j\varphi i}$（$i=1$，2，3），负荷的导纳表示为 $Y_{\mathrm{load}} \cdot e^{j\varphi 0}$，FMS u 的输出电流矢量为 $I_{\mathrm{fu}} \cdot e^{j\eta u}$（$u=1$，2）。由图 5-4 及电路原理可得到式（5.26）。

$$\begin{cases} \sum_{i=1}^{3} I_i \cdot e^{j\xi i} = I_{\mathrm{load}} \cdot e^{j\xi 0} \\ \sum_{i=1}^{3} I_i \cdot e^{j\xi i} = V_{\mathrm{PCC}} \cdot e^{j0} Y_{\mathrm{load}} e^{j\varphi 0} \\ I_i \cdot e^{j\xi i} = (V_i \cdot e^{j\theta i} - V_{\mathrm{PCC}} \cdot e^{j0}) Y_i \cdot e^{j\varphi i} \end{cases} \quad (5.26)$$

设所有 DSMS 线路导纳与负荷等效导纳之和表示为式（5.27）。

$$Y_{eq} \cdot e^{j\varphi eq} = \sum_{i=1}^{3} Y_i \cdot e^{j\varphi i} + Y_{load} \cdot e^{j\varphi 0} \tag{5.27}$$

由式（5.26）、式（5.27）可计算 PCC 电压矢量的表示如式（5.28）所示。

$$V_{PCC} \cdot e^{j0} = \frac{1}{Y_{eq}} \sum_{i=1}^{3} V_i \cdot e^{j(\theta i - \varphi eq)} Y_i \cdot e^{j(\varphi i - \varphi eq)} \tag{5.28}$$

则可计算节点 i 的视在功率表示如式（5.29）所示。

$$
\begin{aligned}
S_{Ni} = P_{Ni} + jQ_{Ni} &= \frac{3}{2} V_i \cdot e^{j\theta i} ((V_i \cdot e^{j\theta i} - V_{PCC} \cdot e^{j0}) Y_i \cdot e^{j\varphi i})^* \\
&= \frac{3}{2} (V_i^2 Y_i \cdot e^{-j\varphi i} - \frac{V_i Y_i}{Y_{eq}} \cdot e^{j(\theta i - \varphi i + \varphi eq)} \cdot \sum_{k=1}^{3} (V_k \cdot Y_k \cdot e^{-j(\theta k + \varphi k)}))
\end{aligned}
\tag{5.29}
$$

式（5.29）中，P_{Ni} 代表节点 i 的输出有功功率，Q_{Ni} 代表节点 i 的输出无功功率。

由图 5-4 可见，节点 1、3 的输出功率由 DSMS 与 FMS 两部分组成，而节点 2 的输出功率即 DSMS 输出功率，因此，需对节点 1、3 的 FMS 输出功率进行计算。考虑到实际应用时，FMS 的无功功率指令多设置为 0，所以可推论 FMS 的电流矢量与其接入点电压矢量同向且幅值为常数 [8, 9]。基于以上分析，可根据图 5-4 得到微电网系统的电压电流矢量关系如图 5-5 所示。

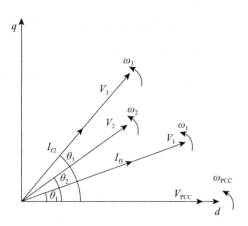

图 5-5 微电网系统电压电流矢量关系

图 5-5 中，V_{PCC} 代表 PCC 电压矢量、V_i 代表 DSMS i 电压矢量（节点 i 电压矢量）、θ_i 代表 DSMS i 电压矢量与 PCC 电压矢量的夹角、ω_{PCC} 代表 PCC 电压的角频率、ω_i 代表 DSMS i 电压的角频率、I_{fu} 代表 FMS u 的电流矢量。

由图 5-5 得到 FMS u 的输出功率表示为式（5.30）。

$$S_{fmsu} = P_{fmsu} + jQ_{fmsu} = \frac{3}{2}V_u I_{fu} e^{j0} \tag{5.30}$$

在计算得到式（5.30）后，可得到系统的输入变量表示为式（5.31）。

$$U_{d\_mg} = \begin{bmatrix} P_{N1} - P_{fms1} & Q_{dsms1} & P_{dsms2} & Q_{dsms2} & P_{N3} - P_{fms2} & Q_{dsms3} \end{bmatrix}^T \tag{5.31}$$

由式（5.29）～式（5.31）可得到图 5-3 系统的输入变量与状态变量函数关系式。采用式（5.8）的泰勒级数展开方法，可计算图 5-2 系统的小信号模型表示为式（5.32）。

$$\Delta \dot{X}_{d\_mg} = A_{dx\_mg} \cdot \Delta X_{d\_mg} \tag{5.32}$$

式（5.32）中，符号 Δ 代表小偏差，系数矩阵表示如式（5.33）所示。

$$A_{dx\_mg} = \begin{bmatrix} A_{x11} & A_{x12} & A_{x13} \\ A_{x21} & A_{x22} & A_{x23} \\ A_{x31} & A_{x32} & A_{x33} \end{bmatrix} \tag{5.33}$$

式（5.32）中，$A_{xik}(i=1, 2, 3)(k=1, 2, 3)$ 代表 3 行 3 列的矩阵，当 $k=i$ 时，A_{xik} 表示如式（5.34）～式（5.36）所示。

$$A_{x11} = \begin{bmatrix} 0 & 1 & 0 \\ -\dfrac{k_{p1}}{\tau_1} \cdot \dfrac{\partial P_{dsms1}}{\partial \theta_1} & -\dfrac{1}{\tau_1} & -\dfrac{k_{p1}}{\tau_1} \cdot \dfrac{\partial P_{dsms1}}{\partial V_1} + \dfrac{3}{2}I_{f1} \\ -\dfrac{k_{q1}}{\tau_1} \cdot \dfrac{\partial Q_{dsms1}}{\partial \theta_1} & 0 & -\dfrac{k_{q1}}{\tau_1} \cdot \dfrac{\partial Q_{dsms1}}{\partial V_1} - \dfrac{1}{\tau_1} \end{bmatrix} \tag{5.34}$$

$$A_{x22} = \begin{bmatrix} 0 & 1 & 0 \\ -\dfrac{k_{p2}}{\tau_2} \cdot \dfrac{\partial P_{dsms2}}{\partial \theta_2} & -\dfrac{1}{\tau_k} & -\dfrac{k_{p2}}{\tau_2} \cdot \dfrac{\partial P_{dsms2}}{\partial V_2} \\ -\dfrac{k_{q2}}{\tau_2} \cdot \dfrac{\partial Q_{dsms2}}{\partial \theta_2} & 0 & -\dfrac{k_{q2}}{\tau_2} \cdot \dfrac{\partial Q_{dsms2}}{\partial V_2} - \dfrac{1}{\tau_2} \end{bmatrix} \tag{5.35}$$

$$A_{x33} = \begin{bmatrix} 0 & 1 & 0 \\ -\dfrac{k_{p3}}{\tau_3} \cdot \dfrac{\partial P_{dsms3}}{\partial \theta_3} & -\dfrac{1}{\tau_3} & -\dfrac{k_{p3}}{\tau_3} \cdot \dfrac{\partial P_{dsms3}}{\partial V_3} + \dfrac{3}{2} I_{f2} \\ -\dfrac{k_{q3}}{\tau_3} \cdot \dfrac{\partial Q_{dsms3}}{\partial \theta_3} & 0 & -\dfrac{k_{q3}}{\tau_3} \cdot \dfrac{\partial Q_{dsms3}}{\partial V_3} - \dfrac{1}{\tau_3} \end{bmatrix} \tag{5.36}$$

当 k 与 i 不同时，其表示如式（5.37）所示。

$$A_{xik} = \begin{bmatrix} 0 & 0 & 0 \\ -\dfrac{k_{pi}}{\tau_i} \cdot \dfrac{\partial P_{dsmsi}}{\partial \theta_k} & 0 & -\dfrac{k_{pi}}{\tau_i} \cdot \dfrac{\partial P_{dsmsi}}{\partial V_k} \\ -\dfrac{k_{qi}}{\tau_i} \cdot \dfrac{\partial Q_{dsmsi}}{\partial \theta_k} & 0 & -\dfrac{k_{qi}}{\tau_i} \cdot \dfrac{\partial Q_{dsmsi}}{\partial V_i} \end{bmatrix} \tag{5.37}$$

以上式中，偏导函数表示如式（5.38）～式（5.41）所示。

$$\frac{\partial S_{dsmsi}}{\partial \theta_{dsmsi}} = -\frac{V_{dsmsi} Y_{dsmsi}}{Y_{eq}} e^{j(\theta i - \varphi i + \varphi eq + \frac{\pi}{2})} \cdot \sum_{u=1}^{3} V_{dsmsu} Y_{dsmsu} e^{-j(\theta u + \varphi u)} \\ - \frac{V_{dsmsi}^2 Y_{dsmsi}^2}{Y_{eq}} e^{j(2\varphi i - \varphi eq + \frac{\pi}{2})} \tag{5.38}$$

$$\frac{\partial S_{dsmsi}}{\partial V_{dsmsi}} = 2V_{dsmsi} Y_{dmsi} e^{-j\varphi i} - \frac{Y_{dsmsi}}{Y_{eq}} e^{j(\theta i - \varphi i + \varphi eq)} \cdot \sum_{u=1}^{3} V_{dsmsu} Y_{dsmsu} e^{-j(\theta u + \varphi u)} \\ - \frac{V_{dsmsi} Y_{dsmsi}^2}{Y_{eq}} e^{j(-2\varphi i + \varphi eq)} \tag{5.39}$$

$$\frac{\partial S_{\text{dsms}i}}{\partial \theta_{\text{dsms}t}} = -\frac{Y_{\text{dms}i}Y_{\text{dms}t}}{Y_{\text{eq}}} V_{\text{dms}i} V_{\text{dms}t} \mathrm{e}^{\mathrm{j}(\theta i - \theta t - \varphi i - \varphi t + \varphi \mathrm{eq} - \frac{\pi}{2})} \tag{5.40}$$

$$\frac{\partial S_{\text{dsms}i}}{\partial V_{\text{dsms}t}} = -\frac{Y_{\text{dsms}i}Y_{\text{dsms}t}}{Y_{\text{eq}}} V_{\text{dsms}i} \mathrm{e}^{\mathrm{j}(\theta i - \theta t - \varphi i - \varphi t + \varphi \mathrm{eq})} \tag{5.41}$$

5.2.2 分布式负荷系统的小信号模型

各节点的电压特性参数是系统重要的状态描述之一，所以本文建模时主要选取系统的电压特性参数为状态变量。考虑到多个 DSMS 接入同一节点时，各 DSMS 的电压一致，而 FMS 对节点的电压特性无影响，因此，本文主要研究每个节点至少含有一个 DSMS 的微电网小信号建模方法，本节采用的 DSMS、FMS 组网系统如图 5-6 所示。

图 5-6 中，$R_{\text{load}i}$ 代表负荷 i 的等效电阻、$L_{\text{load}i}$ 代表负荷 i 等效电感，其他符号定义与图 5-2 一致。

根据 5.2.1 节的计算结果，可得到 DSMS i（$i=1$，2，3）的小信号模型如式（5.42）所示。

$$\begin{cases} \Delta \dot{\omega}_i = -\frac{1}{\tau_i}\Delta\omega_i - \frac{1}{\tau_i}k_{\text{p}i}\Delta P_{\text{dsms}i} \\ \Delta \dot{V}_i = -\frac{1}{\tau_i}\Delta V_i - \frac{1}{\tau_i}k_{\text{q}i}\Delta Q_{\text{dsms}i} \end{cases} \tag{5.42}$$

式中，$k_{\text{p}i}$ 代表 DSMS i 的频率下垂增益、$k_{\text{q}i}$ 代表 DSMS i 的电压下垂增益、ω_i 代表 DSMS i 的角频率、V_i 代表 DSMS i 的电压幅值、$P_{\text{dsms}i}$ 代表 DSMS i 的输出有功功率、$Q_{\text{dsms}i}$ 代表 DSMS i 的输出无功功率、τ_i 代表 DSMS i 的功率低通滤波环节时间常数。

选取 PCC 电压矢量为基准电压矢量，可得到系统各节点电压矢量在同步旋转坐标系下的表示如图 5-7 所示。

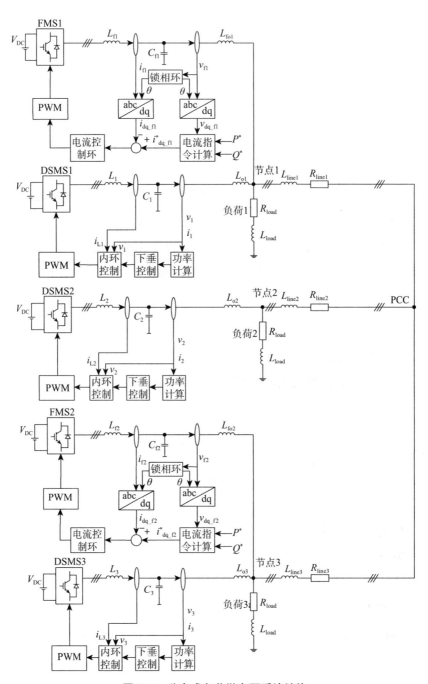

图 5-6　分布式负荷微电网系统结构

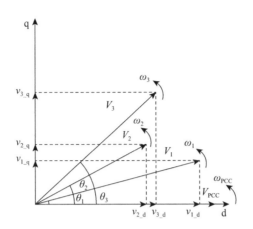

图 5-7 dq 坐标系下节点电压矢量

图 5-7 中，V_{PCC} 代表 PCC 电压矢量、V_i 代表 DSMS i 电压矢量（节点 i 电压矢量）、θ_i 代表 DSMS i 电压矢量与 PCC 电压矢量的夹角、ω_{PCC} 代表 PCC 电压的角频率、ω_i 代表 DSMS i 电压的角频率、v_{i_d} 代表 DSMS i 电压矢量在同步旋转坐标系中的 d 轴分量、v_{i_q} 代表 DSMS i 电压矢量在同步旋转坐标系中的 q 轴分量。根据图 5-7，可得到关系如式（5.43）所示。

$$\begin{cases} V_i = v_{i\_d} + jv_{i\_q} \\ \theta_i = \arctan \dfrac{v_{i\_q}}{v_{i\_d}} \\ V_i = \sqrt{v^2_{i\_d} + v^2_{i\_q}} \end{cases} \tag{5.43}$$

将上式进行线性化处理，可得到式（5.44）。

$$\begin{cases} \Delta V_i = \dfrac{\partial V_i}{\partial v_{i\_d}} \Delta v_{i\_d} + \dfrac{\partial V_i}{\partial v_{i\_q}} \Delta v_{i\_q} = h_{id} \Delta v_{i\_d} + h_{iq} \Delta v_{i\_q} \\ \Delta \theta_i = \dfrac{\partial \theta_i}{\partial v_{i\_d}} \Delta v_{i\_d} + \dfrac{\partial \theta_i}{\partial v_{i\_q}} \Delta v_{i\_q} = l_{id} \Delta v_{i\_d} + l_{iq} \Delta v_{i\_q} \end{cases} \tag{5.44}$$

式（5.44）中，系数 h_{id}、h_{iq}、l_{id}、l_{iq} 的表示如式（5.45）所示。

$$\begin{cases} h_{id} = \dfrac{v_{id}}{\sqrt{v_{id}^2 + v_{iq}^2}} & l_{iq} = \dfrac{v_{id}}{v_{id}^2 + v_{iq}^2} \\[4mm] l_{id} = \dfrac{-v_{iq}}{v_{id}^2 + v_{iq}^2} & h_{iq} = \dfrac{v_{iq}}{\sqrt{v_{id}^2 + v_{iq}^2}} \end{cases} \tag{5.45}$$

将式 (5.44) 进行求导，可得到式 (5.46)。

$$\begin{cases} \Delta \dot{V}_i = h_{id} \Delta \dot{v}_{i\_d} + h_{iq} \Delta \dot{v}_{i\_q} \\[2mm] \Delta \dot{\theta}_i = \Delta \omega_j = l_{id} \Delta \dot{v}_{i\_d} + l_{iq} \Delta \dot{v}_{i\_q} \end{cases} \tag{5.46}$$

将式 (5.42)、式 (5.46) 联立，可得到 DSMS i 在同步旋转坐标系下的小信号
模型表达式如式 (5.47) 所示。

$$\begin{bmatrix} \Delta \dot{\omega}_i \\ \Delta \dot{v}_{i\_d} \\ \Delta \dot{v}_{i\_q} \end{bmatrix} = \boldsymbol{M}_i \begin{bmatrix} \Delta \omega_i \\ \Delta v_{i\_d} \\ \Delta v_{i\_q} \end{bmatrix} + \boldsymbol{C}_i \begin{bmatrix} \Delta P_{\mathrm{dsms}i} \\ \Delta Q_{\mathrm{dsms}i} \end{bmatrix} \tag{5.47}$$

式中，各系数矩阵及参数表示如式 (5.48) 所示。

$$\boldsymbol{M}_i = \begin{bmatrix} -\dfrac{1}{\tau_i} & 0 & 0 \\[4mm] \dfrac{h_{iq}}{h_{iq}l_{id} - h_{id}l_{iq}} & \dfrac{h_{id}l_{iq}}{(h_{iq}l_{id} - h_{id}l_{iq})\tau_i} & \dfrac{h_{iq}l_{iq}}{(h_{iq}l_{id} - h_{id}l_{iq})\tau_i} \\[4mm] \dfrac{h_{id}}{h_{id}l_{iq} - h_{iq}l_{id}} & \dfrac{h_{id}l_{id}}{(h_{id}l_{iq} - h_{iq}l_{id})\tau_i} & \dfrac{h_{iqj}l_{idj}}{(h_{id}l_{iq} - h_{iq}l_{id})\tau_i} \end{bmatrix} \tag{5.48}$$

$$\boldsymbol{C}_i = \begin{bmatrix} -\dfrac{1}{\tau_i}k_{\mathrm{p}i} & 0 \\[4mm] 0 & \dfrac{l_{iq}k_{iq}}{(h_{iq}l_{id} - h_{id}l_{iq})\tau_i} \\[4mm] 0 & \dfrac{l_{id}k_{iq}}{(h_{id}l_{iq} - h_{iq}l_{id})\tau_i} \end{bmatrix} \tag{5.49}$$

采用 5.2.1 节的等效方法，可得到如图 5-6 所示系统的等效电路图 5-8。

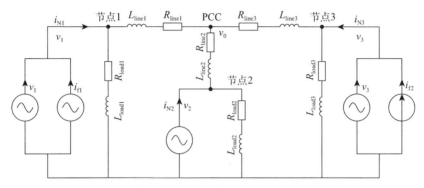

图 5-8　分布式负荷微电网系统等效电路

图 5-8 中，$v_i(i=1，2，3)$ 代表节点 i 的电压、i_{Ni} 代表节点 i 的电流、R_{linei} 代表节点 i 与 PCC 的线路电阻、L_{linei} 代表节点 i 与 PCC 的线路电感、R_{loadi} 代表负荷 i 的等效电阻、L_{loadi} 代表负荷 i 的等效电感、$i_{fu}(u=1，2)$ 代表 FMS u 的输出电流。

根据式（5.47），可得到图 5-8 微电网系统在同步旋转坐标系下的小信号模型如式（5.50）所示。

$$\begin{cases} \Delta \dot{\boldsymbol{X}}_{f\_mg} = \boldsymbol{M}_{f\_mg} \cdot \Delta \boldsymbol{X}_{f\_mg} + \boldsymbol{C}_{f\_mg} \cdot \Delta \boldsymbol{U}_{f\_mg} \\ \Delta \boldsymbol{Y}_{f\_mg} = \Delta \boldsymbol{X}_{f\_mg} \end{cases} \tag{5.50}$$

式（5.50）中，$\boldsymbol{X}_{f\_mg}$ 代表系统的状态变量、$\boldsymbol{U}_{f\_mg}$ 代表系统的输入变量、$\boldsymbol{Y}_{f\_mg}$ 代表系统的输出变量，系数矩阵 $\boldsymbol{M}_{f\_mg}$、$\boldsymbol{C}_{f\_mg}$ 表示如式（5.51）、式（5.52）所示。

$$\boldsymbol{M}_{f\_mg} = \begin{bmatrix} \boldsymbol{M}_1 & \boldsymbol{0} & \boldsymbol{0} \\ \boldsymbol{0} & \boldsymbol{M}_2 & \boldsymbol{0} \\ \boldsymbol{0} & \boldsymbol{0} & \boldsymbol{M}_3 \end{bmatrix} \tag{5.51}$$

式中，$\boldsymbol{0}$ 代表 3 行 3 列的零矩阵。

$$\boldsymbol{C}_{f\_mg} = \begin{bmatrix} \boldsymbol{C}_1 & \boldsymbol{0} & \boldsymbol{0} \\ \boldsymbol{0} & \boldsymbol{C}_2 & \boldsymbol{0} \\ \boldsymbol{0} & \boldsymbol{0} & \boldsymbol{C}_3 \end{bmatrix} \tag{5.52}$$

式中，$\boldsymbol{0}$ 代表 3 行 2 列的零矩阵。图 5-8 系统的状态变量及输入变量矩阵如式 (5.53) 所示。

$$\begin{cases} \Delta \boldsymbol{X}_{\text{f\_mg}} = \begin{bmatrix} \Delta \omega_1 & \Delta v_{1\_d} & \Delta v_{1\_q} & \cdots & \Delta \omega_3 & \Delta v_{3\_d} & \Delta v_{3\_q} \end{bmatrix}^{\text{T}} \\ \Delta \boldsymbol{U}_{\text{f\_mg}} = \begin{bmatrix} \Delta P_{\text{dsms1}} & \Delta Q_{\text{dsms1}} & \cdots & \Delta P_{\text{dsms3}} & \Delta Q_{\text{dsms3}} \end{bmatrix}^{\text{T}} \end{cases} \tag{5.53}$$

式 (5.52) 仅为图 5-8 所示系统 3 个节点的描述，当系统节点发生改变时，系统的状态变量选取和状态空间描述方法与以上叙述一致，但两者的数量随节点改变。由 5.1 节小信号模型计算方法描述可知，在得到任意系统的状态方程后，应将其在小扰动条件下进行线性化计算，进而得到系统小信号模型，线性化的方法如式 (5.8) 所示。由式 (5.8) 可知，任意状态变量和输入变量的系数在线性化过程中，均需对所有的状态变量和输入变量求取偏导。因此，需要计算输入变量与状态变量的函数关系式。实际系统中，分布式负荷的拓扑结构多种多样，无法对其进行列举，因此，本节给出了一种采用节点电压、电流复矢量表示求取节点功率，并基于此计算输入变量与状态变量关系的方法，以下是详细计算方法。

基于功率计算原则，可得到图 5-8 系统各节点的功率在同步旋转坐标系中的表达式如式 (5.54)[9] 所示。

$$\begin{cases} P_{\text{N}i} = \dfrac{3}{2} v_{i\_d} i_{\text{N}i\_d} + \dfrac{3}{2} v_{i\_q} i_{\text{N}i\_q} \\ Q_{\text{N}i} = -\dfrac{3}{2} v_{i\_d} i_{\text{N}i\_q} + \dfrac{3}{2} v_{i\_q} i_{\text{N}i\_d} \end{cases} \tag{5.54}$$

式 (5.54) 中，$P_{\text{N}i}$ 代表节点 i 的有功功率、$Q_{\text{N}i}$ 代表节点 i 的无功功率、v_{i_d} 代表节点 i 电压在同步旋转坐标系下的 d 轴分量、v_{i_q} 代表节点 i 电压在同步旋转坐标系下的 q 轴分量、$i_{\text{N}i\_d}$ 代表节点 i 电流在同步旋转坐标系下的 d 轴分量、$i_{\text{N}i\_q}$ 代表节点 i 电流在同步旋转坐标系下的 q 轴分量。

由式 (5.54) 可得到所有节点的功率表达式，对其进行线性化，可得到式 (5.55)。

$$
\begin{bmatrix} \Delta P_{N1} \\ \Delta Q_{N1} \\ \Delta P_{N2} \\ \Delta Q_{N2} \\ \Delta P_{N3} \\ \Delta Q_{N3} \end{bmatrix} = \boldsymbol{I}_{f\_mg} \begin{bmatrix} \Delta v_{1\_d} \\ \Delta v_{1\_q} \\ \Delta v_{2\_d} \\ \Delta v_{2\_q} \\ \Delta v_{3\_d} \\ \Delta v_{3\_q} \end{bmatrix} + \boldsymbol{V}_{f\_mg} \begin{bmatrix} \Delta i_{N1\_d} \\ \Delta i_{N1\_q} \\ \Delta i_{N2\_d} \\ \Delta i_{N2\_q} \\ \Delta i_{N3\_d} \\ \Delta i_{N3\_q} \end{bmatrix} \tag{5.55}
$$

式中，系数矩阵 $\boldsymbol{I}_{f\_mg}$ 和 $\boldsymbol{V}_{f\_mg}$ 的表达式如式 (5.56)、式 (5.57) 所示。

$$
\boldsymbol{I}_{f\_mg} = \frac{3}{2} \begin{bmatrix} i_{1\_d} & i_{1\_q} & 0 & 0 & 0 & 0 \\ -i_{1\_q} & i_{1\_d} & 0 & 0 & 0 & 0 \\ 0 & 0 & i_{2\_d} & i_{2\_q} & 0 & 0 \\ 0 & 0 & -i_{2\_q} & i_{2\_d} & 0 & 0 \\ 0 & 0 & 0 & 0 & i_{3\_d} & i_{3\_q} \\ 0 & 0 & 0 & 0 & -i_{3\_q} & i_{3\_d} \end{bmatrix} \tag{5.56}
$$

$$
\boldsymbol{V}_{fms\_mg} = \frac{3}{2} \begin{bmatrix} v_{1\_d} & v_{1\_q} & 0 & 0 & 0 & 0 \\ v_{1\_q} & -v_{1\_d} & 0 & 0 & 0 & 0 \\ 0 & 0 & v_{2\_d} & v_{2\_q} & 0 & 0 \\ 0 & 0 & v_{2\_q} & -v_{2\_d} & 0 & 0 \\ 0 & 0 & 0 & 0 & v_{3\_d} & v_{3\_q} \\ 0 & 0 & 0 & 0 & v_{3\_q} & -v_{3\_d} \end{bmatrix} \tag{5.57}
$$

根据电路原理，可由图 5-8 得到式 (5.58)。

$$
\begin{cases} \boldsymbol{I}_{f\_mg} = \boldsymbol{Y}_{f\_mg} \boldsymbol{V}_{f\_mg} \\ \boldsymbol{I}_{f\_mg} = \begin{bmatrix} i_{N1\_d} & i_{N1\_q} & \cdots & i_{N3\_d} & i_{N3\_q} \end{bmatrix}^T \\ \boldsymbol{V}_{f\_mg} = \begin{bmatrix} v_{1\_d} & v_{1\_q} & \cdots & v_{3\_d} & v_{3\_q} \end{bmatrix}^T \end{cases} \tag{5.58}
$$

式中，$\boldsymbol{I}_{f\_mg}$ 代表图 5-8 系统的节点电流矩阵、$\boldsymbol{Y}_{f\_mg}$ 代表图 5-8 系统的线路导纳矩阵、$\boldsymbol{V}_{f\_mg}$ 代表图 5-8 系统的节点电压矩阵。

将式 (5.58) 线性化，可得到式 (5.59)。

$$
\begin{cases}
\Delta \boldsymbol{I}_{\text{f\_mg}} = \boldsymbol{Y}_{\text{f\_mg}} \Delta \boldsymbol{V}_{\text{f\_mg}} \\
\Delta \boldsymbol{I}_{\text{f\_mg}} = \begin{bmatrix} \Delta i_{\text{N1\_d}} & \Delta i_{\text{N1\_q}} & \cdots & \Delta i_{\text{N3\_d}} & \Delta i_{\text{N3\_q}} \end{bmatrix}^{\text{T}} \\
\Delta \boldsymbol{V}_{\text{f\_mg}} = \begin{bmatrix} \Delta v_{1\_d} & \Delta v_{1\_q} & \cdots & \Delta v_{3\_d} & \Delta v_{3\_q} \end{bmatrix}^{\text{T}}
\end{cases}
\tag{5.59}
$$

由图 5-8 可知，节点 1、节点 3 的功率包含 DSMS 输出功率与 FMS 输出功率两部分，而节点 2 的输出功率则只有 DSMS 输出功率。本节依然沿用 5.2 节的 FMS 等效方法，将 FMS 等效为幅值恒定的电流源，且 FMS u 输出电流矢量方向与其接入点电压矢量方向相同，因此，可得到图 5-8 系统的电压、电流矢量如图 5-9 所示。

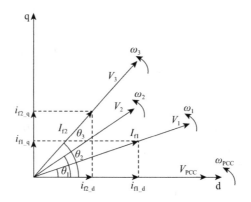

图 5-9　微电网系统电压、电流矢量

图 5-9 中，V_{PCC} 代表 PCC 电压矢量、V_i 代表 DSMS i 电压矢量（节点 i 电压矢量）、θ_i 代表 DSMS i 电压矢量与 PCC 电压矢量的夹角、ω_{PCC} 代表 PCC 电压的角频率、ω_i 代表 DSMS i 电压的角频率、$I_{\text{f}u}$ 代表 FMS u 的电流矢量、$i_{\text{f}u\_d}(u=1,\ 2)$ 代表 FMS u 在同步旋转坐标系下的 d 轴分量、$i_{\text{f}u\_q}$ 代表 FMS u 在同步旋转坐标系下的 q 轴分量。

根据图 5-9 可得到 FMS u 在同步旋转坐标系中的表示为式（5.60）。

$$
\begin{cases}
i_{\text{f1\_d}} = I_{\text{f1}} \cos \theta_1 \\
i_{\text{f1\_q}} = I_{\text{f1}} \sin \theta_1 \\
i_{\text{f2\_d}} = I_{\text{f2}} \cos \theta_3 \\
i_{\text{f2\_q}} = I_{\text{f2}} \sin \theta_3
\end{cases}
\tag{5.60}
$$

基于以上分析，可计算 FMS 的功率表达如式（5.61）所示。

$$
\begin{cases}
P_{\text{fms1}} = \dfrac{3}{2} I_{f1} \cos\theta_1 \cdot v_{1\_d} + \dfrac{3}{2} I_{f1} \sin\theta_1 \cdot v_{1\_q} \\[2mm]
Q_{\text{fms1}} = 0 \\[2mm]
P_{\text{fms2}} = \dfrac{3}{2} I_{f2} \cos\theta_3 \cdot v_{3\_d} + \dfrac{3}{2} I_{f3} \sin\theta_3 \cdot v_{3\_q} \\[2mm]
Q_{\text{fms2}} = 0
\end{cases}
\tag{5.61}
$$

式（5.61）中，$P_{\text{fms}u}$ 代表 FMS u 的输出有功功率、$Q_{\text{fms}u}$ 代表 FMS u 的无功功率。

由图 5-8、式（5.55）、式（5.61）得到微电网系统状态方程的输入变量小信号表达式式（5.62）。

$$
\begin{bmatrix}
\Delta P_{\text{N1}} - \Delta P_{\text{fms1}} \\
\Delta Q_{\text{N1}} \\
\Delta P_{\text{N2}} \\
\Delta Q_{\text{N2}} \\
\Delta P_{\text{N3}} - \Delta P_{\text{fms2}} \\
\Delta Q_{\text{N3}}
\end{bmatrix}
= (\boldsymbol{I}_{\text{f\_mg}} - \boldsymbol{I}_{\text{fms}})
\begin{bmatrix}
\Delta v_{1\_d} \\
\Delta v_{1\_q} \\
\Delta v_{2\_d} \\
\Delta v_{2\_q} \\
\Delta v_{3\_d} \\
\Delta v_{3\_q}
\end{bmatrix}
+ V_{\text{f\_mg}}
\begin{bmatrix}
\Delta i_{\text{N1\_d}} \\
\Delta i_{\text{N1\_q}} \\
\Delta i_{\text{N2\_d}} \\
\Delta i_{\text{N2\_q}} \\
\Delta i_{\text{N3\_d}} \\
\Delta i_{\text{N3\_q}}
\end{bmatrix}
\tag{5.62}
$$

式（5.47）中，$\boldsymbol{I}_{\text{fms}}$ 代表 FMS 的电流矩阵，其表达式如式（5.63）。

$$
\boldsymbol{I}_{\text{fms}} = \frac{3}{2}
\begin{bmatrix}
I_{f1}\cos\theta_1 & I_{f1}\sin\theta_1 & 0 & 0 & 0 & 0 \\
-I_{f1}\sin\theta_1 & I_{f1}\cos\theta_1 & 0 & 0 & 0 & 0 \\
0 & 0 & 0 & 0 & 0 & 0 \\
0 & 0 & 0 & 0 & 0 & 0 \\
0 & 0 & 0 & 0 & I_{f2}\cos\theta_3 & I_{f1}\sin\theta_3 \\
0 & 0 & 0 & 0 & -I_{f2}\sin\theta_3 & I_{f2}\cos\theta_3
\end{bmatrix}
\tag{5.63}
$$

根据式（5.49）、式（5.59）、式（5.60）、式（5.63）可得到图 5-8 中微电网系统的小信号模型表达式如式（5.64）所示。

$$
\Delta \dot{\boldsymbol{X}}_{\text{f\_mg}} = \left[\boldsymbol{M}_{\text{f\_mg}} + \boldsymbol{C}_{\text{f\_mg}} \left(\boldsymbol{I}_{\text{f\_mg}} - \boldsymbol{I}_{\text{f}} + \boldsymbol{V}_{\text{f\_mg}} \cdot \boldsymbol{Y}_{\text{f\_mg}} \right) \boldsymbol{K}_{\text{f\_mg}} \right] \Delta \boldsymbol{X}_{\text{f\_mg}}
\tag{5.64}
$$

式（5.64）中，系数矩阵 $\boldsymbol{K}_{\text{f\_mg}}$ 的表示如式（5.65）所示。

$$\boldsymbol{K}_{\text{f\_mg}} = \begin{bmatrix} 0 & 1 & 0 & 0 & 0 & 0 & 0 & 0 & 0 \\ 0 & 0 & 1 & 0 & 0 & 0 & 0 & 0 & 0 \\ 0 & 0 & 0 & 0 & 1 & 0 & 0 & 0 & 0 \\ 0 & 0 & 0 & 0 & 0 & 1 & 0 & 0 & 0 \\ 0 & 0 & 0 & 0 & 0 & 0 & 0 & 1 & 0 \\ 0 & 0 & 0 & 0 & 0 & 0 & 0 & 0 & 1 \end{bmatrix} \tag{5.65}$$

设图 5-8 中等效电路节点 $i(i=1，2，3)$ 处对应的负载等效导纳实数部分为 $G_{\text{L}i}$、虚数部分为 $B_{\text{L}i}$，节点 i 与 PCC 间的线路导纳值实数部分为 G_i、虚数部分为 B_i，可计算式（5.64）线路的节点导纳矩阵表示如式（5.66）所示。

$$\boldsymbol{Y}_{\text{f\_mg}} = k_0 \begin{bmatrix} y_{11} & y_{12} & y_{13} & y_{14} & y_{15} & y_{16} \\ y_{21} & y_{22} & y_{21} & y_{21} & y_{21} & y_{21} \\ y_{31} & y_{32} & y_{33} & y_{34} & y_{35} & y_{36} \\ y_{41} & y_{42} & y_{43} & y_{44} & y_{45} & y_{46} \\ y_{51} & y_{52} & y_{53} & y_{54} & y_{55} & y_{56} \\ y_{61} & y_{62} & y_{63} & y_{64} & y_{65} & y_{66} \end{bmatrix} \tag{5.66}$$

矩阵中各参数表示见附录。

5.2.3 仿真研究

在获得微电网系统小信号模型后，可实现小信号稳定分析的方法很多，可分为特征值分析法、数值仿真法、步贝域分析法和 Prolly 分析法等 [10]。由于特征值分析法不仅可以提供与系统稳定相关的重要信息，而且可通过与时域仿真法结合实现线性化模型下的系统设计，并进一步在非线性系统模型和大扰动条件下对系统进行时域仿真考验，因此特征值分析法已成为电力系统稳定分析较为有效的方法之一。本节以 5.2.2 节中的分布式负荷拓扑结构为例，采用特征值分析法对 5.2.2 节中的孤岛微电网系统进行小信号模型稳定性分析，通过特征值计算结果分析各参数变化对系统稳定性的影响，确定了影响系统静态稳定性的关键参数，采用稳定性分析结果对该参数进行设计，并通过时域仿真对参数设计结果进行了验证。

（1）稳定性分析算例

本部分以图 5-6 的拓扑结构为例，计算了该系统负荷、频率下垂增益及电压下垂增益三个参数发生变化时系统特征值的变化，并根据特征值计算结果对系统的稳定性进行了分析，根据稳定性分析结果，确定了影响系统静态稳定的关键参数。图 5-6 中各部分参数如附录所示，系统的初始条件如表 5-1 所示。

表 5-1　微电网系统的初始条件

参数名称	电压复矢量 /V	电流复矢量 /A	I_{fu}
节点 1	296.8+j2.2	40.8−j4.5	20.0
节点 2	296.8+j2.7	20.8−j3.5	0.0
节点 3	296.8+j2.2	40.8−j4.5	20.0

根据 5.2.2 节的小信号模型计算方法求得图 5-6 系统的小信号模型，系统的小信号模型表示如式 (5.64) 所示，计算式 (5.64) 的状态变量系数矩阵可得到系统的特征值，改变图 5-6 中负荷 3 的取值，使其由原取值增加 5 倍，计算可得到系统特征值的主导极点变化如图 5-10 所示。

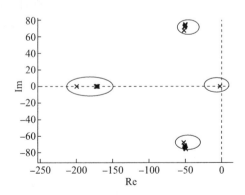

图 5-10　负荷变化对微电网系统特征值的影响

图 5-10 表明，当微电网系统的负荷增大时，系统的特征根实部均保持负值，系统的主导极点与虚轴的距离变化很小，可推论负荷 3 的变化对微电网系统稳定

性的影响很小，可忽略不计，改变图 5-6 系统中负荷 1、负荷 2 的值时可得到类似的根轨迹结果，本文不再赘述。

改变图 5-6 中 3 台 DSMS 的频率下垂增益，使其由原取值增加 5 倍，可得到系统特征值主导极点的变化如图 5-11 所示。

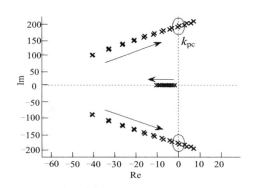

图 5-11　频率下垂增益变化对微电网系统特征值的影响

图 5-11 表明，在 3 台 DSMS 频率下垂增益取值逐渐增大的过程中，系统主导极点与虚轴间的距离逐渐减小，系统的阻尼逐渐减小。当 3 台 DSMS 的频率下垂增益值增大至 k_{pc} 时，主导极点位于虚轴上，当 3 台 DSMS 的频率下垂增益取值继续增加时，系统的主导极点进入右半平面。由此可推论：随着 DSMS 频率下垂增益取值的增大，系统的超调量和调节时间也随之增加，系统的稳定性降低。当 3 台 DSMS 的频率下垂增益取值为 k_{pc} 时，系统运行在临界稳定状态。若 3 台 DSMS 的频率下垂增益取值大于 k_{pc}，系统将进入不稳定运行状态。

改变图 5-6 中 3 台 DSMS 的电压下垂增益，使其由原取值增加至 5 倍取值，可得到系统特征值主导极点的变化如图 5-12 所示。

图 5-12 表明，在 3 台 DSMS 的电压下垂增益取值逐渐增大的过程中，系统主导极点与虚轴间的距离逐渐减小，系统的阻尼逐渐减小；当 3 台 DSMS 的电压下垂增益值增大至 k_{qc} 时，主导极点位于虚轴上，当 3 台 DSMS 的电压下垂增益取值继续增加时，系统的主导极点进入右半平面。由此可推论：随着 3 台

DSMS 电压下垂增益取值的增大，系统的超调量和调节时间也随之增加，系统的稳定性降低。当 3 台 DSMS 的电压下垂增益取值为 k_{pc} 时，系统运行在临界稳定状态。若 3 台 DSMS 的电压下垂增益取值大于 k_{qc}，系统将进入不稳定运行状态。

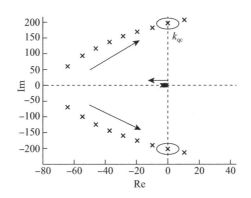

图 5-12　电压下垂增益变化对微电网系统特征值的影响

基于以上分析可知，在如图 5-6 所示的 FMS 与 DSMS 组成的微电网中，频率下垂增益、电压下垂增益的增加会导致系统稳定性的降低；而负荷的变化对系统的稳定性几乎无影响。可推论，在设计 DSMS 的频率下垂增益时，其频率、电压下垂增益取值应分别小于 k_{pc}、k_{qc}。

（2）时域仿真

为验证前文采用小信号模型进行关键参数计算的精确性，本节基于 Matlab 搭建仿真模型，对图 5-6 的系统进行时域仿真测试。根据前文的稳定性分析结果可知，在 3 台 DSMS 的频率、电压下垂增益取值增加过程中，微电网系统对应的运行状态由稳态变化至临界稳定状态，最终进入不稳定运行状态。本节以 3 台 DSMS 的电压下垂增益取值变化作为扰动，对微电网系统进行稳定性测试。图 5-6 系统的参数如附录所示，由前文计算得到的稳定状态、临界稳定状态和不稳定状态对应的 3 台 DSMS 下垂增益取值如表 5-2 所示。仿真初始时，系统稳定运行在孤岛模式下，三台 DSMS 的频率、电压下垂增益分别为 3.14×10^{-4}rad/s·W^{-1}、

$6.20 \times 10^{-3} \mathrm{Vvar}^{-1}$，$T_0$、$T_1$、$T_2$ 时刻 3 台 DSMS 的电压下垂增益分别切换为稳定状态、临界稳定状态、不稳定状态下的电压下垂增益值，系统输出变量响应的结果如图 5-13 ～图 5-15 所示。

表 5-2　微电网不同状态下的下垂增益参数取值

状态	频率下垂增益（rad/s·W⁻¹）	电压下垂增益（V·var⁻¹）
稳定状态	4.71×10^{-4}	9.3×10^{-3}
临界稳定状态	4.71×10^{-4}	14.3×10^{-3}
不稳定状态	4.71×10^{-4}	21.7×10^{-3}

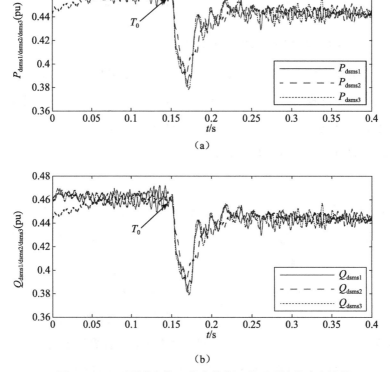

（a）

（b）

图 5-13　下垂增益切换至稳定状态取值后系统的响应结果

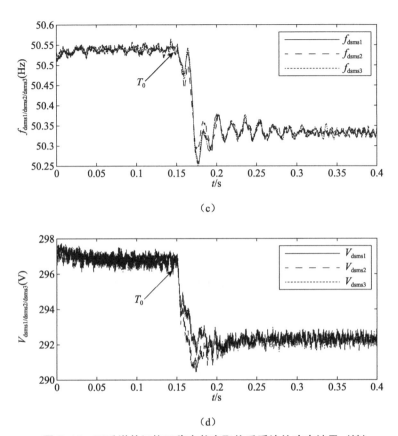

（c）

（d）

图 5-13　下垂增益切换至稳定状态取值后系统的响应结果（续）

图 5-13 表明：当 3 台 DSMS 的电压下垂增益变化为稳定状态下取值时，3 台 DSMS 的功率、频率及电压响应均出现振荡，但经过 0.05s 的调节后，振荡得到抑制，系统进入新的稳定运行状态。

图 5-14 表明：当 3 台 DSMS 的电压下垂增益变化为临界稳定状态下取值时，DSMS 的功率、频率及电压响应产生等幅振荡现象，系统进入临界稳定状态。

图 5-15 表明：当 3 台 DSMS 的电压下垂增益变化为不稳定状态下的取值时，DSMS 的功率、频率及电压响应产生振荡现象，且振荡幅值随时间增加逐渐变大，系统进入不稳定状态。

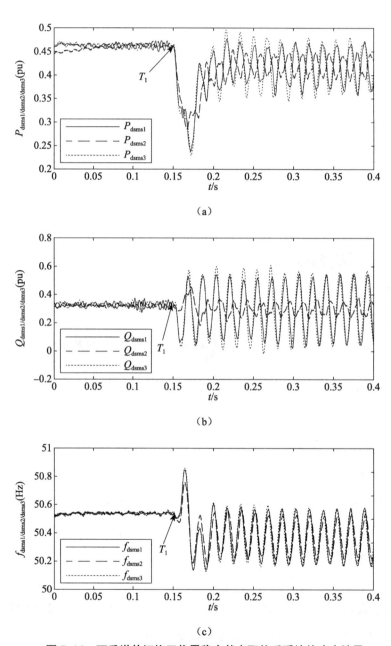

图 5-14　下垂增益切换至临界稳定状态取值后系统的响应结果

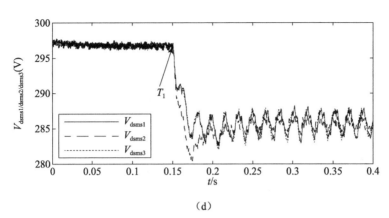

（d）

图 5-14　下垂增益切换至临界稳定状态取值后系统的响应结果（续）

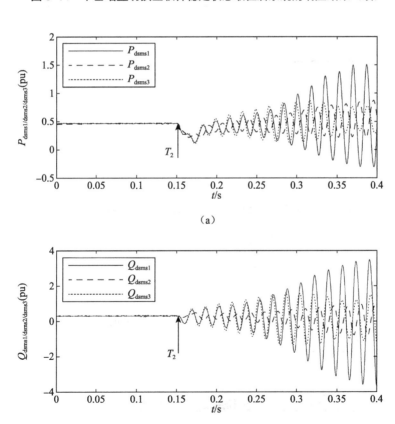

（a）

（b）

图 5-15　下垂增益切换至不稳定状态取值后系统的响应结果

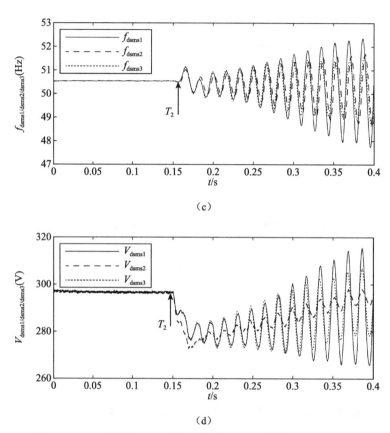

图 5-15 下垂增益切换至不稳定状态取值后系统的响应结果（续）

　　时域仿真结果表明：当 DSMS 电压下垂增益取值由稳态切换为另一稳态取值时，系统响应经过短时调节后可达到新的稳定运行状态；当 DSMS 电压下垂增益取值由稳态切换为临界稳定状态取值时，系统响应出现等幅振荡现象；当 DSMS 电压下垂增益取值由稳态切换为不稳定状态取值时，系统响应出现发散振荡现象。该结论与前文理论计算部分结果相吻合。

5.3　微电网系统暂态的稳定性分析

　　对于微电网系统而言，不仅需要具有在发生小干扰后恢复稳定的能力，也需要具有在受到大干扰后，能经过调整重新达到新的稳定运行状态或者恢复到原来状态的能力。因此，本节将围绕大扰动状态下微电网的稳定性展开分析，考虑到微电网的大扰动主要包含系统故障和动态负荷启动两大部分，本节将着重围绕这两部分进行展开。考虑到电网大扰动最主要的组成部分为电网故障，且故障的时长会对微电网系统中动态负荷的运行稳定性造成影响，因此，本节将围绕微电网故障条件下系统暂态稳定性展开分析。

5.3.1   微电网变流器对暂态稳定性的影响分析

考虑到传统大电网讨论大扰动稳定性主要是指频率稳定和电压稳定两种，因此，本节的研究重点围绕微电网系统大扰动条件下的频率稳定性和电压稳定性两部分。在频率稳定性分析部分，考虑到微电网的频率主要由微电网变流器实现支撑，且微电网变流器采用与发电机相同的下垂控制方式，因此，可通过微电网变流器的拓扑结构推导其功率与频率控制特性关系，并对影响该系统功率稳定性的参数展开分析。

微电网系统的频率支撑主要为微电网变流器实现，而微电网变流器运行的稳定域直接关系到微电网系统的稳定性，因此，可从微电网变流器的功率特性入手，确定影响微电网变流器暂态稳定性的参数。根据第 2 章的分析可知，微电网系统的电压和频率主要由下垂控制变流器实现支撑，而该类变流器可等效为一个电压源，且其与微电网系统接入点间的等效阻抗可视为一个电抗。因此，可得到下垂控制变流器与微电网连接的等效电路如图 5-16 所示。

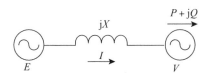

图 5-16   下垂控制变流器接入电网等效电路

图 5-16 中，E 代表下垂控制变流器等效电源输出电压矢量，V 代表微电网

的母线电压矢量，X代表微电网变流器接入点与微电网系统之间的等效电抗。由第 2 章的分析可知，图 5-16 的系统的输出功率可表达为式 (5.67)。

$$\begin{cases} P = VI\cos\phi = \dfrac{EV}{X}\sin\delta \\ Q = VI\sin\phi = \dfrac{EV}{X}\cos\delta - \dfrac{V^2}{X} \end{cases} \tag{5.67}$$

由式 (5.67) 的功率表达结果可得到下垂控制微电网变流器的功率特性曲线如图 5-17 所示。

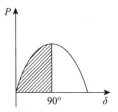

图 5-17　下垂控制变流器功率特性曲线

由图 5-17 可知，当 δ 在 $0°\sim90°$ 范围内变化时，微电网变流器的功率与夹角 δ 的变化方向相同，即两者的增加和减小方向同向，因此，当输出功率在此范围内发生变化时，微电网变流器具有自我维持稳定的能力。而当 δ 增加至 $90°$ 以上时，微电网变流器的功率与夹角 δ 的变化方向相反，因此，当输出功率在此范围内发生变化时，微电网变流器不具有自我调节能力。考虑到夹角 δ 的变化范围对微电网变流器的功率以及稳定性均具有影响，因此，在大扰动条件下，将微电网变流器的容量过载值、夹角 δ 取值共同作为微电网系统稳定性的考量参数。

由式 (5.67) 可知，在微电网系统出现故障扰动条件下，微电网系统将出现电压跌落，而此时负荷需求不变，则微电网变流器的夹角 δ 将增加，导致微电网系统的稳定裕度降低。电压跌落越多，夹角 δ 的增加值越大，微电网系统的稳定裕度就越小。

5.3.2 动态负荷对微电网系统暂态稳定性的影响

根据电力系统中负荷特性的分类可知，静态负荷对微电网系统的暂态稳定性影响较小，而电动机负荷呈现动态特性，且其在启动时，会吸收大量无功，进而对微电网系统的电压造成影响，因此本节将围绕电动机负荷对微电网系统暂态稳定性的影响展开分析。电力系统分析中，电动机负荷的等效电路如图 5-18 所示。

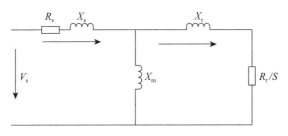

图 5-18　电动机负荷等效电路

图 5-18 中，V_s 代表电动机的定子侧电压，R_s 代表电动机定子侧电阻，X_s 代表电动机定子侧漏抗，X_m 代表电动机励磁电抗，X_r 代表电动机转子侧漏抗，R_r 代表转子侧电阻，S 代表转差率。由图 5-18，可得到电动机负荷的电流如式 (5.68) 所示。

$$I_r = \frac{V_s}{(R_s + R_r / s) + (X_s + X_r)} \tag{5.68}$$

式 (5.68) 中，转差率 S 表示为式 (5.69)。

$$S = \frac{n_s - n_r}{n_s} \tag{5.69}$$

式 (5.69) 中，n_s 代表同步转速、n_r 代表转子转速。由式 (5.68)、式 (5.69) 可推论在电动机负荷启动状态下，转子转速为 0，转差率 $S=1$，此时电动机的启动电流 I_r 分母部分取值较小，因此，造成启动电流的迅速增加。由图 5-18 可见，当定子侧电流迅速增加时，流过定子漏抗 X_s 与转子漏抗 X_r 电流将增加，其吸收的无功值也随之增加。此时，若微电网系统处于孤岛运行状态，系统的频率与电压将由下垂控制变流器实现支撑，则此时电动机负荷需求的无功将由下垂控制变流器提供。根据第 2 章的下垂控制规律可知，当下垂控制变流器的输出无功增多时，其对应的输出电压将随之降低。而负荷的功率需求总值不变，此时，微电网变流器的输出电流将迅速增加，将会降低整个微电网系统的稳定裕度，严重时会导致微电网系统出现负荷过载现象。

由前文分析可知，在微电网孤岛状态下，电动机负荷启动将对微电网系统运行稳定性产生影响。而微电网的孤岛状态通常出现在电网故障后，微电网会脱离电网，独立运行在孤岛状态下。当电网发生故障时，微电网系统的电压将出现跌落，电压的跌落必然会对微电网中的电动机负荷造成影响。根据电动机的相关知识可得到电动机负荷的机械特性曲线如图 5-19 所示。

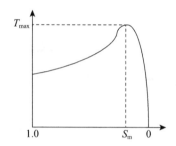

图 5-19　电动机负荷机械特性曲线

根据电动机运行特性可知，若电动机输出转矩突然增大，则电动机转速随之降低，转差率 S 取值增大。根据图 5-19 可知，当转差率 S 增加后，在转差率小于 S_m 的范围内，电动机的电磁转矩也随之增加，此时若电动机的输出转矩小于最大输出转矩 T_{max}，则系统可重新达到稳定。而在转差率大于 S_m 的范围内，电动机输出转矩突然增大，转差率增大将会导致电磁转矩降低，系统将无法重新达到稳定运行状态。由此可见，电动机的稳定运行区域应为转差率小于 S_m 的区域。由电动机的相关知识可得到电动机的电磁转矩表示如式（5.70）所示。

$$T_e = \frac{V_s^2 R_r}{(R_s + R_r / s)^2 + (X_s + X_r)^2 S} \tag{5.70}$$

由（5.70）式可知，稳态运行时，电动机的端电压降低会导致电磁转矩的减小，而电磁转矩的减小，必然导致电动机转差率增加。根据前文分析可知，电动机的稳定运行区域应为转差率小于 S_m 的区域，转差率增加必然导致电动机稳定运行区域的减小。因此可推论：当微电网系统发生电压跌落时，电动机负荷的稳定运行区域减小。

由前文分析可知，微电网系统的电压降低，对电动机的稳定运行区域造成影响，该影响主要与转差率 S 的变化相关。根据电动机的相关知识可知，转差率与电动机速度变化相关，电动机的转子运动方程可表示为式 (5.71)。

$$\frac{2J}{P}\frac{d\omega_r}{dt} = T_e - T_m \tag{5.71}$$

由式 (5.69)～式 (5.71) 可知，在电动机的机械转矩及转动惯量以及电动机负载转矩 T_m 一定的条件下，若电动机端电压跌落，则电动机电磁转矩 T_e 取值减小，而转子转速变化跌落将增加，其对应的转差率 S 也随之增加。根据前文分析可知，转差率 S 变化越大，电动机稳定运行区域越小。因此可推论：当微电网系统发生电压跌落时，电压跌落的时间越长，系统内电动机负荷的稳定运行区域越小。采用类似的分析方法可推论：在电压跌落时间以及电动机转动惯量一定的前提下，电动机所带负载的转矩越大，电动机的稳定区域越小；而在电压跌落时间以及电动机所带负载一定的条件下，转动惯量越小，电动机的稳定运行区域越小。

根据以上分析可总结得到：在含有电动机负荷的微电网系统中，若微电网系统进入故障状态，电动机负荷的端电压将会出现跌落，电动机吸收的无功增加，而电动机的转速降低，其稳定运行区域将会随之减小，若故障无法及时清除，将会导致电动机负荷进入不稳定运行区域。而对于不同的电动机负荷而言，其对应的故障清除时间允许范围受到电动机的转动惯量以及负载转矩取值的影响。

5.3.3 仿真分析

为验证 5.3.1 节与 5.3.2 节的分析结果并进一步分析微电网系统的暂态特性，本部分采用仿真模型进行计算和验证。

（1）微电网变流器对暂态稳定性的影响分析

为验证上述推论，采用图5-20的微电网结构进行仿真，仿真条件如表5-3～表5-5所示。在25kV母线处A点分别进行单相接地、两相接地以及三相接地故障仿真测试。

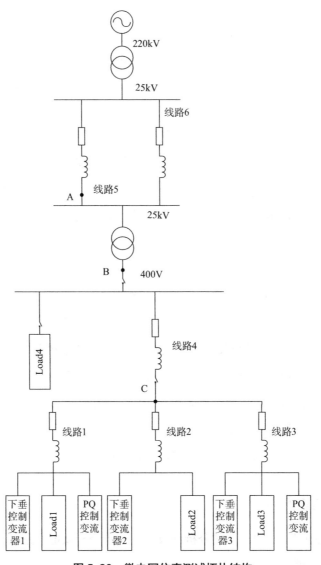

图 5-20　微电网仿真测试拓扑结构

表 5-3　微电网仿真测试参数 1

线路	线路电阻 /Ω	线路电抗 /Ω
线路 1	0.397	j0.297
线路 2	0.516	j0.386
线路 3	0.596	j0.446
线路 4	0.238	j0.178
线路 5	34.6	j49.46
线路 6	34.6	j49.46

表 5-4　微电网仿真测试参数 2

下垂控制变流器	额定容量 /W、var	额定电压 /V
下垂控制变流器 1	$4 \times 10^4 + j10^3$	311
下垂控制变流器 2	$4 \times 10^4 + j10^3$	311
下垂控制变流器 3	$4 \times 10^4 + j10^3$	311

表 5-5　微电网仿真测试参数 3

负荷	额定容量 /W、var	额定电压 /V
负荷 1	$4 \times 10^{43} + j8 \times 10^3$	311
负荷 2	$4 \times 10^{43} + j8 \times 10^3$	311
负荷 3	4×10^4	311
负荷 4	8×10^5	311

　　仿真初始时，系统正常运行，0.3s 时故障发生，0.4s 时继电保护动作，故障线路 2 被断开，微电网系统的响应曲线如图 5-21～图 5-23 所示。

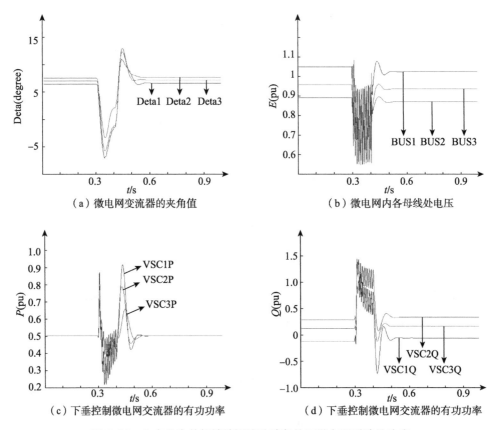

（a）微电网变流器的夹角值　　　　　　（b）微电网内各母线处电压

（c）下垂控制微电网交流器的有功功率　　（d）下垂控制微电网交流器的有功功率

图 5-21　A 点发生单相接地短路故障条件下微电网系统的响应

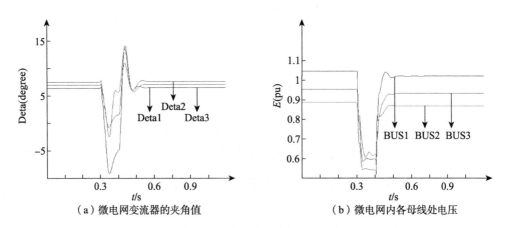

（a）微电网变流器的夹角值　　　　　　（b）微电网内各母线处电压

图 5-22　A 点发生两相接地短路故障条件下微电网系统的响应

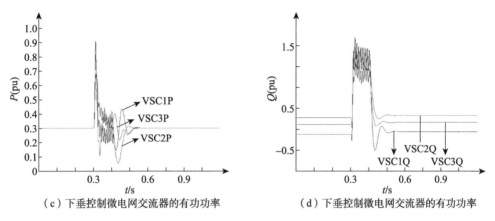

（c）下垂控制微电网交流器的有功功率　　　（d）下垂控制微电网交流器的有功功率

图 5-22　A 点发生两相接地短路故障条件下微电网系统的响应（续）

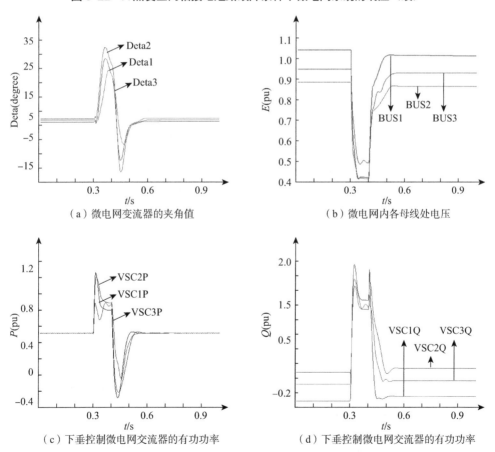

（a）微电网变流器的夹角值　　　　　　　　（b）微电网内各母线处电压

（c）下垂控制微电网交流器的有功功率　　　（d）下垂控制微电网交流器的有功功率

图 5-23　A 点发生三相接地短路故障条件下微电网系统的响应

根据仿真结果可知：在如图 5-20 所示系统 25kV 输电线路发生单相或两相不对称故障期间，微电网变流器的输出功率增加，而微电网系统电压跌落，但微电网变流器的夹角减小；当系统进入故障恢复阶段时，微电网变流器的夹角会增加，此时间段内微电网系统的稳定性降低得最多。在如图 5-20 所示系统 25kV 输电线路发生三相对称故障期间，微电网变流器的输出功率增加，而微电网系统电压跌落，微电网变流器的夹角增加，此时间段内微电网系统的稳定性降低得最多。

采用图 5-20 的微电网结构及表 5-3 ～ 表 5-5 的仿真参数，在 400V 母线处 B 点分别进行单相接地、两相接地以及三相接地故障仿真测试。仿真测试初始时，系统正常运行，0.3s 时故障发生，0.4s 时继电保护动作，故障线路 2 被断开，微电网系统的响应曲线如图 5-24 ～ 图 5-26 所示。

根据仿真结果可知：在如图 5-20 所示系统 400V 输电线路发生单相或两相不对称故障期间，微电网变流器的输出功率增加，而微电网系统电压跌落，但微电网变流器的夹角减小；当系统进入故障恢复阶段时，微电网变流器的夹角会增加，此时间段内微电网系统的稳定性降低得最多。在如图 5-20 所示系统 25kV 输电线路发生三相对称故障期间，微电网变流器的输出功率增加，而微电网系统电压跌落，微电网变流器的夹角增加，此时间段内微电网系统的稳定性降低得最多。

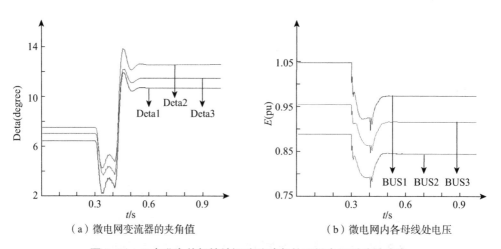

（a）微电网变流器的夹角值　　　　　（b）微电网内各母线处电压

图 5-24　B 点发生单相接地短路故障条件下微电网系统的响应

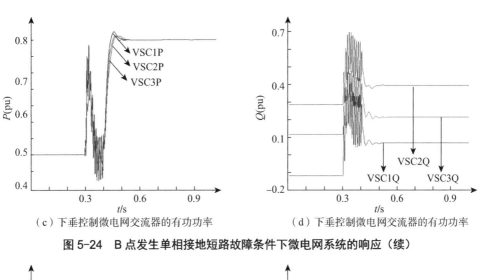

（c）下垂控制微电网交流器的有功功率 　　　（d）下垂控制微电网交流器的有功功率

图 5-24　B 点发生单相接地短路故障条件下微电网系统的响应（续）

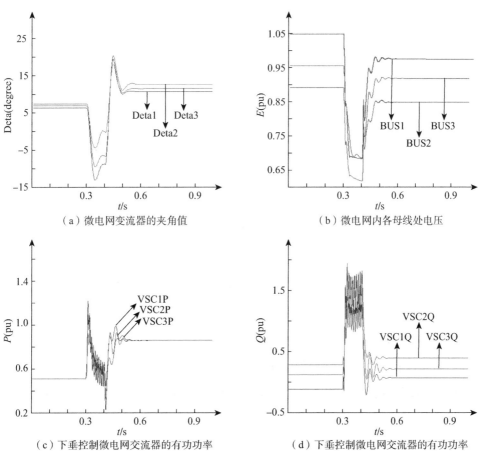

（a）微电网变流器的夹角值 　　　（b）微电网内各母线处电压

（c）下垂控制微电网交流器的有功功率 　　　（d）下垂控制微电网交流器的有功功率

图 5-25　B 点发生两相接地短路故障条件下微电网系统的响应

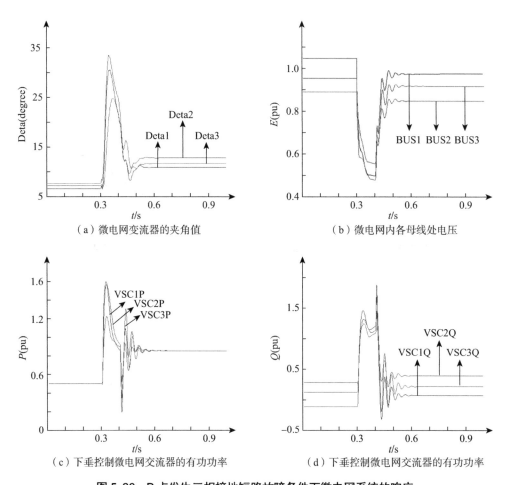

（a）微电网变流器的夹角值

（b）微电网内各母线处电压

（c）下垂控制微电网交流器的有功功率

（d）下垂控制微电网交流器的有功功率

图 5-26　B 点发生三相接地短路故障条件下微电网系统的响应

采用图 5-20 的微电网结构及表 5-3 ～表 5-5 的仿真参数，在 PCC 处 C 点分别进行单相接地、两相接地以及三相接地故障仿真测试。仿真测试初始时，系统正常运行，0.3s 时故障发生，0.4s 时继电保护动作，故障线路 2 被断开，微电网系统的响应曲线如图 5-27 ～图 5-29 所示。

由仿真结果可知：在如图 5-20 所示系统 C 处线路发生单相或两相不对称故障期间，微电网变流器的输出功率增加，而微电网系统电压跌落，但微电网变流器的夹角减小；当系统进入故障恢复阶段时，微电网变流器的夹角会增加，此时间段内微电网系统的稳定性降低得最多。在如图 5-20 所示系统 25kV 输电线路发生三相对称故障期间，微电网变流器的输出功率增加，而微电网系统电压跌落，微电网变流器的夹角增加，此时间段内微电网系统的稳定性降低得最多。在三种故障过程中，与故障点电气距离越近的微电网变流器，其稳定性受到的影响越严重。

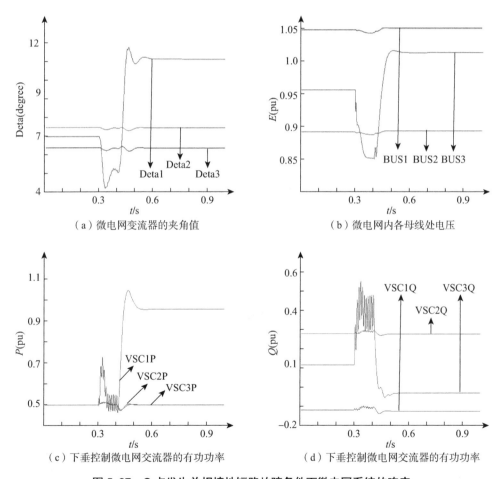

（a）微电网变流器的夹角值　　　　　　（b）微电网内各母线处电压

（c）下垂控制微电网交流器的有功功率　　（d）下垂控制微电网交流器的有功功率

图 5-27　C 点发生单相接地短路故障条件下微电网系统的响应

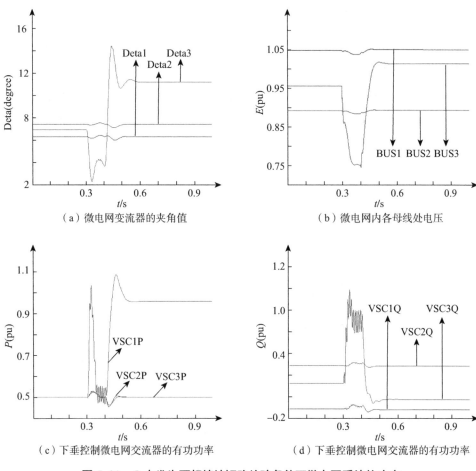

（a）微电网变流器的夹角值

（b）微电网内各母线处电压

（c）下垂控制微电网交流器的有功功率

（d）下垂控制微电网交流器的有功功率

图 5-28　C 点发生两相接地短路故障条件下微电网系统的响应

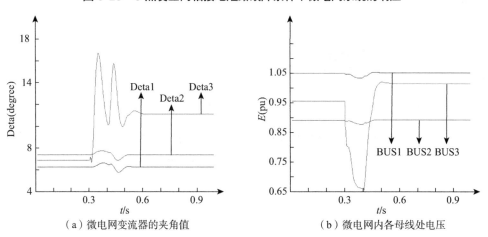

（a）微电网变流器的夹角值

（b）微电网内各母线处电压

图 5-29　C 点发生三相接地短路故障条件下微电网系统的响应

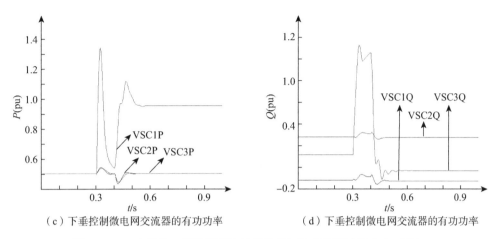

（c）下垂控制微电网交流器的有功功率 　　（d）下垂控制微电网交流器的有功功率

图 5-29　C 点发生三相接地短路故障条件下微电网系统的响应（续）

（2）电动机负荷对暂态稳定性的影响分析

为测试电动机负荷对微电网系统运行稳定性的影响，采用如图 5-30 所示的微电网结构进行仿真，仿真参数见表 5-6、表 5-7。仿真初始时刻，微电网系统孤岛运行，在此条件下，电动机负荷空载启动，系统的响应如图 5-31 所示。

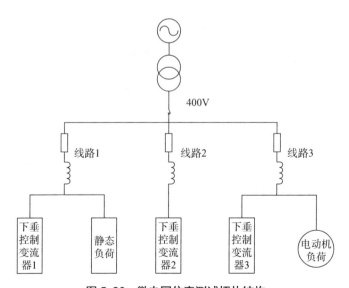

图 5-30　微电网仿真测试拓扑结构

表 5-6　微电网仿真测试参数 4

线路	线路电阻 /Ω	线路电抗 /Ω
线路 1	0.397	j0.297
线路 2	0.516	j0.386
线路 3	0.596	j0.446

表 5-7　微电网仿真测试参数 5

下垂控制变流器	额定容量 /W、var	额定电压 /V
下垂控制变流器 1	$4\hat{1}10^4+j10^3$	311
下垂控制变流器 2	$4\hat{1}10^4+j10^3$	311
下垂控制变流器 3	$4\hat{1}10^4+j10^3$	311

　　由仿真结果可知：在电动机负荷的启动过程中，微电网变流器输出的有功及无功功率均增大。启动过程中，微电网变流器的夹角值增大，微电网变流器的稳定裕度降低。

　　为测试电动机负荷对微电网系统电压稳定性产生的影响，采用如图 5-30 所示的微电网拓扑结构进行仿真。系统参数如表 5-6、表 5-7 所示，电动机的机械转矩满负荷运行。仿真初始时微电网系统并网稳定运行，0.5s 电网 PCC 处发生三相接地短路故障，0.7s 时故障清除，微电网进入孤岛运行状态，系统响应如图 5-32 所示。

　　由仿真结果可知，故障清除后，微电网系统的频率经调节恢复稳定，但电压无法恢复。根据前文分析可知，这是由于发电机负荷进入不稳定运行区域，转速下降至 0，使得转差率迅速增加，进而引起发电机吸收大量无功导致母线电压崩溃。

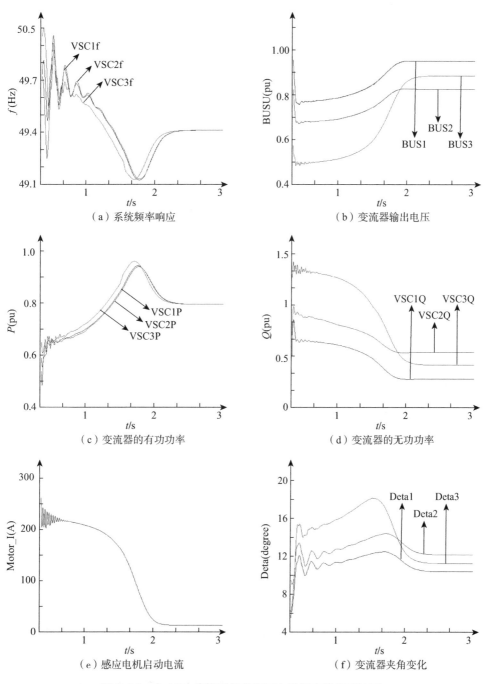

图 5-31　在 AND 离网运行状态下电动机空载启动波形

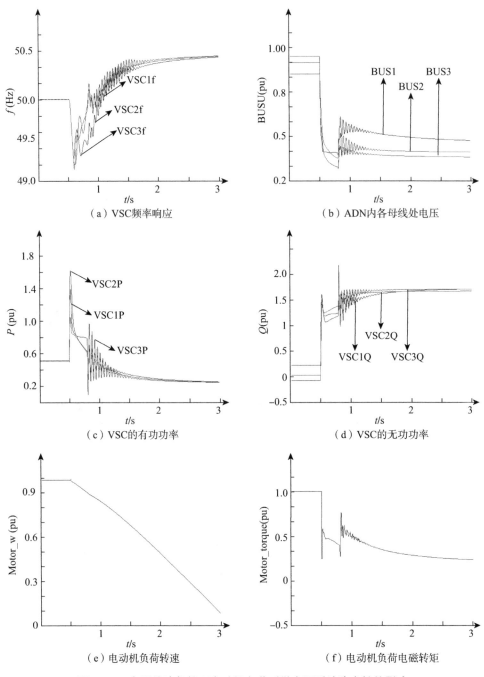

（a）VSC频率响应

（b）ADN内各母线处电压

（c）VSC的有功功率

（d）VSC的无功功率

（e）电动机负荷转速

（f）电动机负荷电磁转矩

图 5-32　电网故障条件下电动机负荷对微电网系统稳定性的影响

由前文分析可知，在故障条件下，含电动机负荷的微电网中，电动机负荷的惯性常数取值与系统的稳定性密切关联。因此，采用图 5-30 的拓扑结构，设置 PCC 点发生三相接地短路故障。在惯性时间常数分别为 0.05、0.1 的条件下，对微电网内不同比例的电动机负荷对应的故障清除临界稳定时间进行仿真计算，可得到关系如图 5-33 所示。

由仿真结果可知，在相同的负荷比例条件下，电动机负荷的惯性时间常数越小，其对应的故障临界清除稳定时间越长。而在相同的惯性前提下，电动机负荷比例越高，其对应的故障临界清除时间越短。由此可推论，对于微电网系统而言，电动机负荷比例不应选取过高，最好应在 40% 以下，否则系统的故障临界清除时间将过小，导致系统容易在故障条件下进入不稳定运行区域。而微电网中的电动机负荷惯性时间常数应尽量小一些，以增加系统的故障临界清除时间，提高系统的稳定性。

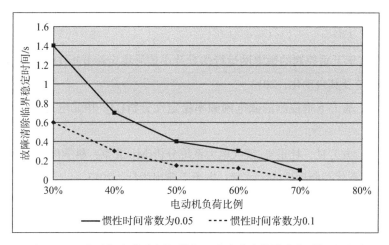

图 5-33　电动机负荷比例与微电网故障清除临界稳定时间的关系

5.4　本章小结

本章围绕微电网系统的稳定性分析展开，以特定系统为例，对微电网系统的静态与暂态稳定性分析进行了讨论。给出了采用小信号模型分析微电网系统静态稳定性的计算过程，并分析了影响微电网系统暂态稳定性的关键参数。具体内容如下：

（1）详细阐述了小扰动条件下实现非线性系统状态空间模型线性化的方法，并给出了特征值取值与稳定性判定之间的关系。基于微电网变流器的控制特性，给出了 PQ 控制变流器与下垂控制变流器的小信号模型。根据小信号模型计算原则，给出了两类典型微电网构成方式的静态稳定性模型建模方法，并分析了影响微电网静态稳定性的关键参数。

（2）分析了大扰动条件下，微电网中下垂控制变流器的参数变化，得到了影响微电网系统稳定性的关键参数。基于负荷特性，分析了电动机负荷对微电网系统暂态稳定性的影响，确定了故障条件下，电动机负荷对微电网系统稳定性影响的关键参数。

参考文献：

[1] 李聪. 基于下垂控制的微电网运行仿真及小信号稳定性分析[D]. 西南交通大学电力系统及其自动化，2013.

[2] 王永刚. 基于下垂控制的微电网频率稳定性分析[D]. 华北电力大学（北京），2012.

[3] 王锡凡，方万良，杜正春. 现代电力系统分析[M]. 北京：科学出版社，2003.

[4] 王宏华. 现代控制理论[M]. 北京：电子工业出版社，2013.

[5] 郭亮，王俐. 现代控制理论基础[M]. 北京：北京航空航天大学出版社，2013.

[6] Pogaku N, Prodanovic M, Green T C. Modeling, Analysis and Testing of Autonomous Operation of an Inverter-Based Microgrid[J]. Power Electronics, IEEE Transactions on, 2007,22（2）：613-625.

[7] 马添翼，金新民，黄杏. 含多变流器的微电网建模与稳定性分析[J]. 电力系统自动化，2013，37（6）：12-17.

[8]　韩培洁，张惠娟，杜强. 微电网主/从控制策略的分析研究[J]. 低压电器，2012(14)：22-26.

[9]　张兴，张崇巍. PWM整流器及其控制[M]. 北京：机械工业出版社，2012.

[10]　马晓娟. 风/光/蓄多能互补微电网系统能量优化研究[D]. 广西大学控制理论与控制工程，2013.

[11]　李莎. 风光互补独立发电系统多目标优化设计[D]. 华北电力大学(保定)，2012.

[12]　周密. 南方电网低频振荡仿真研究[D]. 华北电力大学(北京)，2008.

[13]　Guerrero J M, Garcia De Vicuna L, Matas J, et al. Output Impedance Design of Parallel-Connected UPS Inverters With Wireless Load-Sharing Control[J]. Industrial Electronics, IEEE Transactions on, 2005,52(4):1126-1135.

附　录

微电网系统的参数

	节点 1	节点 2	节点 3
$k_p/(\mathrm{rad/s \cdot W^{-1}})$	3.14×10^{-4}	3.14×10^{-4}	3.14×10^{-4}
$k_q/(\mathrm{V \cdot var^{-1}})$	6.2×10^{-3}	6.2×10^{-3}	6.2×10^{-3}
$\omega_c/(\mathrm{rad/s})$	31.4	31.4	31.4
负荷阻抗 / Ω	4.52 +j1.21	4.52 +j1.21	8.22 +j13.06
线路阻抗 / Ω	0.64 + j0.91	0.32 + j0.45	0.64 + j0.91

马添翼，吉林松原人，工学博士。2008 年博士毕业于北京交通大学，2008 年至 2010 年于清华大学精密仪器系从事博士后工作，现为北京印刷学院讲师。主要从事微电网智能控制、微电网建模及微电网谐波治理相关研究。已在国内外发表学术论文 30 余篇，其中 10 余篇为 EI 检索。主持、参加并完成多项国家及北京市项目。